ホーキング、未来を語る

スティーヴン・ホーキング
佐藤勝彦訳

SB文庫

THE UNIVERSE IN A NUTSHELL
by Stephen Hawking

Japanese translation rights arranged with WRITERS HOUSE,LLC
through Owl's Agency Inc.

目次

Stephen Hawking in 2001©Stewart Cohen

序文

私は『ホーキング、宇宙を語る』が、これほどの成功をおさめるとは予想していませんでした。この本は《ロンドン・サンデイ・タイムズ》のベストセラーリストに四年以上のりつづけました。これは、かつての他のどの本よりも長いものであり、とくに成功の難しい、科学についての本であることは驚くべきことです。その後、多くの人がことあるごとに、私に続編をいつ書くのかと尋ねました。私は研究に忙しく、また『ホーキング、宇宙を語る』の息子版や『ホーキング、宇宙を〝詳しく〟語る』などという本を書きたくなかったので、そういった希望にはそいませんでした。しかし、より理解しやすい、異なったタイプの本を書く可能性があることに気づきました。『ホーキング、宇宙を語る』は、いわば直線的な様式で執筆しました。つまり、ほとんどの章を、前の章の論理的発展として構成して書いたのです。これは一部の読者にとっては理解しやすいものだったのですが、多くの人は初めのほうの章で行き詰まってしまい、後の、もっともエキサイティングな、

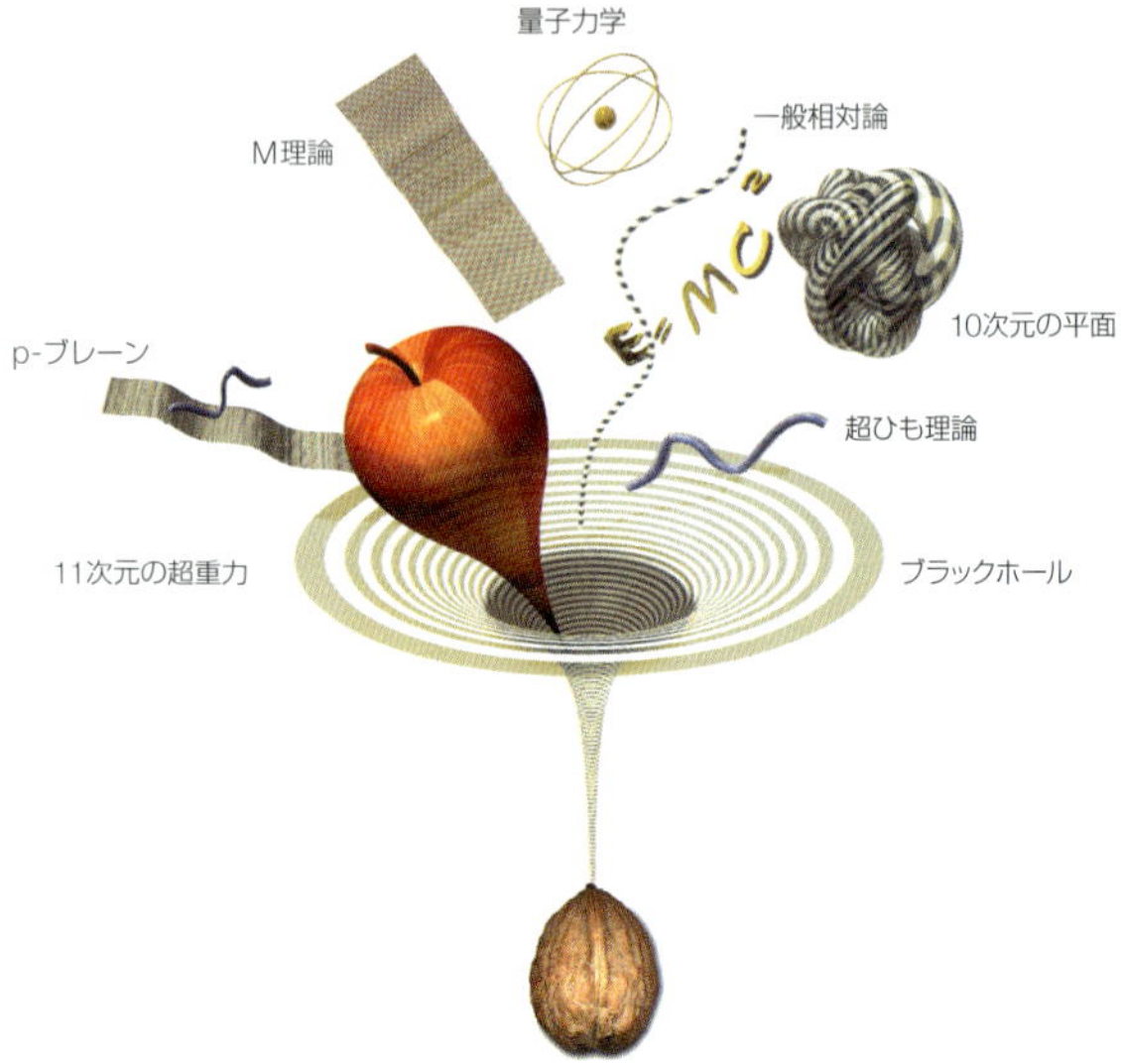

面白い章にたどりつくことができなかったのではないかと思います。前著と比べると、この本は、いわば木のような論理構造をもっていると言えるでしょう。第一章と第二章は後の章が分岐するまえの根幹に対応しています。

分かれた枝に対応する後の章は互いにかなり独立したもので、根幹の章の後ならどんな順に読んでいただいてもいいでしょう。これらの章は、私がこれまで一貫して研究してきたことや、『ホーキング、宇宙を語る』の出版以来考えていたことを書いているので、現在もっとも活発に研究が進められている、最先端の領域の紹介となっています。また、各章内でも一本の直線的な論理様式は避けるよう努めています。一九九六年に出版された『ホーキング、宇宙を語る　イラスト版』のように、本書では長い本文を書くかわりに、イラスト、図版を多くし、その説明を丁寧に詳しく書くようにしました。そしてトピックのいくつかは、囲み記事や本文の横のコラムで本文で書いた内容をもっと詳しく解説しました。

『ホーキング、宇宙を語る』が最初に出版された一九八八年、究極の統一理論、万物理論が、あたかも太陽が地平線のかなたから今まさに昇ろうとしているかのように、完成まぢかと考えられていました。それから状況はどのように変化したでしょう？　私たちはゴールにわずかでも近づいたでしょうか？　本書で記されているように、それから長い道のりを歩んできました。しかし、私たちは旅の途中であり、ゴールはまだ見えていません。古いことわざに〝たどりつくことより、希望を抱いて旅を続けているほうが幸せなのだ〟とあります。科学のみならず、すべての分野で新たな発見を目指す探求は、人間の創造性を高めます。ゴールにたどりついてしまったら、人類の精神はしなびて死んでしまうかもしれません。しかし、人類探求の道でけっして立ち止まることはないと私は信じています。真理を深めることができない時代には、多様性を増すことができるでしょう。そのようにして、私たちは常に広がっている知のフロンティアの中心を進むことができるのです。

私は、読者の皆さんと、これまでなされた数々の発見と描き出されている宇宙の姿への驚嘆を、共に味わいたいと考えています。私はこれまで追い立てられるように、自分の分野の研究に専念してきました。その研究の詳細は非常に専門的ですが、大まかな基本的考えは、多くの数学的問題なしに、皆さんに伝えることができると信じています。この趣旨どおりに、この本を執筆できたとすれば、私の大変喜びとするところです。

この本を書き上げるにいたって、多くの方々の御助力をいただきました。トーマス・ハートグ氏とニール・シアラー氏には図、挿絵、囲み記事の作成を、アン・ハリス氏とキティ・ファーガソン氏には原稿を編集していただき（より正確に言うと、私は電子的にしか書けませんのでコンピュータ・ファイルにおいて）、〈ブック・ラボラトリー〉のフィリップ・ダン氏と〈ムーンランナー・デザイン〉にはイラストの作成をしていただきました。しかしそれにもまして、私が、身体的ハンディキャップをもっているにもかかわらず、まったく普通の生活をすごし、科学研究を継続することができるように助力してくださっている方々に深く感謝したいと思います。この方々の助力なくしては、この本は書かれることはなかったでしょう。

スティーヴン・ホーキング

第1章｜相対論について

アインシュタインは
いかにして20世紀物理学の二本の柱である
相対論と量子論の基礎を造ったのでしょうか?

Albert Einstein™

Low

一般相対論を生み出したことで有名なアルバート・アインシュタインは、ドイツのウルムで一八七九年に生まれました。翌年、彼の家族はミュンヘンへ引っ越し、そこで父ハーマンとおじのヤコフは小さい電気関係の会社を設立しました。しかし、あまり成功したとは言えませんでした。アインシュタインは神童ではありませんでしたが、伝記などで書かれているように学校での成績が芳《かんば》しくなかったというのは誇張でしょう。一八九四年に彼の父の事業は行き詰まり、家族はミラノに移りました。両親はアインシュタインが学校を卒業するまでドイツに残るよう決めましたが、彼はその学校の権威主義を好まず、数カ月のうちにイタリアにいる家族のもとに移ったのでした。その後、彼は一九〇〇年にチューリッヒでＥＴＨ《エーテーハー》として知られている名門の連邦工科大学を卒業しました。ＥＴＨの教授は権威を嫌悪する彼の態度や、議論好きな性格を好まなかったので、アインシュタインはアカデミックなキャリアへの通常なルート

アルバート・アインシュタイン
（1920年撮影）

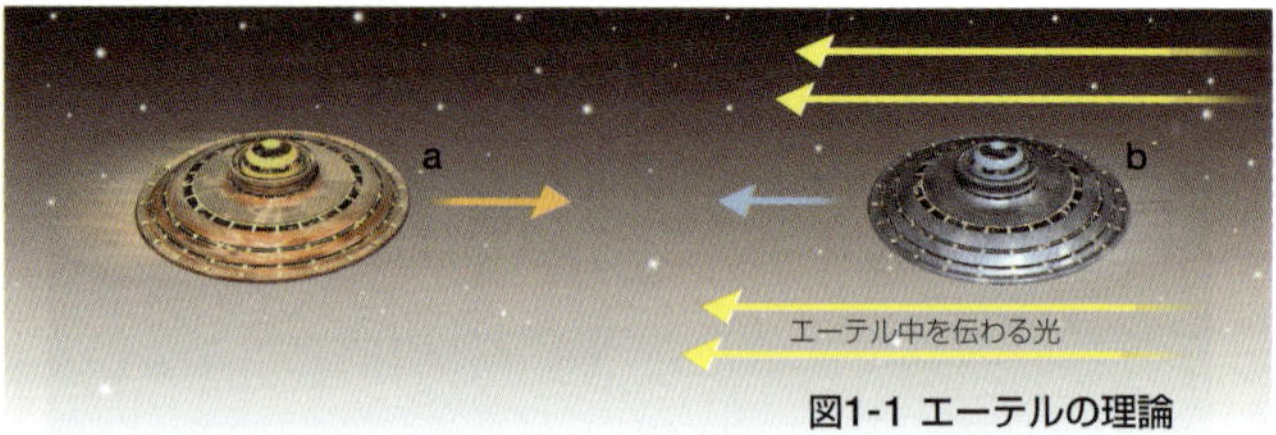

図1-1 エーテルの理論
光がエーテルと呼ばれる弾性物質の波であるならば、光速はそれに向かってくる宇宙船（a）ではより速く、反対に同じ方向に進む宇宙船（b）ではより遅く見える。

である助手の職を得ることができませんでした。二年かかって、彼はなんとかベルンの〈スイス特許庁〉のポストを手に入れることができました。この職についていた一九〇五年に彼は三つの論文を書き上げました。これらの論文によって彼は先端を行く科学者として世界に広く知られるようになりました。同時に私たちの時間、空間に対する考えかたを根本的に変えるような革命を始めたのです。

十九世紀の終わりごろ、多くの科学者は物理学の進歩によって、私たちは物質世界を本質的には理解した、つまり宇宙の森羅万象を完全に記述できる段階に達した、ととらえていました。当時、空間は〝エーテル〟と呼ばれる連続媒質によって満たされていると考えられていました。音が、空気の圧力の強弱が伝わる波であるように、光や電波はちょうどこのエーテルを伝わる波だと思っていたのです。この理論を完全なものにするのに必要だったのは、波を伝えるエーテルの弾性

西から東に自転する地球
太陽の周りを回っている地球の軌道に対して直角に進む光
互いに地球の自転軸に対して直角方向に進む光の速さには差異はない。

図1-2
地球の軌道の方向に進む光の速度と、それに直角に進む光の速度はまったく同じである。

特性をきちんと測定することでした。実際、そのような測定をするためにハーバード大学のジェファーソン研究室は、まったく鉄の釘をもちいずに造られました。精密な磁気測定の妨げにならないように考えてのことです。しかし、この実験の立案者は、研究室やハーバード大学の大部分の建物に使われた赤褐色のレンガが大量の鉄をふくんでいることを見落としていました。ハーバード大学では、図書館の床が鉄釘なしでどのくらいの重量を支えられるかわからないまま、その建物は今も使用されています。

しかし、十九世紀の終わりころになると、広く学界に浸透していたこのエーテルという概念に矛盾が現われはじめました。光がエーテルを通してある決まった速度で伝わるのなら、もし光と同じ方向に走りながら光の速さを測ると遅く見えるはずですし、光の逆方向に走るなら、その速度はより速く見えるはずです。（**図1-1**）

これを調べる一連の実験が行なわれましたが、しかし結果は予想どおりにはなりませんでした。もっともきちんとした、正確な実験は一八八七年にオハイオ州クリーヴランドのケース応用科学学校のアルバート・マイケルソンとエドワード・モーリーによって行なわれたものです。彼らは互いに直角に交わる二本の光線の光速を比較しました。地球は自転しているのと同時に太陽の周りを公転しているので、測定器具は異なった速度と方向でエーテル内を動くはずです（**図1-2**）。しかし、マイケルソンとモーリーは二本の光線のあいだにどんな日単位、年単位の差も見つけませんでした。それはまるで、光はどこにあろう

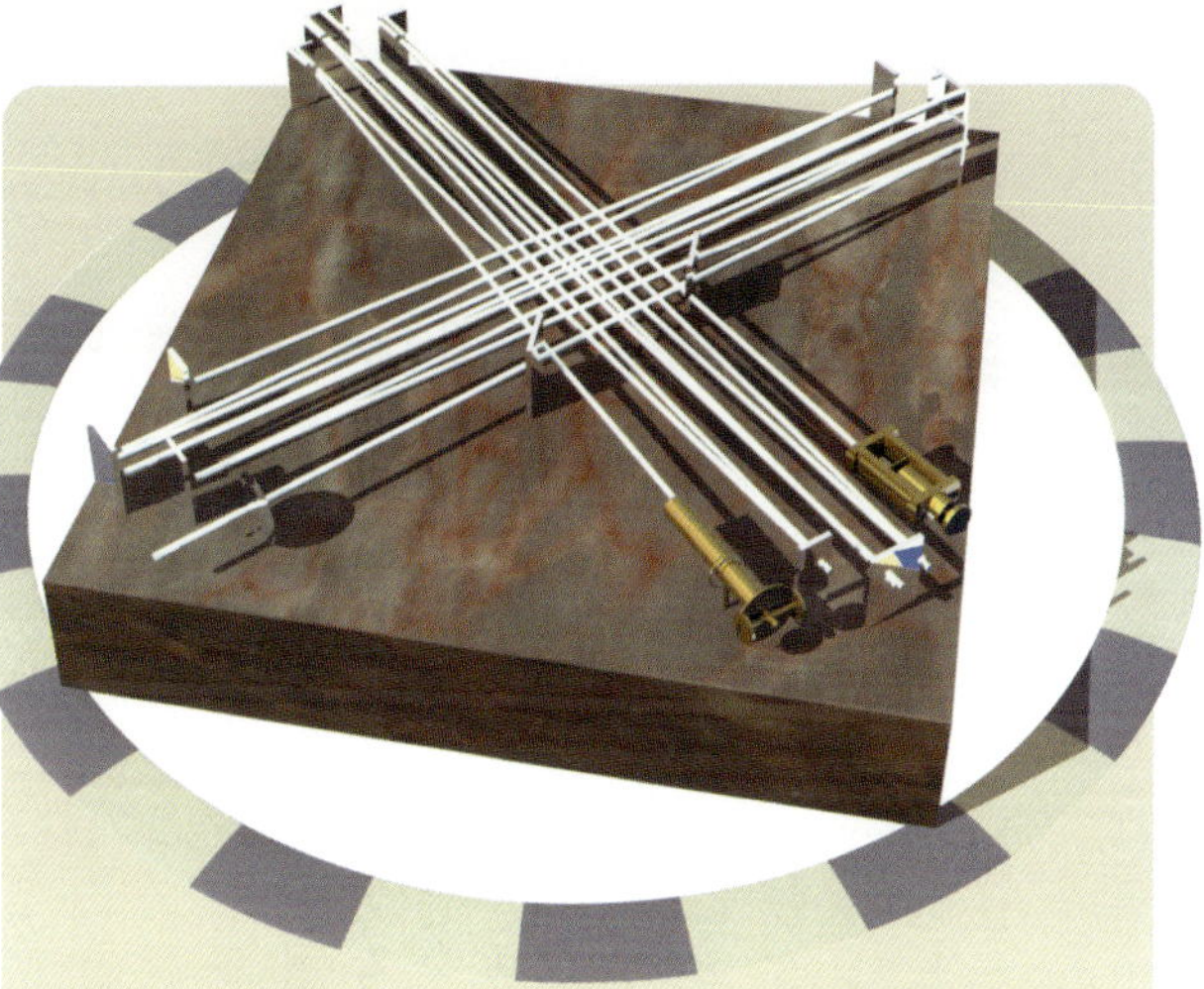

図1-3 光速の測定

マイケルソン・モーリー干渉計では、光源からの光は半分銀めっきされた鏡によって2本のビームに分けられる。光の2本のビームは互いに直角方向に分かれて伝播し、ふたたび半分銀めっきされた鏡に帰ってきて単一のビームとなる。ふたつの方向に伝わる光の速度が異なるなら、1本のビームのピークがもう片方の波の谷と同時に到着することも起こる。すると、それらは互いに打ち消しあうので波は消えてしまう。

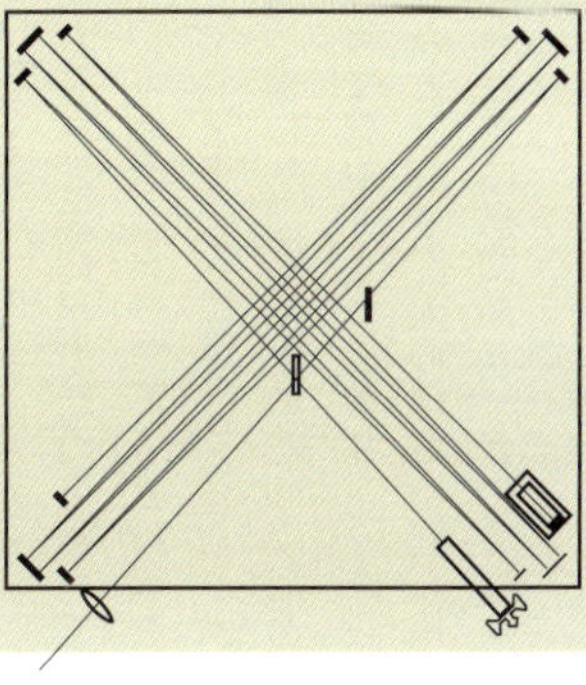

実験のダイヤグラム（《サイエンティフィック・アメリカン》誌に1887年に発表された論文からの引用）

と、その場所がどれほど速くどのような方向へ移動していようとも、常に同じ速さであるかのようでした。(図1-3)

マイケルソンとモーリーの実験に基づいて、アイルランド人物理学者ジョージ・フィッツジェラルドとオランダ人物理学者ヘンドリック・ローレンツは、エーテルを通って動く物体は収縮し、その時間の進みかたも遅くなるだろうと言い出しました。

この物体の収縮と時間の進みかたが遅くなるという考えは、エーテルに対してどのように動いたとしても、光速の測定値が同じになることを示していました(フィッツジェラルドとローレンツは、まだエーテルを実在の物質と見なしていました)。しかしながら、一九〇五年六月に書かれた論文の中で、アインシュタインはもしある物体が空間内を動いているか動いていないかを検出できないのなら、エーテルという概念は余分であると指摘しました。かわりに、彼は〝科学の法則は等速運動しているどのような観測者から見ても、同じものでなければならない〟という仮説から理論を展開しました。等速運動とは、加速されたり減速されたりせずに同じ速度を保ったまま同じ速度で運動することです。なかでも、〝観測者が、静止していても、どんなに速く動いていたとしても、光の速さは同じ値であるべきである〟としたのです。光速はそれら自身の動きと無関係であり、どのような方向でも同じです。

これには、観測者が運動していようと静止していようと、すべての時計が同じように刻

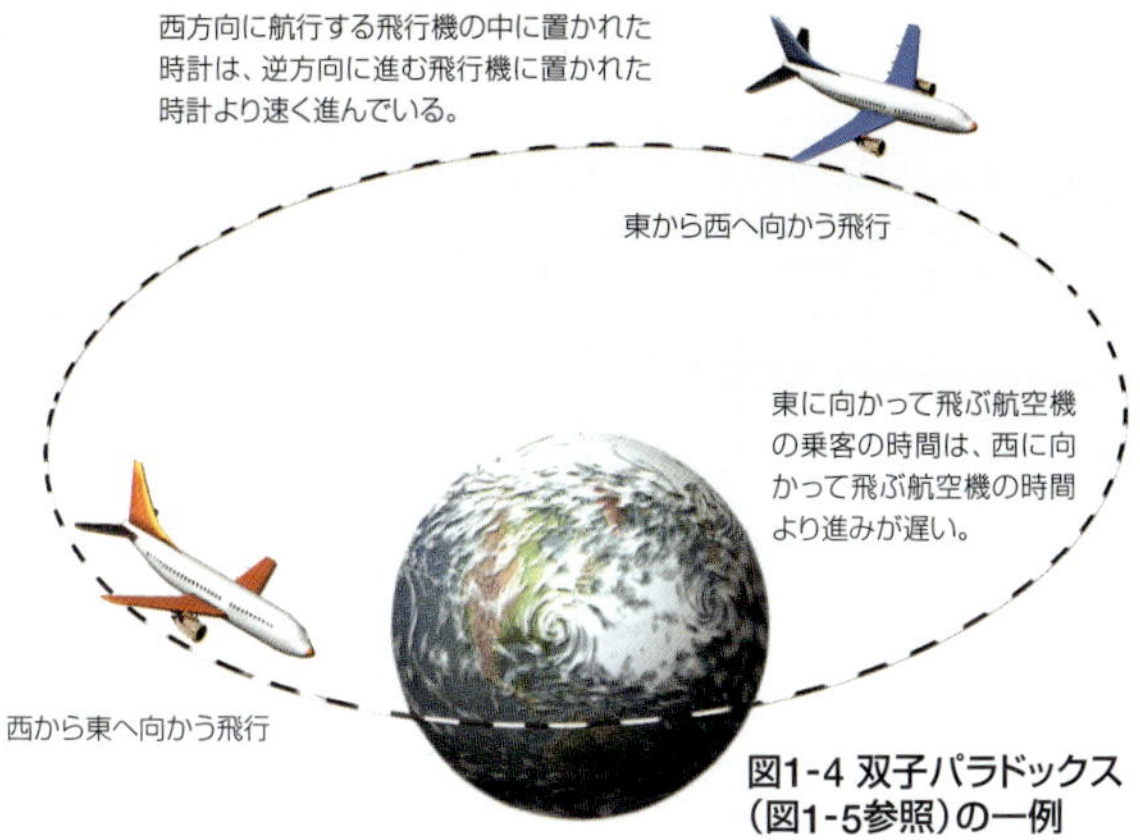
西方向に航行する飛行機の中に置かれた
時計は、逆方向に進む飛行機に置かれた
時計より速く進んでいる。
東から西へ向かう飛行
東に向かって飛ぶ航空機
の乗客の時間は、西に向
かって飛ぶ航空機の時間
より進みが遅い。
西から東へ向かう飛行

図1-4 双子パラドックス（図1-5参照）の一例
2個の正確な時計を飛行機で互いに反対方向に地球を一周させた。飛行後ふたつの時計を照合すると、東に向かって飛んだ時計は、わずかながら遅れていることが確認された。

む絶対的な時間というものはないのだと考える必要がありました。かわりに、すべての人それぞれが自分の時間をもっていると考えるのです。もしふたりが同じ速さで運動している場合、つまり互いに静止している場合には、ふたりの時間は一致しますが、速度が違って互いに動いているときは時間はずれてしまいます。

このことは多くの実験によって確認されていますが、ひとつの例として、ふたつの正確な時計を飛行機で正反対の方向にそれぞれ運び、その後時間を比較するというのがあります。その結果、非常にわずかな時間ですが、はっきりと差が生じていることが確認されたのです（図1-4）。このことは、少しでも長生きしたいと願うなら、地球の自転速度を加えるた

図1-5

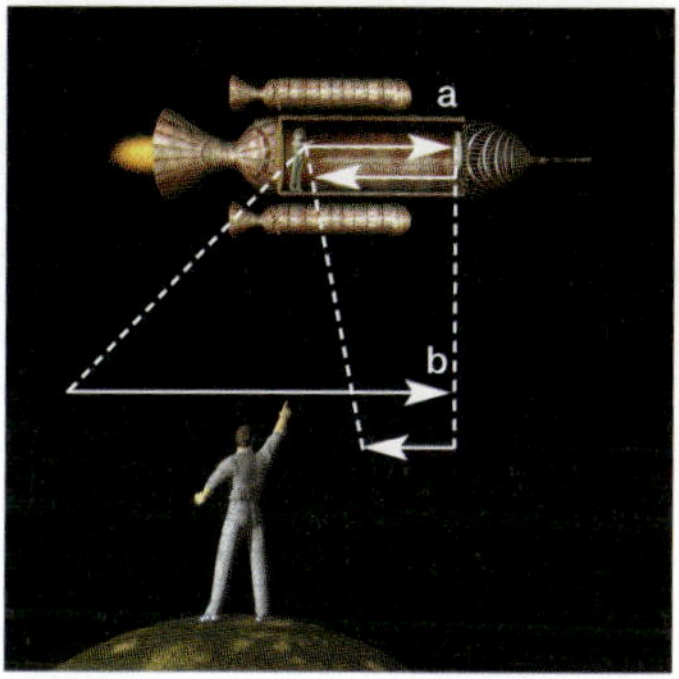

図1-6

めに、飛行機で自転の方向である東に飛びつづけたらよい、といったことを示しています。しかし、そんな旅行をすることで得する時間は一秒より何桁も短い時間であり、飛行機内で食事のためなど無駄に使われる時間を考えると、まったく無意味なものです。

　自然の法則が、自由に動くすべての観測者にとって同じであるというアインシュタインの仮説は、相対論の根本原理で、相対運動だけが重要であることを示しています。アインシュタインの理

図1-5 双子パラドックス

相対論では、観察者はそれぞれ自分自身の時間の基準をもっている。これにより、いわゆる双子パラドックスが生じるのである。双子のひとり(a)が光の速度(c)近くで旅行する宇宙旅行へ出かけるが、もう一人(b)は地球に留まる。

飛行船の運動のために、地球に留まっている(b)から見ると飛行船内の時間は、よりゆっくり進んでいる(自分より遅れている)ように見える。

したがって、宇宙旅行をして帰ってきた(a2)は地上に留まっていた兄弟(b2)が自分より年をとっているのを知ることになる。常識に反して見えるが、多くの実験が、宇宙旅行をして帰ってきたほうが、地上に留まったほうより若いということを本当に示しているのである。

図1-6

宇宙船は地球の横を光速の$4/5$で左から右へ通過している。光の1パルスが一方のキャビンの片端で発射され、反対側の端(a)で反射される。

光を地球上と、宇宙船内それぞれで観察する。宇宙船の運動のために、光が後部(b)で反射して帰ってくる距離は地上の観測者と宇宙船内の観測者では異なることになる。したがって、アインシュタインの光速不変の原理によると光速がすべての自由に動く観察者にとって同じであるので、光が往復するのにかかった時間も、両者では異なって見えるのである。

図1-7

論の美しさと単純さは多くの思想家を納得させましたが、反対する人も多くいました。アインシュタインは十九世紀科学のふたつの絶対的なものを打倒しました。第一はエーテルで示されるような絶対的な静止という概念、第二は宇宙のどこにあっても、どんな運動をしていようとも、すべての時計が同じように刻むと考えられていた絶対的、普遍的な時間の概念です。多くの人々にとって、この相対論の考えかたは非常に不安な概念でした。相対論は、すべてが相対

的であり、どんな絶対道徳的な基準も存在しないと言っているように思われたからです。この不安は一九二〇年代から一九三〇年ごろまで続きました。一九二一年にアインシュタインがノーベル賞を受賞したとき、その受賞の対象となった業績は相対論ではなく、アインシュタイン自身が言うように、彼が一九〇五年に行なった、重要ではありますが、相対論と比べれば小さい業績に対してあたえられたのです。受賞理由に

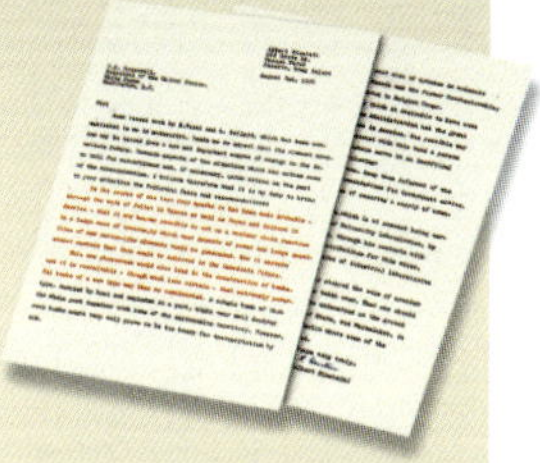

1939年のルーズヴェルト大統領へのアインシュタインの手紙

この4カ月ばかりのあいだの、フランスのジョリオと、アメリカのフェルミとジラードの研究によって、大量のウラニウムの連鎖反応を引き起こすことが可能となりつつあります。これが実現するならば、きわめて巨大なエネルギーがこの連鎖反応によって放出され、また大量のラジウムのような新しい放射性元素が合成されることになります。実際、これはきわめて近い将来において実現されることは間違いありません。

この新しい現象連鎖反応によって、まだ不確定な要素もありますが、新型のきわめて強力な爆弾を製造することができると考えられます。

は相対論について何も書かれていませんでしたが、それは相対論と書くと、あまりにも物議をかもすと考えられたからです（私はいまだに一週間に二、三通、アインシュタインは間違っていると主張する手紙を受け取ります）。それにもかかわらず、相対論は現在、科学界で完全に受け入れられています。そして、その予測は数えきれないほどの実用例でも確かめられています。

相対論の非常に重要な点は、質量とエネルギーとの関係です。光速が誰にとっても同じように見えるというアインシュタインの仮説は、どんなものでも光よりも速く動くことができないことを示しています。粒子であろうと宇宙船であろうと、エネルギーを使って速度を上げようとすると、その質量はどんどん増加するのです。質量が増えてしまうため、さらに加速しようとしても速度を上げることは困難になります。粒子を光速になるまで加速するには、無限のエネルギーがいることになりますので、それは不可能です。質量とエネルギーは、アインシュタインの有名な式$E=mc^2$でまとめられるように等価です（図1-7）。この式は、おそらく物理学に興味のない人でも、見覚えのある唯一の物理学の式でしょう。ウランの原子核が分裂するとその破片の質量を合わせても、質量はもとのウラン原子核の質量よりわずかに減少しています。この欠損した質量が大量のエネルギーとなって放出されることは、この式の結果のひとつです。（図1-8）

一九三九年、新たな世界大戦の気配が不気味に近づくなか、この気配を感じ取った科学者のグループがアインシュタインに対し、平和主義的良心の呵責を超えて、合衆国は原子爆弾開発研究計画を始動するべきだと促す手紙をルーズヴェルト大統領に送るよう説得しました。

この手紙はマンハッタン計画を始めることにつながり、最後には一九四五年の広島・長崎への原爆投下を導くことになりました。アインシュタインが質量とエネルギーとの関係を発見したことで、一部の人々は原子爆弾についてアインシュタインを非難しました。けれど、この非難はニュートンが重力を発見したので、飛行機が墜落するのはニュートンの責任だと非難するようなものです。アインシュタイン自身はマンハッタン計画に参加しておらず、爆弾の投下に恐怖を感じていました。

一九〇五年の革命的な論文の後に、アインシュタインの科学的名声は確固たるものになりましたが、一九〇九年になってようやく彼はチューリッヒ大学から教授の口の声がかかり、〈スイス特許庁〉を去ることができました。その二年後にプラハにあるドイツ大学に移りましたが、一九一二年には母校であるチューリッヒのETHへ戻りました。当時、ヨーロッパのほとんどのところで——大学においてさえ——反ユダヤ主義は普通のことでした。それにもかかわらず、彼は今や学問の最先端を行く中心的な存在でした。教授職の申し出がウィーンとユトレヒトから来ましたが、彼は教育義務に煩わされることを避けて、ベルリンの〈プロシャ科学アカデミー〉を選びました。彼は一九一四年四月にベルリンに

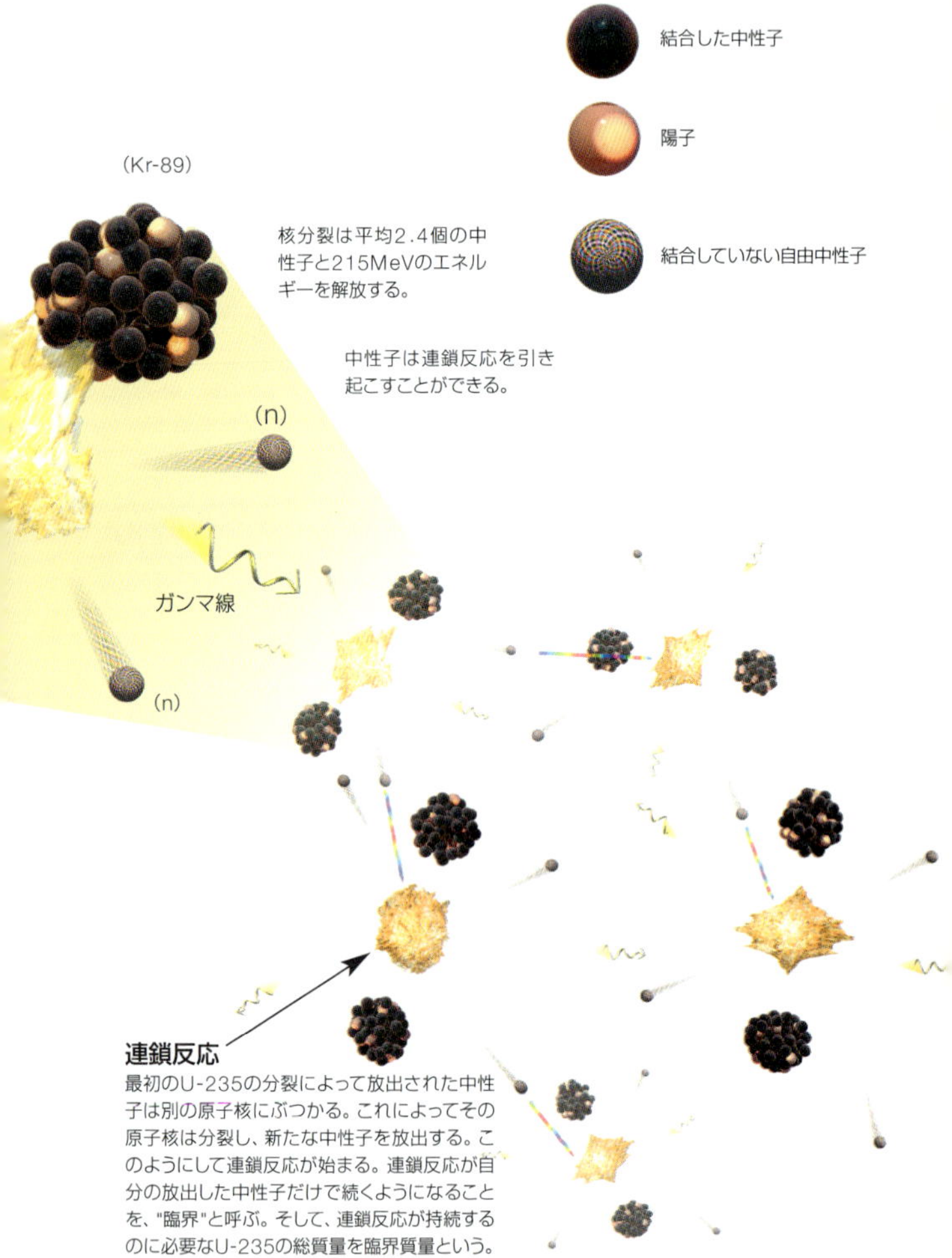

最初のU-235の分裂によって放出された中性子は別の原子核にぶつかる。これによってその原子核は分裂し、新たな中性子を放出する。このようにして連鎖反応が始まる。連鎖反応が自分の放出した中性子だけで続くようになることを、"臨界"と呼ぶ。そして、連鎖反応が持続するのに必要なU-235の総質量を臨界質量という。

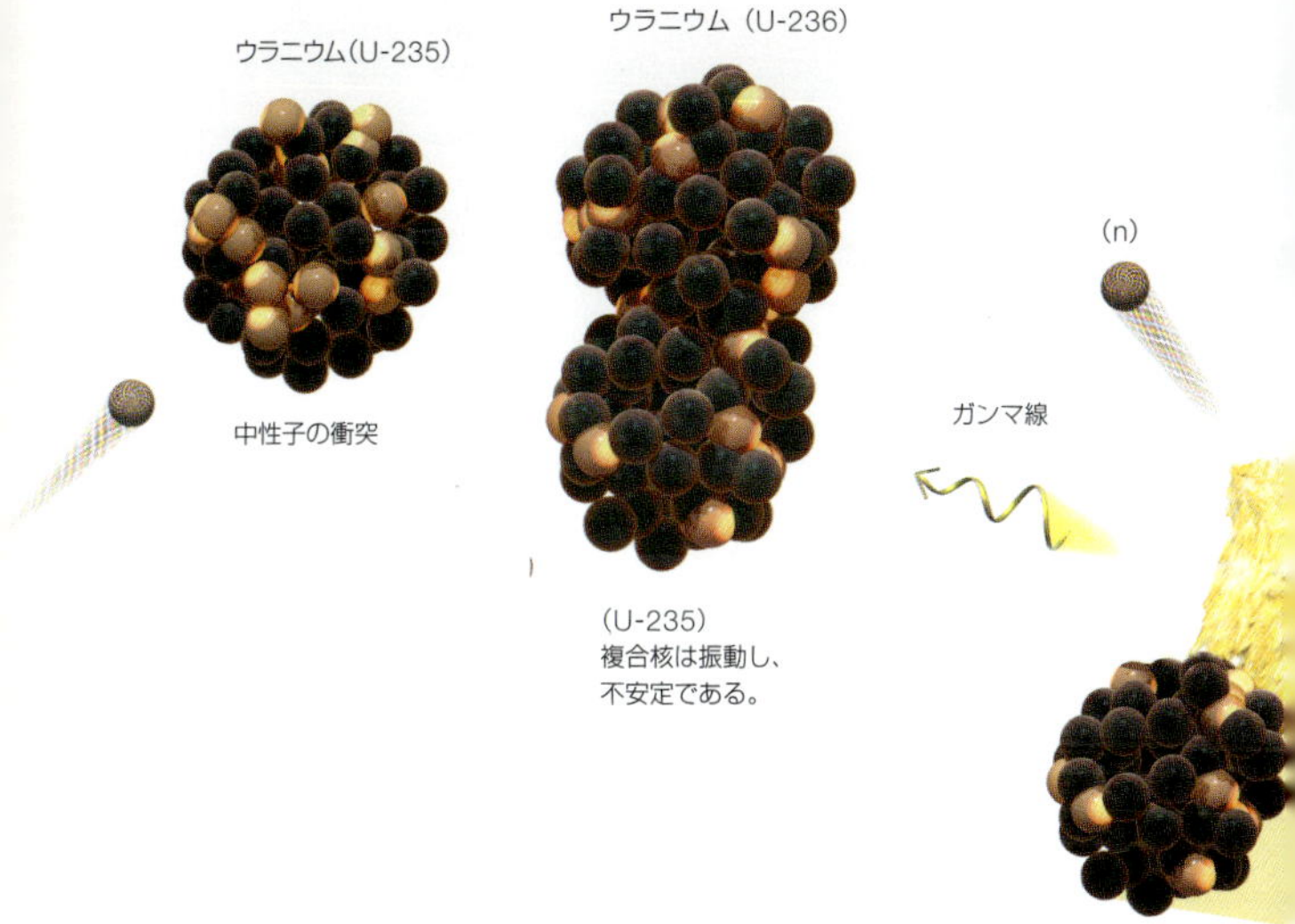

図1-8
原子核の結合エネルギー
原子核は強い力によって結合された陽子と中性子でつくられる。しかし、原子核の質量はそれをつくる陽子と中性子のそれぞれの質量の合計より常に小さい。この質量の欠損は、原子核を結合する原子核結合エネルギーを表わしている。この結合エネルギーはアインシュタイン関係から計算することができる。結合エネルギー＝Δmc^2。Δmは質量欠損、原子核の質量と個々の陽子、中性子の質量の合計のあいだの差である。原子爆弾の破壊的な爆発力は、強い力のポテンシャルエネルギーの解放による。

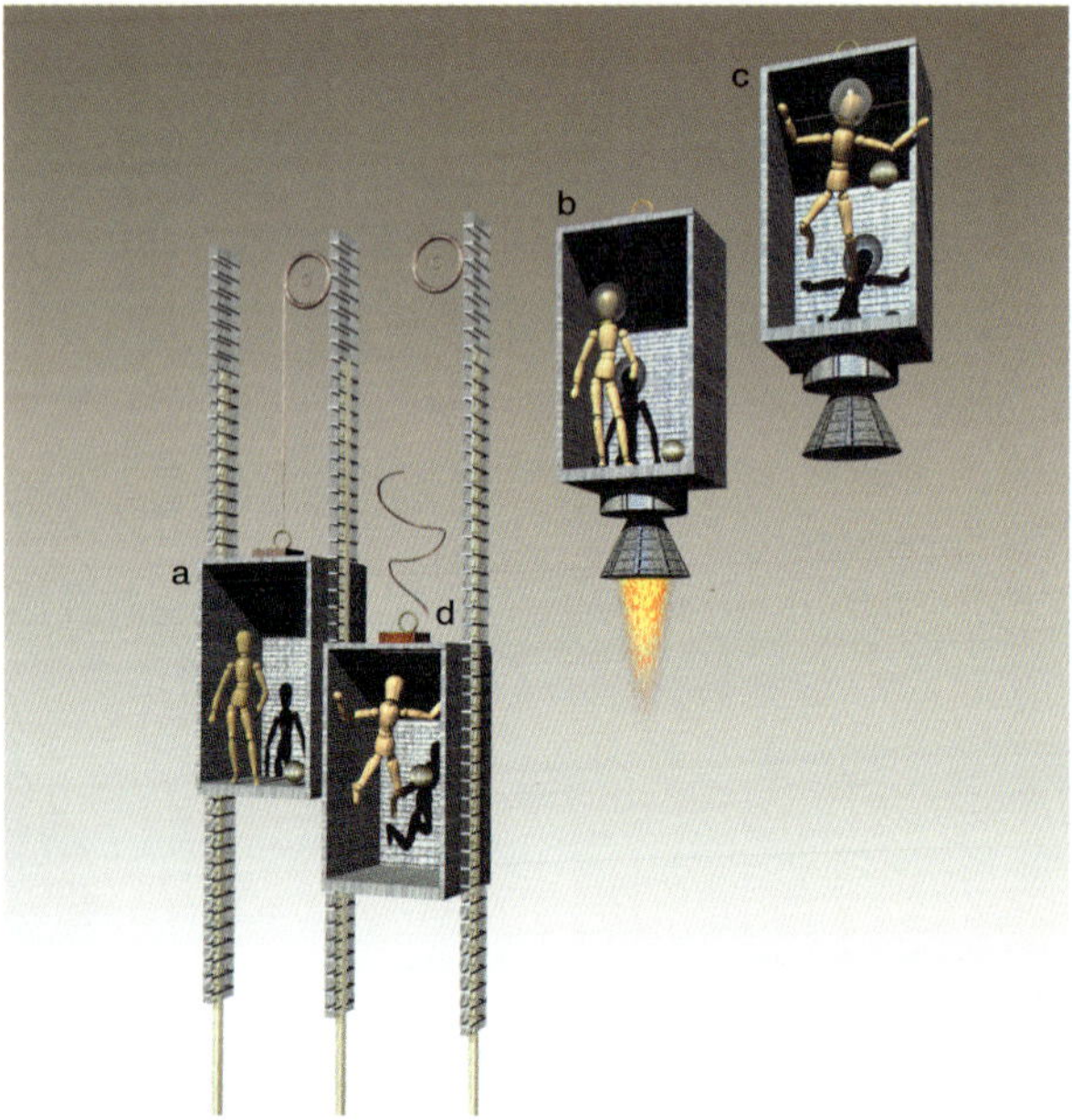

図1-9
箱の中の観察者は地球上で静止しているエレベーターの中(a)にいるのか、宇宙空間で加速しているロケットの内部(b)にいるのか見分けることはできない。
ロケットエンジンが止められるなら(c)、下に向かって自由落下しているエレベーターの中(d)にいるように感じる。

移り住み、まもなく、妻と二人の息子も合流しました。しかし、結婚生活はしばらくするとあまりうまくいかなくなり、彼の家族はすぐチューリッヒに戻ってしまいました。アインシュタインは折りにふれて家族を訪問しましたが、結局、離婚しました。アインシュタインは後にベルリンに住んでいたいとこのエルザ

図1-10

図1-11

地球が平坦であるならば（図1-10）、「りんごが重力のためにニュートンの頭に落ちた」と言うかわりに、「地球とニュートンが上向きに加速して、りんごにぶつかった」と言うことができる。しかし、このふたつの言いかたの等価性は丸い地球では使えない（図1-11）。なぜなら地球の反対側にいる人々は互いに遠ざかってしまうようになるからだ。アインシュタインは、空間と時間が曲がるという概念を導入してこの困難を克服したのである。

と結婚しました。彼がこの戦争のあいだ、独身ですごして家庭に縛られずにいたことが、この期間、彼が学術的に非常に生産的であった理由のひとつかもしれません。相対論は電気と磁気の法則には良く適合しましたが、ニュートンの万有引力の法則とは両立できませんでした。ニュートンによると、もし空間のある領域で物質の分布が変化すると、その重力場の変化は宇宙のどこであろうと瞬時に伝わることになっています。これの意味することは、光より速くシグナルを送ることができる（相対論ではありえません）ことだけではありません。この瞬間的という意味を深く理解するためには、実はある意味で、絶対的時間が必要なのです。時間とは運動している人、物ごとに固有にあるのだとして、捨て去ったあの絶対的、普遍的な時間の存在が必要なのです。

アインシュタインはまだ〈スイス特許庁〉にいた一九〇七年にこの問題に気づいていましたが、一九一一年にプラハにいるとき、彼は初めて真剣にこの問題について考えるようになりました。そして、加速と重力場のあいだには密接な関係があると気づきました。エレベーターのような密閉された箱の中の人は、箱が地球の重力場で静止しているのか、もしくは宇宙空間で加速しているロケットの中にいるのか区別することはできません（もちろんこれは、《スタートレック》の時代の前であったので、アインシュタインは宇宙船よりむしろエレベーターの中にいる人々で発想しました）。しかし、エレベーターでは事故を除けば自由に落下したりすることはできません。（**図1-9**）

地球が平坦なら、リンゴがニュートンの頭に落ちたのは重力のためとも言えるし、ニュートンと地球の表面が上に向かって加速していたからとも言えるでしょう（**図1-10**）。しかしこの加速と重力の等価性は丸い地球においては成り立ちません。地球の反対側の人々

図1-12 時空の曲がり

加速と重力は時空の曲がりかたが空間的に一様な場合は等価である。巨大な質量をもった物体が空間を曲げた場合、曲がりかたの変化が見えないほどの小さな領域では等価であるが、全体として等価ではない。

Albert Einstein™

は反対の方向へ加速していなければならず、それでいて互いに一定の距離を維持しなければならないからです。（図1-11）

しかし一九一二年にチューリッヒへ帰るとき、アインシュタインは時空の幾何学が、今まで考えられていたような平坦ではなく曲がっていたならこの等価性が成立するのではないかとひらめいたのです。彼の考えは質量とエネルギーが、未知のなんらかの方法で時空をゆがませるのではないかというものです。りんごや惑星などの物体は時空の中を運動するとき、まっすぐ直線的に進もうとしますが、時空が曲がっているために経路は曲げられてしまいます。これが物体の軌道が重力つまり万有引力によって曲げられることの説明なのです。（図1-12）

アインシュタインは友人マーセル・グロスマンの助けで、曲がった空間と表面についての理論をまなびました。この抽象的な数学の理論はフリードリヒ・リーマンが少し前に発展させた理論です。リーマンは、あくまでもこれは純粋に数学の問題であり、現実の世界を記述するのに使える理論だとは考えていませんでした。アインシュタインとグロスマンは一九一三年に、私たちが引力として考えているものは、実は時空が曲がっているために生じる現象だというアイデアを提唱する共著論文に書きました。しかし、アインシュタインのおかした誤りのため（彼も人間であり、誤りをおかすものです）、彼らは時空の曲率と、時空の質量・エネルギーを関連づける方程式を見つけることができませんでした。ア

図1-13 光度曲線

太陽の近くをかすめて通る星の光は、太陽の質量によって湾曲した時空を通過するとき折れ曲がる(a)。光線が折れ曲がるため、地球から見た星の位置は、わずかに本来の位置からずれて見えることになる（b)。日食の間、これを観測することができる。

インシュタインは、家庭問題に妨げられることなく、戦争の影響をあまり受けないベルリンでその問題に取り組みつづけ、一九一五年十一月についに正しい方程式を見つけました。彼は一九一五年夏、ゲッティンゲン大学を訪問した際、数学者のデヴィッド・ヒルベルトと自分の考えについて議論しました。これに基づいて、ヒルベルトはアインシュタインがこの式を見つける数日前に、同じ方程式を先に見つけたのです。それにもかかわらず、ヒルベルト自身が認めたように、新理論発見の栄誉はアインシュタインのものでした。重力を時空のゆがみに関連づけたのは、アインシュタインの考えだったからです。このように科学的な論議と交流を戦時中でさえ邪魔されずに続けることができたのは、大変すばらしいことでした。文明化された国家としての当時のドイツを賞賛すべきでしょう。それは二十年後のナチス時代と比べると著しい違いです。

曲がった時空についての新理論は、一般相対論と呼ばれています。今日、特殊相対論と呼んでいる、重力を除いた元の理論をさらに発展させたものです。この一般相対論は、一九一九年にイギリスが西アフリカへ送った日食観測遠征隊によって、華々しく確認されました。日食の際に星の光が太陽の近くを通るときわずかに折れ曲がることが観測されたからです（図1-13）。これは、空間と時間がゆがむという直接の証拠です。これは私たちが住んでいるこの宇宙に対する見方を根本的に変えることに拍車をかけました。紀元前およそ三百年にユークリッドによって書かれた『幾何学の原論』以来、最大の革命でした。

アインシュタインの一般相対論により、空間と時間は物理的出来事が起こる舞台という受身的なものから、一躍宇宙の発展を決めるダイナミックな主体へと変身したのです。これは二十一世紀の物理学の最先端にまで残る重大な問題を引き起こしました。宇宙は物質で満たされており、その物体が宇宙の時空を曲げるのです。アインシュタインは、彼の方程式には時間的にまったく変化しない静的宇宙を表わす解がふくまれていないことに気づきました。彼は自分自身やほとんどの人々が信じていた永遠不変な宇宙を否定することより、むしろ宇宙定数と呼ばれる項を方程式に加えて逆の方向に時空をゆがませることでごまかすことを選びました。宇宙定数は宇宙を押し広げようとする効果をもっているのです。宇宙定数による斥力と、物質のあいだに働く万有引力をうまく衡《つ》りあわせ、収縮も膨張もしない宇宙のモデルを造ることができました。理論物理学の歴史において、これほどの失策はないと言えるほどです。もしアインシュタインが彼のオリジナルの方程式に忠実であったならば、宇宙が膨張しなければならないか、または収縮しなければならないと予言することができたはずだったのに。

そういったわけで、一九二〇年代のウィルソン山天文台の一〇〇インチ望遠鏡によって宇宙膨張が発見されるまで、宇宙が膨張したり収縮したりするといったことは真剣には考えられませんでした。この一〇〇インチ望遠鏡によって、私たちから遠くにある銀河ほど、より速い速度で私たちから遠ざかっていることが明らかになりました。宇宙は膨張しており、時間と共に銀河と銀河のあいだの距離は着実に増加しているのです（**図1-14**）。宇宙膨張の発見により、宇宙は静的ではないのですから、静的宇宙モデルを造るためだけに導入された宇宙定数はもはや不要のものとなりました。アインシュタインは、後に宇宙定数の導入は人生の中で最大の誤りだったと語りました。しかし歴史のいたずらというか、今

図1-14

ではそれが結局誤りではなかったのではないかと考えられるようになりました。第三章でふれますが、最近の観測は——その値は小さなものですが、実際に宇宙定数があるかもしれないことを示しているのです。

一般相対論は宇宙の起源と運命についての考えを完全に変えました。静的宇宙モデルでは、宇宙は永遠の過去から存在しつづけてきたのか、または過去のいつかの時点に現在の宇宙とまったく同じ姿で創造されたかのどっちかです。しかし、銀河が互いに遠ざかっているとするなら、時間をさかのぼれば銀河はかつてはより近くに密集していたことを意味するのです。およそ百五十億年前に、それらの銀河は互いに重なりあっていたはず

銀河の観測によって宇宙が広がっていることがわかった。宇宙膨張によって銀河の間の距離は長くなっている。

上―ウィルソン山天文台の100インチホッカー望遠鏡

で、その密度は非常に高かったはずです。私たちが現在ビッグバンと呼んでいる宇宙の起源を最初に研究したのはカトリック教徒のジョルジュ・ルメートル司祭でした。彼は密度がきわめて高いこの状態を〝原始の原子〟と呼びました。

アインシュタインは、ビッグバンを一度も真剣に受け止めたことがないように思えます。一様に広がっている単純な宇宙のモデルは、時間をさかのぼって銀河の運動を考えれば破綻するのではないかと思っていたようです。横方向にわずかでも速度があるなら衝突は避けられ、すりぬけられるのではないかとも。

しかし、またアインシュタインは、宇宙はかつて収縮した時期があり、密度が適当なところまで高くなったとき、なんらかのはずみで跳ね返って膨張に転じたのではないかとも考えました。が、宇宙の初期に、現在存在している軽元素が核反応によって合成されるためには、密度は一立方センチメートルあたり少なくとも一トン、温度は一〇〇億度以上にならなければなりません。さらにマイクロ波背景の観測から、物質密度はかつて一立方センチメートルあたり一兆兆兆兆兆トン（一のあと七十二個0が続く数）であったことが示されています。私たちはまた、今、アインシュタインの一般相対論は宇宙が収縮から膨張に転じることは許さないことを知っています。第二章で詳しく議論しますが、実際ロジャー・ペンローズと私は一般相対論によって宇宙がビックバンによって始まったことを示すことができたのです。したがってアインシュタインの理論は彼自身が嫌ったとしても、確かに時間には始まりがあったことを示しているのです。

また大質量の星はその進化の最後の段階で、自分自身の重みで収縮を始めます。収縮によって温度が上昇して圧力が高くなりますので、これは収縮を止めるように働きますが、結局それも及ばず急激な収縮を始めてしまいます。このようにして大質量星にとっての時間が終わることを一般相対論は予言していますが、このことさえアインシュタインは好んでいないのです。アインシュタインはこのような星はなんらかの最終状態に落ち着くのではないかと考えましたが、現在、太陽の二倍以上の質量をもつ星々にとってはそのような安定した最終状態など存在しないことはよく知られていることです。このような星は、時空が極端にゆがんでいるため、光さえ逃げ出すことのできないブラックホールになるまで収縮しつづけるのです。（図1-15）

ペンローズと私は、一般相対論によるならばブラックホールの内部で星や偶然ブラックホールに落ちた不運な宇宙飛行士にとっての時間が終わることを明らかにしました。しかし、一般相対論の方程式だけでは時間の始まりと終わりを明解に描き出すことはできません。したがって、一般相対論はビッグバンから何が現われるべきであるかを予言することはできませんでした。ある人々は、これを神が望むがままに宇宙を始められた神の自由さの証拠だと考えましたが、私をふくむ科学者は、宇宙の始まりは通常の物質世界で成立している同じ物理法則によって支配されるべきであると考えたのです。第三章で解説するように、科学者はこの目標に向かって幾分かの進歩を成し遂げましたが、まだ宇宙の始まりについて十分な理解にはいたっていません。

一般相対論がビッグバンにおいてほころびを見せることになったのは、二十世紀初頭のもうひとつの基本的な概念の革命である量子論と相性が悪かったからです。量子論への第一歩は一九〇〇年でした。ベルリンのマックス・プランクはかんかんに熱せられた物体か

3)
時間はブラックホールの中で
終わる。
2)
星が収縮するにつれ、
ゆがみは増加する。
1)
核燃焼を続けている大質量星の
周りの時空のゆがみ。

図1-15
大きな質量をもった星が、その核燃料を使いつくしたとき、その星は熱を失って収縮する。時空のゆがみは一段と大きくなり、光でも逃げ出すことができないブラックホールが形成される。ブラックホールの中で時間は終わる。

アメリカに移住した直後のアルバート・アインシュタイン。自分の人形をもっている。

らの放射は、〝光は量子と呼ばれる離散的なパケットに入るときのみ放出されるか吸収されるのだ〟と仮定すると説明できることを発見したのです。アインシュタインは一九〇五年プランクの量子仮説が、光が電子にあたったとき金属から電子が飛び出すいわゆる光電効果を説明することができることを示しました。特許庁で働いていたころに書いた彼の革命的論文のひとつです。これは現代の光センサーとテレビカメラの基礎です。そして、この功績によって、ノーベル物理学賞がアインシュタインにあたえられました。

彼は一九二〇年代も量子について研究を続けましたが、ミクロの世界を記述する新しい理論、量子力学はコペンハーゲンのヴェルナー・ハイゼンベルグ、ケンブリッジのポール・ディラック、そしてチューリッヒのアーウィン・シュレディンガーらによって造り上げられました。しかし彼らの理論に納得することはできませんでした。量子力学によると、

Albert Einstein™

もはや小さい粒子は、明確な位置と速度はもてないというのです。マクロな世界の常識に反して、粒子の位置を正確に決定すればするほど、その速度の決定の正確性は反対に落ちてしまうのです。逆もまた同様です。アインシュタインは物理学の基本法則といえども確率的にしか先を予測できないのだという考えにぞっとしました。そして量子力学を全面的に受け入れることはけっしてしませんでした。彼の当時の感情は〝神はサイコロを振らない〟という有名な格言に表われています。しかし、他の多くの科学者は、その新しい量子論の正当性を受け入れました。量子論はそれ以前に説明されていなかった現象の全体のつながりを明らかにし、理論は観測結果とすばらしい一致を見せたのです。量子論は化学、分子生物学、およびエレクトロニクスの分野における、現代の発展の土台であり、ここ五十年間の世界を変えた技術にとっての基盤でもあります。

一九三二年十二月、ナチスとヒットラーがまさに権力を手中に収めようとしていることを認識したアインシュタインはドイツを去り、四カ月後には市民権を放棄しました。そして彼の人生の最後の二十年間をニュージャージー州のプリンストン高等研究所ですごしました。

ドイツでは、ナチスが〝ユダヤ人の科学〟に対するキャンペーンを始めましたが、多くのドイツ人科学者がユダヤ人でした。これはドイツが原子爆弾を造ることができなかった理由のひとつです。アインシュタインと相対論はこのキャンペーンの主要な標的でした。

『アインシュタインに反対する百人の著者』というタイトルの本が発行されると聞いたアインシュタインはこう応酬しました。「なぜ百人なんだ？　万が一にも私が間違っているというのなら、ひとりで十分なはずでしょう」第二次世界大戦後、彼は連合国は原子爆弾をコントロールするために世界政府を設置するべきであると主張しました。一九四八年には、イスラエル建国の初代大統領に就任するよう要請を受けましたが、断わりました。アインシュタインは「政治は片時のことだが、方程式は永遠である」と語っています。実際、一般相対論の基本方程式であるアインシュタイン方程式は、彼の最高の碑文であり永遠にのこる記念碑です。これらは宇宙の続く限り永久に存続するべきものです。

世界はこの百年、以前のどの世紀より、はるかに激しく変化しました。この世紀が激動の世紀であった理由は、新しい政治的、経済的なドクトリンが生まれたからではなく、基礎科学の進歩によって技術が爆発的に進みはじめたからです。この人類社会における発展を象徴できる人物をあげるとすれば、アルバート・アインシュタインを除いて他にはいないでしょう。

第2章｜時間の形

アインシュタインの一般相対論は
時間に対して深遠な概念をあたえています。
相対論と量子論はどのように調和させることができるのでしょうか?

時間とは何でしょう？　古い賛美歌にあるような、私たちすべての夢を運び去り、絶えずうねりつづける流れなのでしょうか？　それとも鉄道の線路のようなものでしょうか？　もしかしたら、その線路はループとなっていたり、分岐をもっているかもしれません。だから、前に進みつづけているのに以前の駅に戻ることができるのかもしれません。（図2-1）

十九世紀の作家チャールズ・ラムはこう書きました。〝時間と空間ほど私にとって不可解なものはない。それでいて時間と空間ほど、私にとって気楽なものもない。なぜなら、私はそれらについて考えたことがないからだ〟私たちは常日頃、時間と空間が何であろうと気にもかけていません。それにもかかわらず、誰しも、ふと、時間とは何か、どのように始まったのか、そして私たちをどこへ導くのだろうかと不思議に思うものです。

時間に関するものにせよ、他の概念に関するものにせよ、論理的な科学的理論は、私の

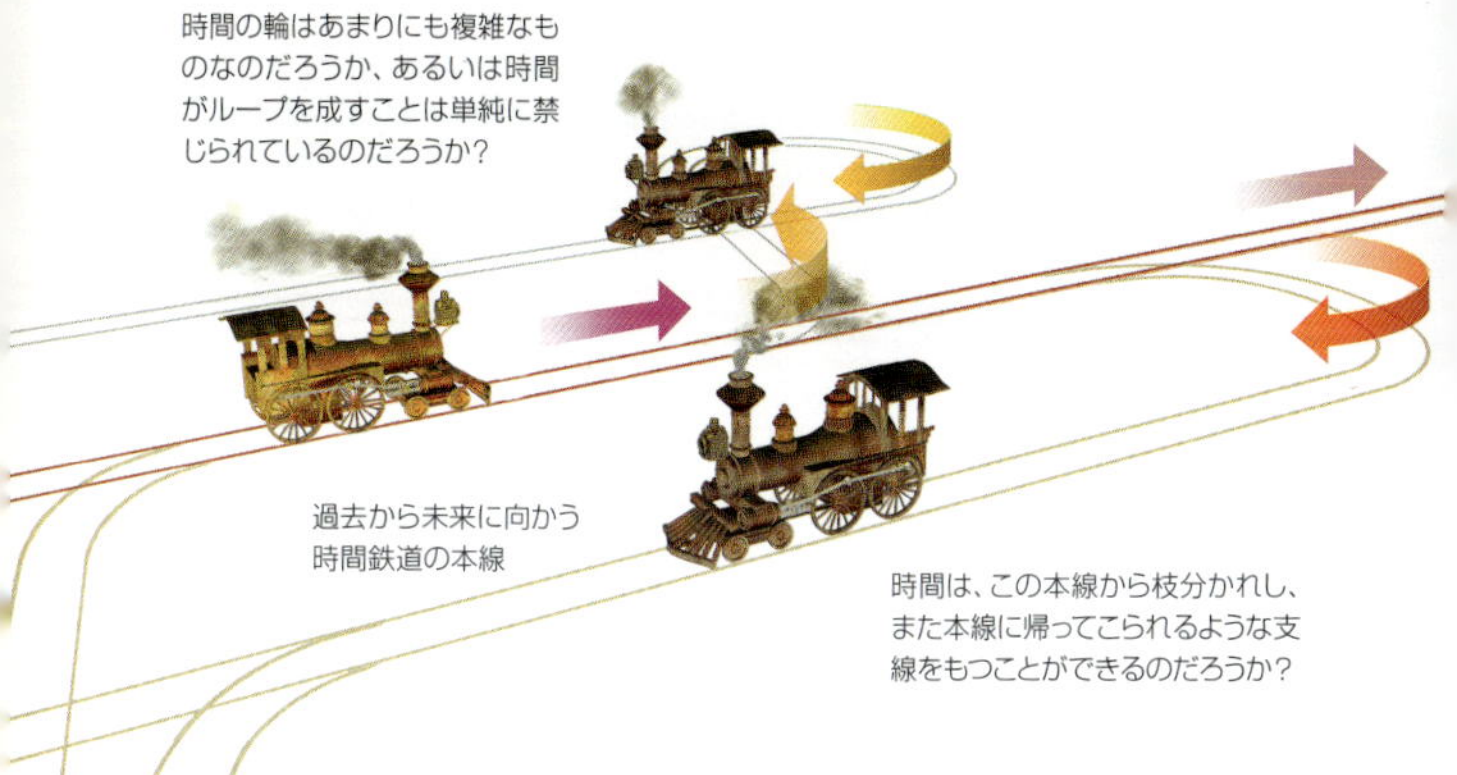
時間の輪はあまりにも複雑なものなのだろうか、あるいは時間がループを成すことは単純に禁じられているのだろうか？
過去から未来に向かう時間鉄道の本線
時間は、この本線から枝分かれし、また本線に帰ってこられるような支線をもつことができるのだろうか？

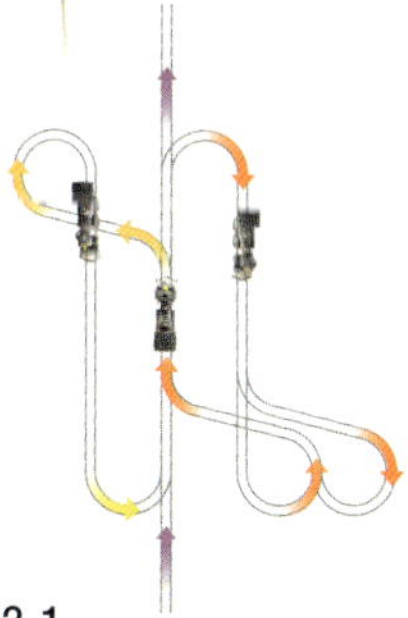

図2-1
鉄道として表わした時間のモデル
本線は未来に向かってただ一方向にしか運転されていないのだろうか、それとも、前のジャンクションにふたたび帰ってくるように枝分かれすることができるのだろうか？

考えでは、もっとも実行可能な科学の原理、たとえばカール・ポッパーとその他の人々によって提唱された実証主義者のアプローチに基づくべきです。この考えかたによると、科学的理論は観測事実を記述し、その規則を成文化する数学的モデルです。良い理論とは、簡単な仮説に基づいて広範囲の現象を説明し、検証可能な明確な予言ができるものです。予言が観測と一致しているならば、その理論はテストに合格して生き残ることができますが、だからといってけっして正しいと立証されたわけではありません。一方、観測が予言と食いちがうならば、その理論を捨てるか変更しなければなりません。矛盾が生じたとき、その理論は捨て去られるべきですが、実際にはその観測の精度を疑ったり、時には実験・観測をした人の信頼性や道徳的性格まで疑ったりするものです。もし私と同じく実証主義者の立場を取るならば、時間とは本当は何なのか言うことができなくなります。できることは、時間についての適切な数学的モデルとして見つけられたことを説明し、それが予測することを述べるだけです。

一六八七年に発行されたアイザック・ニュートンの『プリンキピア』によって、時間と空間についての初めての数学的モデルが提示されました。ニュートンは、現在は私がついているケンブリッジ大学ルーカス記念講座教授職のポストについていましたが、彼の時代には選挙によって選ばれたわけではありません。ニュートンのモデルでは、時間と空間は事象が生じる舞台ですが、事象によってなんら影響を受けない絶対的存在でした。時間は空間とは分離されており、また両端が無限に続く一本の直線もしくは鉄道の線路のようなものだと考えられていました(**図2-2**)。時間じたいは、永遠のもの、つまりこれまでずっと存在しつづけてきたし、これからもずっと存在するだろうと考えられていました。時間が永遠と考えられていたのと対照的に、私たちの住むこの宇宙は、ほんの数千年前に現在の形で創造されたと考えられていました。ドイツ人の思想家イマヌエル・カントなどの哲学者は、この違いに悩みました。「宇宙が本当にある時刻に創造されたならば、なぜその

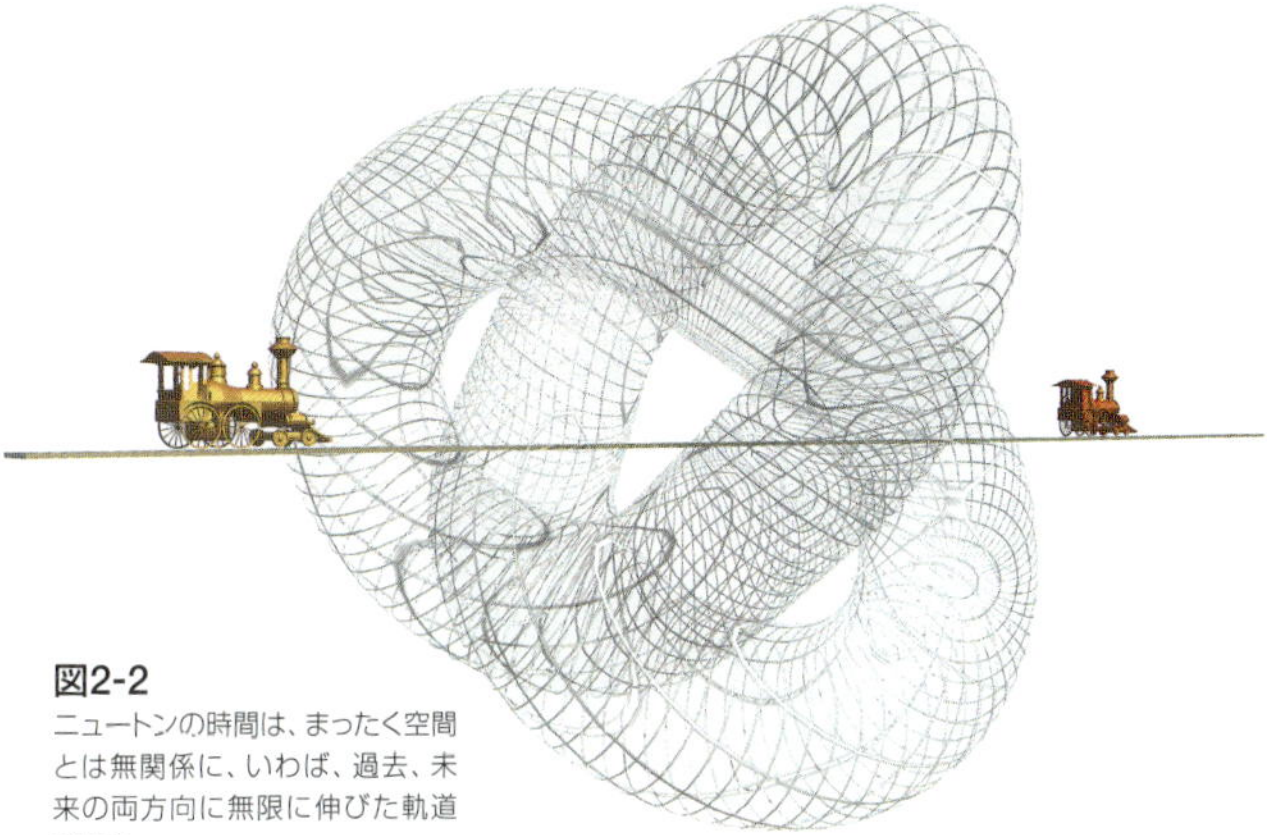

図2-2
ニュートンの時間は、まったく空間とは無関係に、いわば、過去、未来の両方向に無限に伸びた軌道である。

前に無限の待ち時間があったのだろうか?」一方、もし宇宙が永遠の過去から存在しつづけてきたなら、このことは歴史がすでにすべて終わってしまったことになるはずです。どうして起こる予定だったすべての事柄がすでに起きてしまわなかったのでしょうか? とくに、無限の時間が経っているなら、宇宙全体どこでも同じ温度になり、最終的な熱平衡の状態になっているはずです。どうして今の宇宙はそうなっていないのでしょうか?

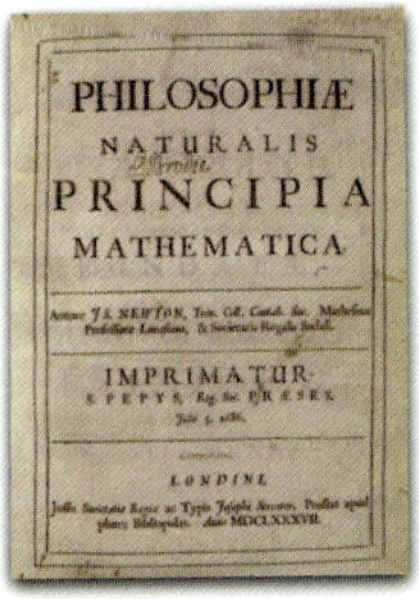
PHILOSOPHIÆ
NATURALIS
PRINCIPIA
MATHEMATICA.

Autore JS. NEWTON, Trin. Coll. Cantab. Soc. Matheseos Professore Lucasiano, & Societatis Regalis Sodali.

IMPRIMATUR.
S. PEPYS, Reg. Soc. PRÆSES.
Julii 5. 1686.

LONDINI,
Jussu Societatis Regiæ ac Typis Josephi Streater. Prostat apud plures Bibliopolas. Anno MDCLXXXVII.

アイザック・ニュートンは、300年以上前に時間と空間の数学的モデルを発表した。

図2-3 時間の方向と形象

アインシュタインの相対論は多くの実験と一致している。そして時間と空間が相互に不可分に一体となっていることを示している。実際、空間を曲げると必ず時間の進みかたも影響される。

したがって、時間には、形があると言える。しかしながら、図の機関車が示すように、はっきりとした、一方にしか進まない。

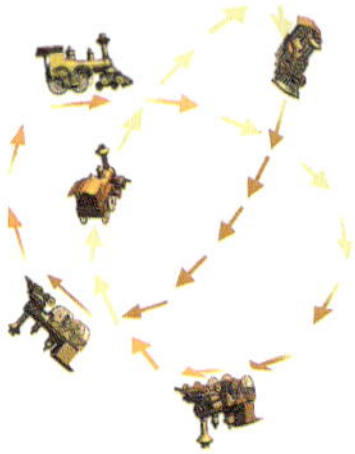

これは論理的矛盾のように思えたので、カントはこの問題を〝純粋理性の背理〟と呼びました。解決のしようがないからです。しかしこの矛盾は、時間は無限の直線であり、宇宙で起きている出来事にはまったくよらない絶対的存在だとするニュートンの数学的モデルの中にのみ存在するのです。しかし、すでに第一章で見たように、一九一五年に完全に新しい時空の数学的モデル――一般相対論――がアインシュタインによって提唱されました。アインシュタインの論文の後、他の科学者によっていくらかアクセサリーのようなものは付け加えられましたが、時間と空間のモデルは現在でも基本的にアインシュタインが提案したそのものです。この章と以後の章で、アインシュタインの革命的論文のあと、どのように理論が進歩してきたかを説明することにしましょう。それは多くの研究者の業績の成功物語であり、私もそれに少しの貢献ができたことを誇りに思っています。

一般相対論では、時間の次元と空間の三次元を結びつけ、時空と呼びます（図2-3）。一般相対論では宇宙に分布している物質とエネルギーが時空をゆがめ、湾曲させますが、時空が曲がった結果として重力が働くことになります。時空内で物体は直線に進もうとしますが、時空が曲がっているので、その進路も曲がってしまうのです。その物体は重力場によって影響され、方向が曲がったように運動します。

荒っぽいたとえで説明すれば、まず時空はゴムのシートのようなものだと考えてください。太陽を表わすものとして大きなボールをシートの上に置きます。その重さによって、

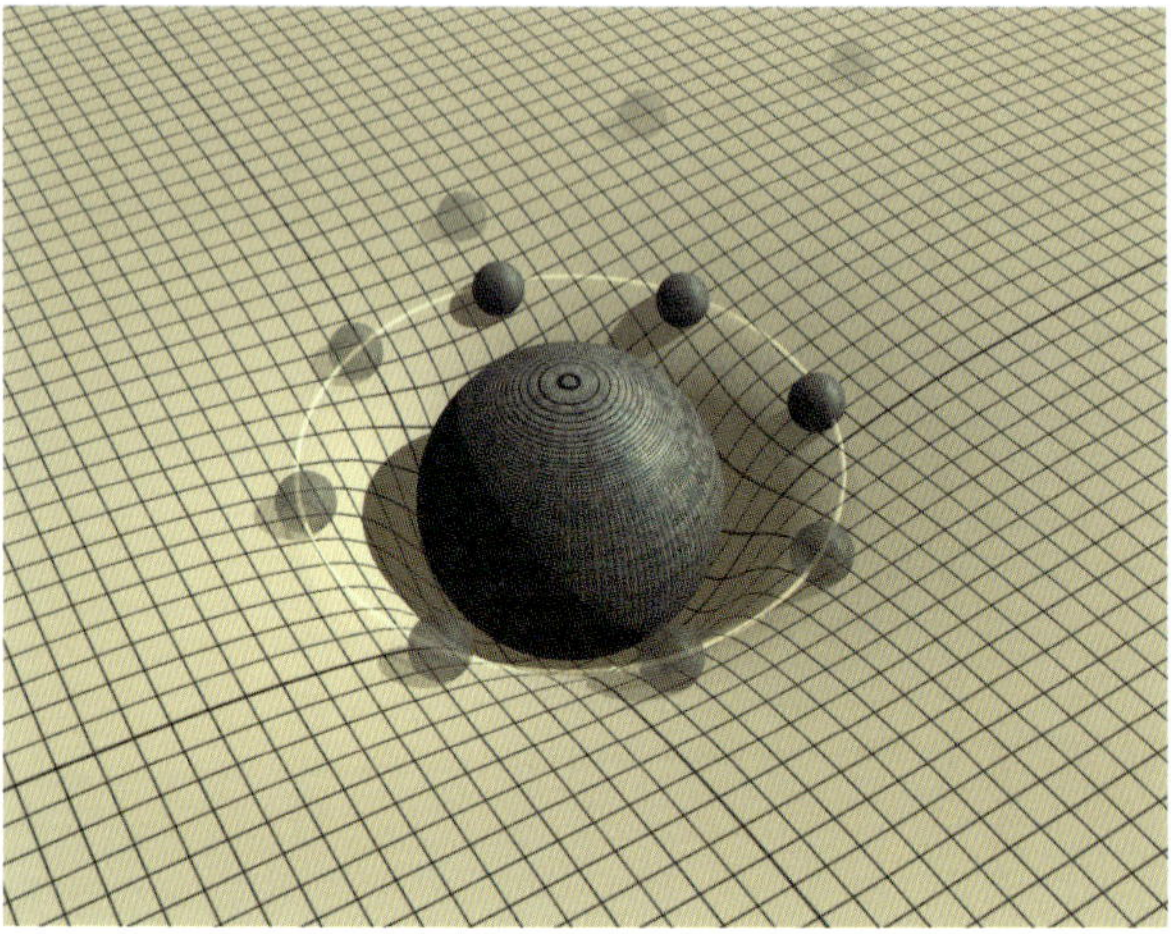

図2-4
ゴムのシートにたとえて示した時空
中心の大きいボールは星などの巨大な質量をもった物体を表わす。その重みによってシートを曲げる。シートを転がるボールはこの曲率によって方向が曲げられ、中心の大きなボールの周りを回る。一般相対論では、惑星が太陽の重力場の中で公転運動しているのはこのように説明される。

シートは押し下げられ、太陽の近くの空間は曲げられます。もしここで小さなボールをシートの押し下げられたほうへ転がすと、反対側へ直線的にまっすぐ転がるのではなく、かわりに重い質量のボールの周りを回るようになります。つまり太陽の周りを回っている惑星のように運動するのです。（**図2-4**）

この例では空間のふたつの次元（ゴムシートの表面）のみしか曲げられていま

せんし、またニュートンの理論での時間のように時間の進みかたは変化を受けていません。したがって一般相対論を説明するたとえとしては不完全です。しかし相対論では、時間と空間は不可分に互いに絡みあっています。時間に影響をあたえずに空間を曲げることはできないのです。したがって時間には〝形〟があると言えます。空間と時間は曲がるものだということから、一般相対論では時空は事象が生じる単なる場所というような受身的な存在ではなく、生じる事象に対して能動的、活動的に影響する存在なのです。時間があらゆる存在に影響されない絶対的存在だとするニュートンの理論体系のなかでは「神は宇宙を創造するまえに何をなさっていたのでしょうか?」とたずねることができます。「主はあまりにも深く詮索する人を落とす地獄を造っていたのです」と冗談を言う人もいました。聖アウグスティヌスが言ったように、この問題は冗談ではぐらかすようなものではなく、

5世紀の思想家、聖アウグスティヌスは世界が始まるまえには時間もなかったと考えた。

12世紀の書物『神の国』より。ローレンチアナ図書館（イタリア、フィレンツェ）所蔵

時間の問題を深く考えるときに生じる深刻な問題なのです。聖アウグスティヌスによると、神は天地を造るまえにはまったく何もしなかったのです。事実、これは現代の考えに非常に近いものです。

ニュートンの体系とは異なり、一般相対論では時間と空間は物質世界・宇宙に依存する存在であり、独立な存在ではありません。実際、時間は、たとえばクオーツ時計では内部の石英結晶の振動数をもちいて刻まれていますし、空間的広がりは定規の長さを基準に測定されています。このように時空は物質をもちいた測定によって定義されているのです。物質世界の中でこのような方法で定義された時間なのですから、時間が最小値とか最大値をもつと考えるのは不自然ではないでしょう。つまり宇宙には始まりや終わりがあるということは自然なことです。宇宙の始まるまえに何が起きたか、また終わりの後に何が起こるのかたずねることは、まったく無意味なことでしょう。なぜならそのような時間は存在しないからです。

一般相対論の数学的モデルが、宇宙や時間そのものに始まりや終わりがあるのかどうかを予言しているか明らかにすることはきわめて重要です。かつて、アインシュタインをふくむ理論物理学者は、時間は過去、未来の両方向に無限であるべきだと、一般的に先入観をもっていました。このように考えないと、科学の対象外と考えられた宇宙の創造という厄介な質問に答えなければならないからです。時間に始まりや終わりがあるアインシュタインの方程式の解は知られていましたが、対称性の高い非常に特別な場合についての解でした。たとえば自分自身の重力で丸い物体が収縮して崩壊するとき、中心の一点に向かってすべての物質が一緒になって落ちてゆくなら、そこで密度が無限になります。しかし現実には少し横方向の速度もあるはずですから、一点に集まるとは言えません。また物質の圧力によって収縮じたいが止められてしまうかもしれません。したがって、実際は無限になるようなことは起こらないのではないかと、考えられていました。同様に、宇宙の物質の分布や膨張が理想的に単純な場合は、時間をさかのぼって調べると、宇宙の物質は無限の密度をもつ一点からすべてが現われたことがわかります。このような無限の密度をもつ点は特異点と呼ばれ、時間の始まりか終わりを表わします。

一九六三年にふたりのロシア人科学者、エフゲニ・リフシッツとアイザック・ハラトニコフはアインシュタインの方程式を解き、物質の配置や速度を特別に対称性が高いものに仮定したときのみ特異点が生じるのだということを証明したと主張しました。彼らの主張は次のようなものです。現実の宇宙が、そのような単純で高い対称性をもつ特別な解で完全に記述できる可能性は実質的にゼロである。したがって現実の宇宙を表わすほとんどすべての解では、無限の密度をもつ特異点など避けられるはずである。また、現在宇宙は膨張しているが、そのまえに宇宙は収縮していたはずで、それがある密度まで達したとき、跳ね返って膨張に転じたにちがいない。収縮期に物質は全体として集まってくるけれども、

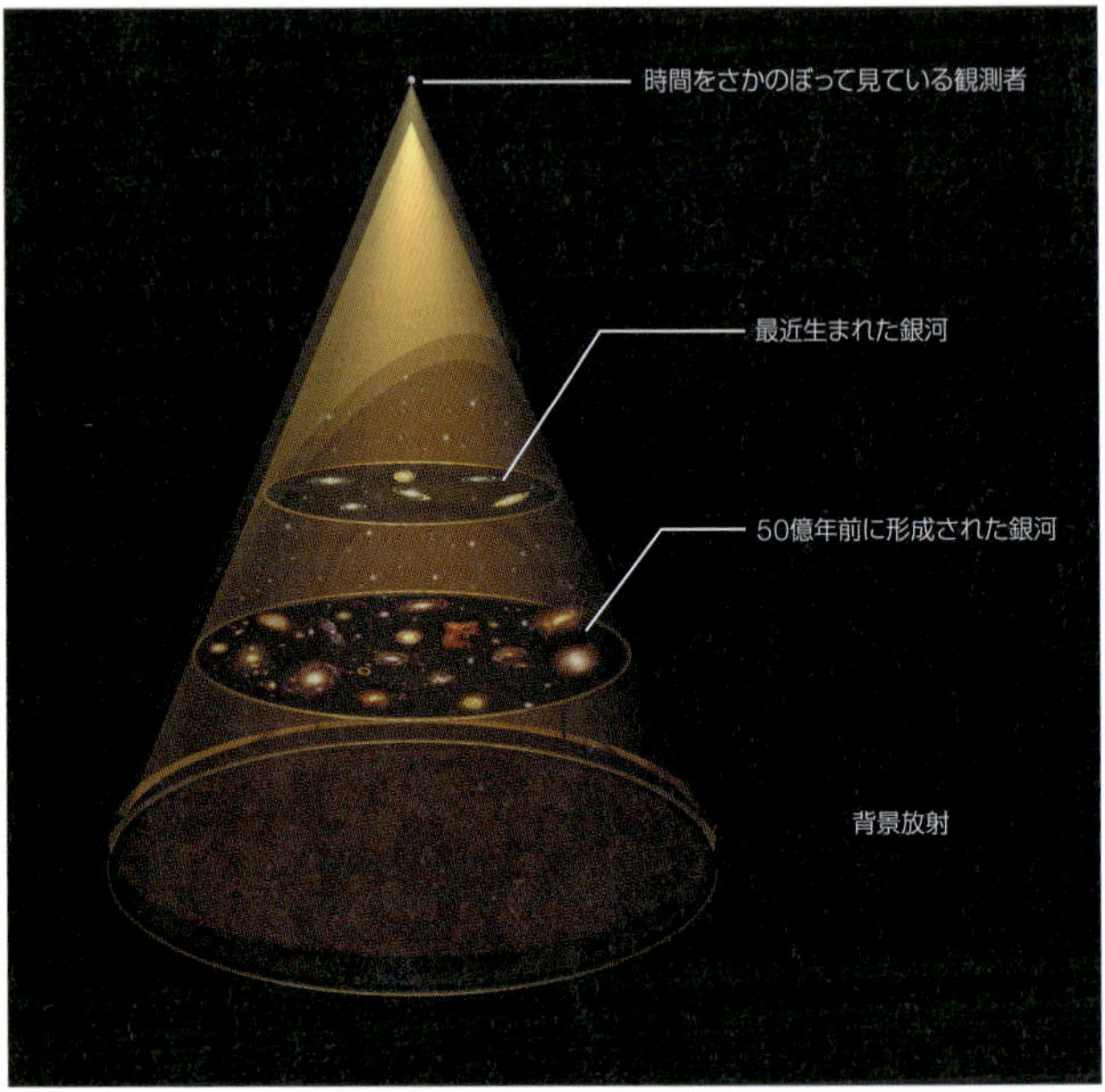

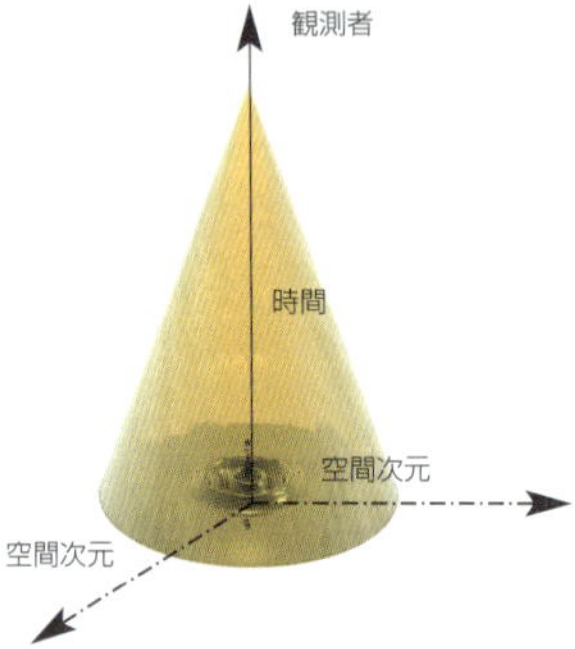

図2-5
我々の過去方向の光円錐
光といえども有限速度で伝わるので、遠方の銀河を見ることは、過去を見ること、つまり宇宙の初期を見ることである。縦方向を時間軸とし、水平方向を空間軸とすると、先端にいる我々に届く光はこの円錐の表面を伝わってくるのである。

互いに衝突することなくうまくすりぬけて、ふたたび離れるよう動き出して現在の膨張期にいたったのではないかと。もしこれが事実なら、時間は無限の過去から無限の未来へと永遠に続いていることになります。すべての人がリフシッツとハラトニコフの議論に納得したわけではありませんでした。ロジャー・ペンローズと私は、彼らのように、解を詳細に調べるのではなく、時空の全体的構造に基づく方法でこの問題を研究しました。一般相対論においては、時空はそこにある重い物体のみならず、そこにあるエネルギーによってもゆがめられます。重力の源となるエネルギーは常に正なので、時空は一緒に進んでいる光線の束が互いに集まってくるように湾曲します。

さて、今度は私たちの過去の光円錐、つまり現在の時刻に私たちに届く遠方の銀河からの光線の時空の中での経路を考えてみましょう（図2-5）。時間が縦軸方向に、空間が横軸方向に取られている図において、私たちはちょうどこの円錐の頂点にいることになります。私たちが頂点から円錐の下側へと、つまり過去に向かうにつれて、より昔の時代の銀河を見ることになります。宇宙は膨張しつつあり、かつてはすべてが互いにより近くに存在していたので、私たちが遠くの過去を見れば見るほど物質の密度がより高い領域を通して見ていることになります。宇宙を満たしている微弱なマイクロ波電波の背景放射は、宇宙が今よりずっと高密度で高温だった昔の光円錐にそって、私たちの所に伝播してきているのです。受信機の受信周波数を調節し、この放射のスペクトル（周波数ごとの電波の強度分

COBE衛星が観測した宇宙マイクロ波背景放射のスペクトル

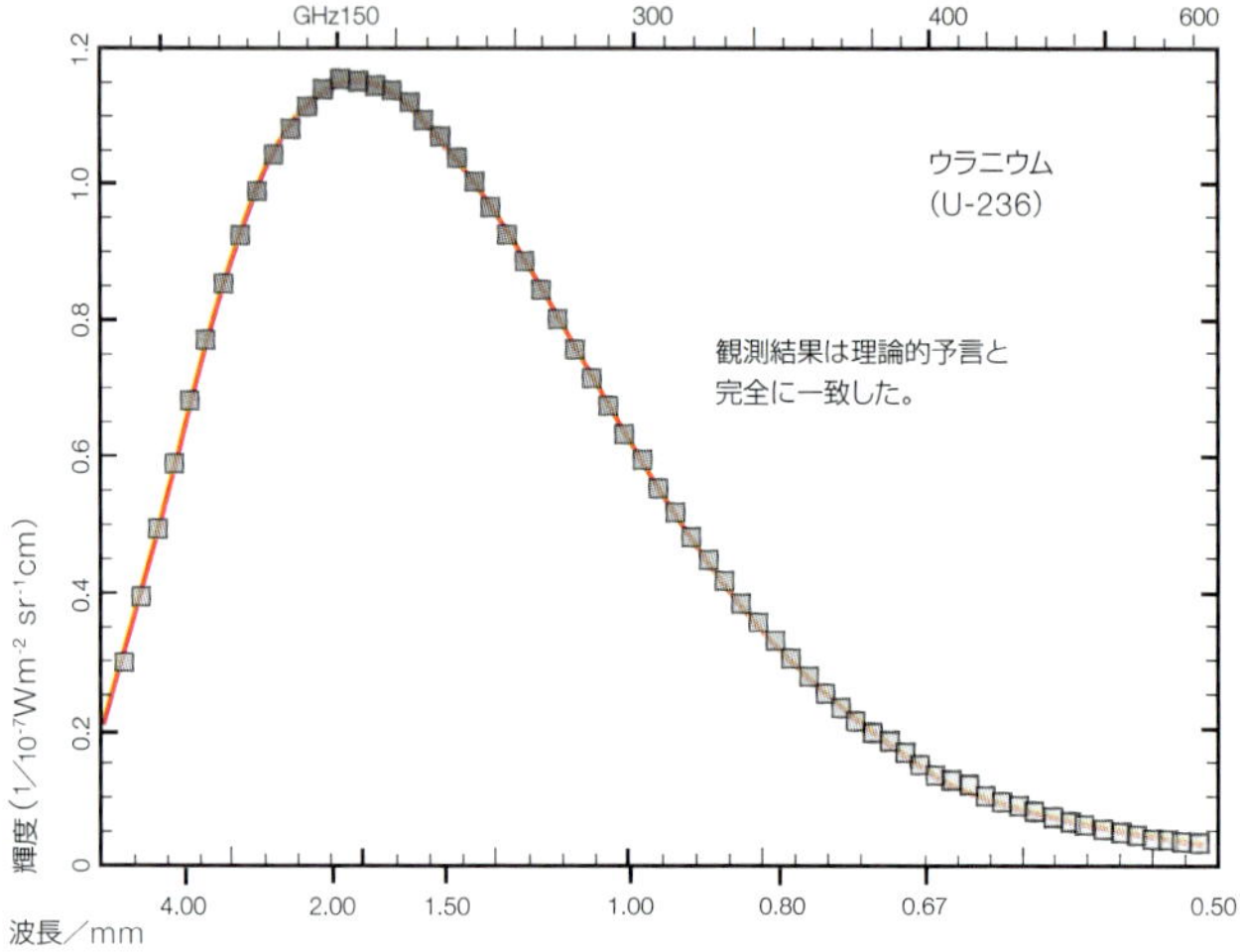

図2-6
マイクロ波背景放射のスペクトル

宇宙マイクロ波背景放射の強度を周波数の関数としてあらわすスペクトルは、熱せられた物体からの放射のスペクトルと同じ形をしている。熱平衡にある放射は、物質によって十分散乱を受けた結果である。熱平衡にあったということは、過去の光円錐には光を散乱させるのに十分な物質があったことを示している。

布）を測定することができますが、この放射は絶対温度で二・七Kの物体から放射されるものと同じスペクトルをもっていることが発見されました。このマイクロ波の放射は冷凍ピザを解凍するには弱すぎて役には立ちませんが、このスペクトルが二・七Kの物体からの放射のスペクトルとほとんど一致していることから、この放射はマイクロ波がまっす

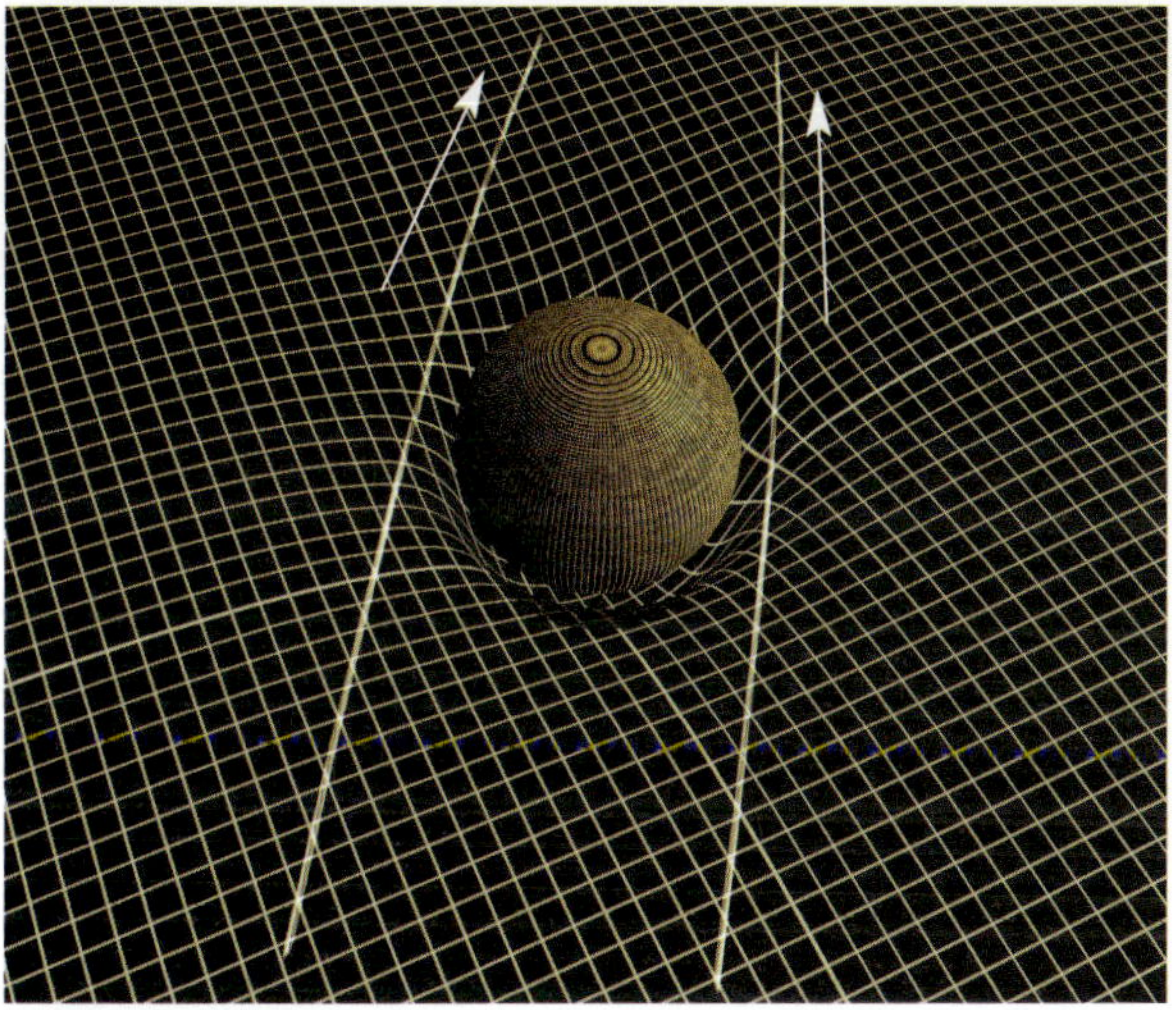

図2-7 ゆがんだ時空
重力は引力であるので、物質は常に凸レンズのように、つまり光線を集めるように時空を曲げる。

ぐ通れない不透明な領域からやってきたにちがいないことがわかります。（図2-6）
　したがって、私たちの過去の光円錐は、過去に戻るときはある程度の量の物質を通りすぎなければならないということがわかります。この物質の量は時空をゆがめるのに十分であり、そのため私たちの過去の光円錐における二本の光線は互いに近づ

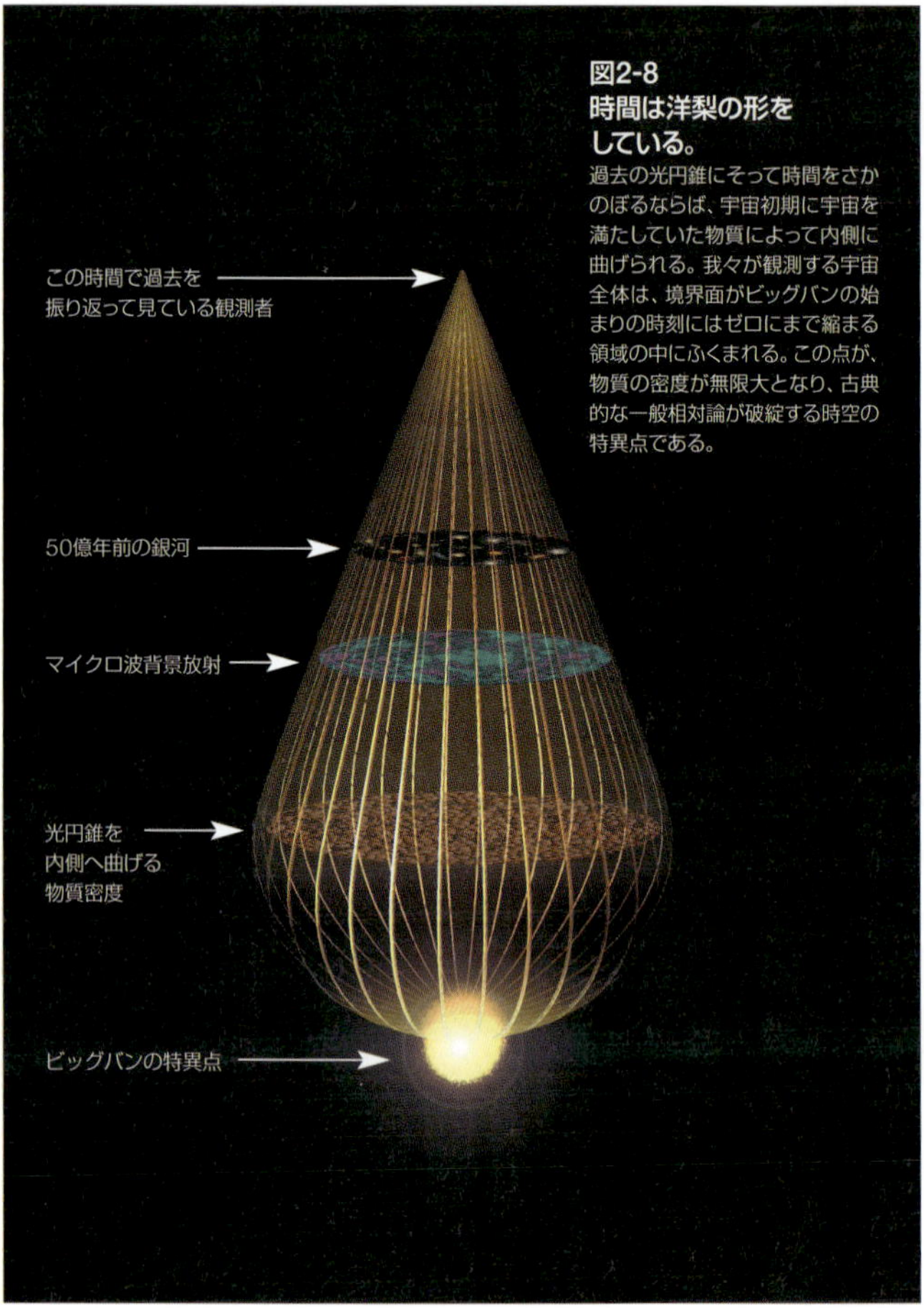

図2-8
時間は洋梨の形をしている。
過去の光円錐にそって時間をさかのぼるならば、宇宙初期に宇宙を満たしていた物質によって内側に曲げられる。我々が観測する宇宙全体は、境界面がビッグバンの始まりの時刻にはゼロにまで縮まる領域の中にふくまれる。この点が、物質の密度が無限大となり、古典的な一般相対論が破綻する時空の特異点である。

き合う方向へ曲げられてしまうのです。（図2-7）

時間をさかのぼると、私たちの過去の光円錐の断面はまず増大し、最大のサイズとなった後で小さくなっていきます。つまり私たちの過去は洋梨の形をしているのです。（図2-8）

さらに過去の光円錐をさかのぼっていくと、物質の正のエネルギー密度により、先ほどの二本の光線がさらに強く互いに近づくように曲がっていきます。光円錐の断面は有限の時間でゼロサイズへと収縮してしまいます。これは過去の光円錐内部にあった物質すべてが、境界がゼロへと収縮した領域に閉じ込められていることを意味します。このことから、ペンローズと私は時間には始まりがあったことを、つまり私たちの宇宙はいわゆるビッグバンと呼ばれる始まりがあったことを証明したのです。このようにこの証明は単純明解なもので、一般相対論の数学的モデルで宇宙の始まりの特異点が避けられないことを証明できたことは、それほど驚くべきことではないのです。同様の議論によって、銀河の中の星々が自分自身の重力によって崩壊してブラックホールになってしまうこと、またそこでその星にとっての時間が終わってしまうことも証明できるのです。私たちはこのように、カントの絶対時間の概念、つまり時間は宇宙の如何にかかわらず存在しているという暗黙の仮定をはずすことで、彼の言う〃純粋理性の背理〃を避けることに成功したのです。時間には始まりがあるという私たちの論文は、一九六八年に重力研究財団の論文賞コンペで二等を勝ちとりました。ペンローズと私は三〇〇ドルという豪勢な賞金を分かち合いまし

不確定性原理

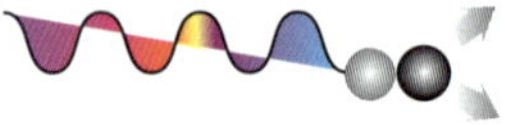

低い振動数の波は、それほど粒子の速度を撹乱しない。

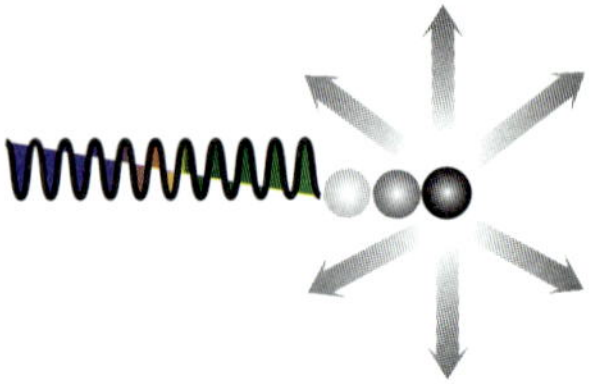

高い振動数の波は、粒子の速度を大きく撹乱する。

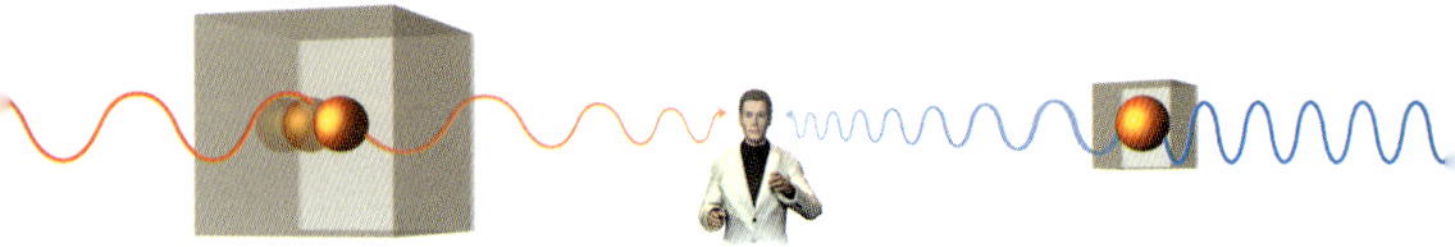

粒子を観測するのに、より長い波長の波をもちいれば、粒子の位置の不確定性は、より大きくなってしまう。

粒子を観測するのに使用される波長が短ければ短いほど、その位置の確定性はより高くなる。

量子論の発見における大きなステップは、1900年にマックス·プランクが提唱した量子仮説である。彼は光は常に小さなエネルギーのパケットとしてやってくるのではないかと考えたのである。プランクの量子仮説は熱い物体からの放射の観測をみごとに説明したが、そこにふくまれている意味はすぐには理解されなかった。1920年代のなかば、ドイツの物理学者ヴェルナー·ハイゼンベルグは彼の有名な不確定性原理を定式化したが、これによってその意味が深く理解されたのである。

彼は、プランクの仮説が、より正確に粒子の位置を測定しようとすれば、その速度の測定が不正確となり、逆もまた同様であると示唆していることを明らかにしたのである。

より正確に言うならば、ハイゼンベルグは、運動量の不確定性と粒子の位置の不確定性を掛け算したものがプランク定数よりも大きいことを示したのである。プランク定数とは光量子1個のエネルギーに関連する量である。

ハイゼンベルグの不確定性原理を示す式

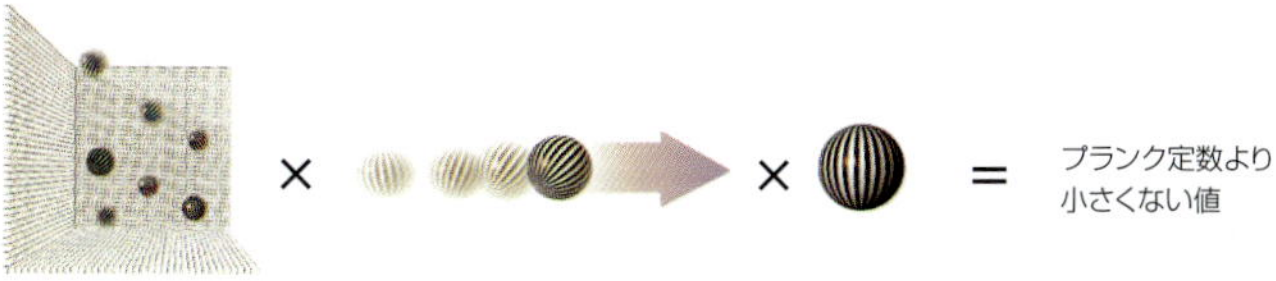

た。私はその年の他の受賞論文がそれほど永続的な価値のあるものだとは思いません。

私たちのこの研究に対してさまざまな反応がありました。世界には始まりがあるのだという結論に多くの物理学者は動揺しましたが、しかし神による天地創造を信じている宗教リーダーは、科学的証拠が得られたとして大喜びしたのです。一方、リフシッツとハラトニコフは苦しい立場に追い込まれました。私たちの証明した数学的な定理はあまりにも明解なものでしたから、論争することはできませんでした。しかしソビエト体制の下では、自分たちが誤っ

電磁場

1865年に、イギリスの物理学者のジェームズ・C・マクスウェルは、それまでに知られていた電気と磁気の法則をまとめあげひとつの法則に統一した。マクスウェルの理論はひとつの場所から別の場所まで作用を伝える場の存在にかかっている。彼は、電磁気的な信号を伝える場が存在し、それが力学的な実体であると認識したのである。電磁場は振動し空間的に伝播することができる。

マクスウェルが導いた電磁気を統一する方程式は、電磁場の力学を定めるふたつの式からなる。マクスウェルはこの式を導いただけでなく、この式を解きさわめて重大な発見をしたのである。つまり、この場の波である電磁波は、その振動数にかかわりなく、すべて同じ速度、それはまさに光速と同じ速さで伝播することを見つけたのである。

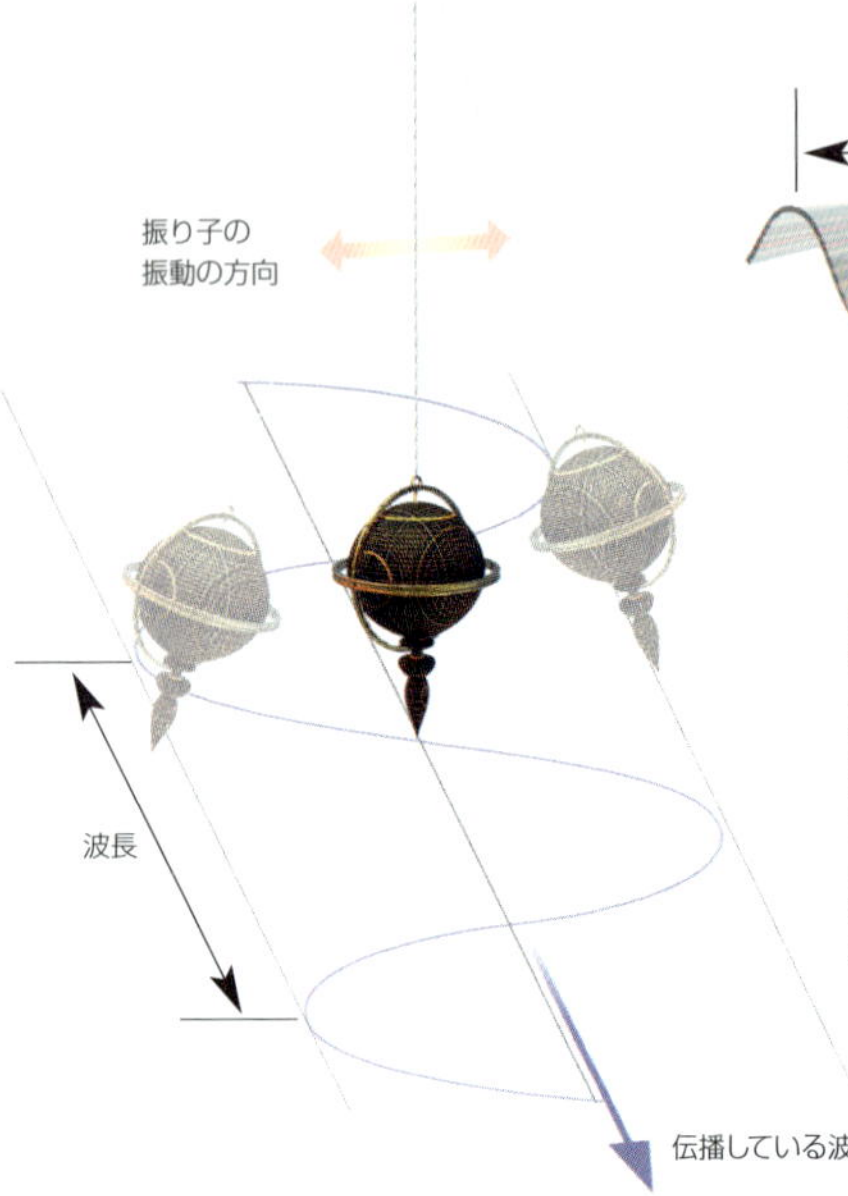

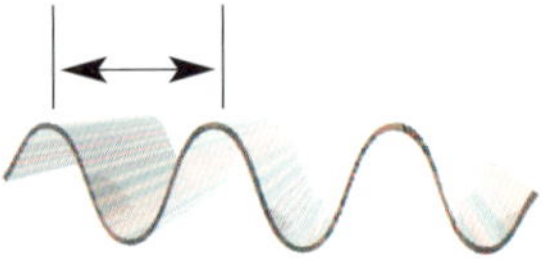

波長は波のピークと次のピークとのあいだの距離である。

図2-9
振動している振り子にともなう波の伝播

電磁放射は電場と磁場の振動の波として空間を伝播する。波の伝わる方向は、振り子の場合と同じように振動の横方向である。電磁放射は、場のさまざまに異なった波長の波から構成されている。

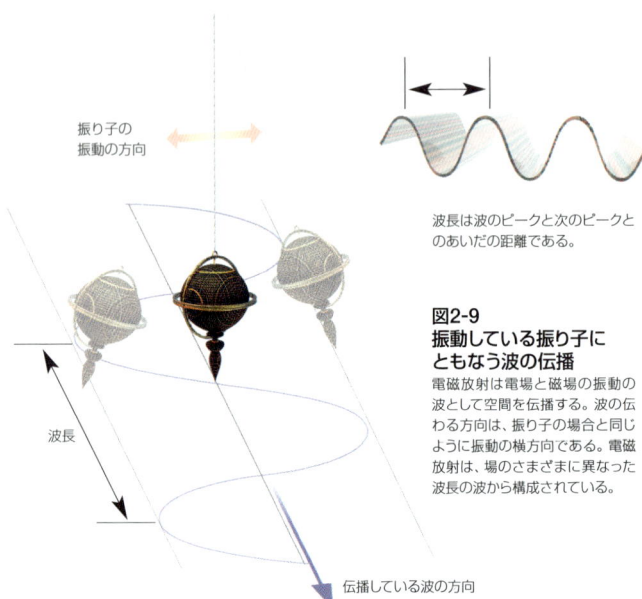

ていて西欧の科学が正しかったと認めることもできませんでした。しかし、彼らは前のような特別な場合ではなく、より一般的な特異点をもつ解のファミリーを見つけることができました。これによって彼らは苦境を逃げ出すことができたのです。つまり、特異点や時間の始まりや終わりをソビエトの発見として主張することができたからです。

ほとんどの物理学者は、本能的に時間に始まりや終わりがあるという考えを好みませんでした。したがって特異点を避けるため、数学的モデル

図2-10
確率分布をもつ振り子

ハイゼンベルグの不確定性原理によれば、たとえ速度がゼロの振り子といえども、絶対的に真下を指すことは不可能なのである。量子論は、振り子がその最低のエネルギー状態にあるときにでさえ、最小の振動状態、ゼロ点振動をしていることを予言するのである。

これは、振り子の位置が確率分布によってあたえられるのを意味する。基底状態では、振り子は真下を示している確率がもっとも高いが、しかしそこからいくらかずれた方向を示す確率もあるのだ。

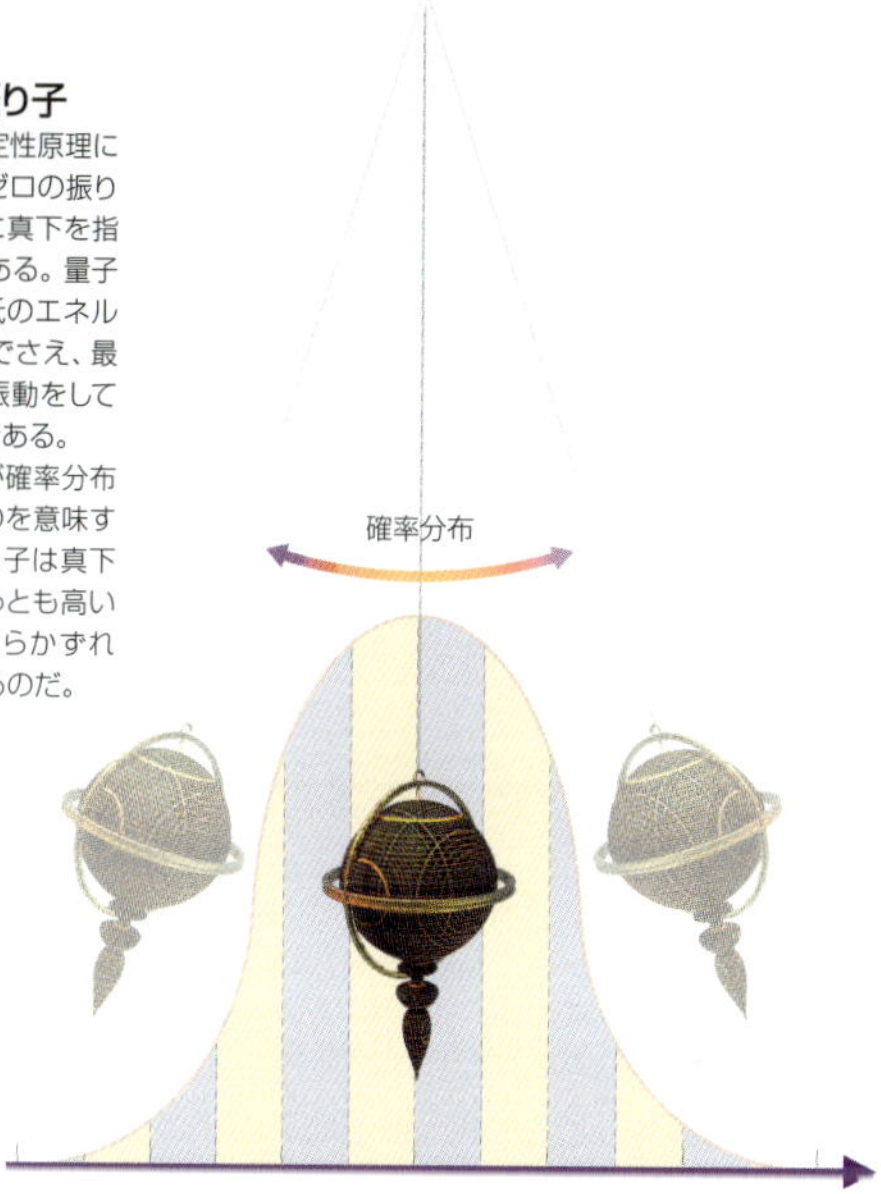

は特異点の近くの時空の描写にはあまり適していないのではないかと、指摘する人もでてきました。その理由は、重力を説明する一般相対論は第一章で紹介したように古典的な理論だからです。重力以外の物理的な力の理論は量子論の不確定性をきちんと組み入れたものなのに、重力ではそれができていないからです。通常、時空の湾曲するスケールは非常に大きく、一方、量子効果が重要になるスケールは非常に小さいため、この矛盾は多くの場合重要ではありません。しかし特異点の近く

においては、そのふたつのスケールはほぼ同じなので、量子重力的効果が当然重要となります。そのためペンローズと私の特異点定理が証明したことは、厳密に言えば時空の古典的な領域は過去とおそらく未来の極限で、量子重力が重要となる領域と接しているということです。宇宙の起源と運命を理解するためには重力についての量子論を必要とします。これがこの本の大部分の主題でもあるのです。

原子など有限数の粒子についての量子論の体系は一九二〇年代にハイゼンベルグやシュレディンガー、ディラックによって定式化されました（ディラックは私が今勤めているケンブリッジ大学ルーカス記念講座教授職の前任者の一人です）。しかし、量子の考えを電気、磁気そして光を説明するマクスウェルの電磁場まで広げたとき、問題が生じました。

電磁場は異なったいろんな波長（ある波のピークと次の波のピークのあいだの距離）の波が重なり合ったものとして考えられます。ひとつの波長の波を考えると、場は振り子のようにある値から他の値へと振動しています。（**図2-9**）

古典的な理論では、振り子の基底状態すなわちエネルギーがもっとも低い状態は、もっともエネルギーの低い点にとどまっている、すなわちまっすぐ下を向いていることになります。しかし量子論ではそうではありません。古典論では、振り子の位置をはっきり決められますし、また同時に速度もゼロというふうに明確に決めることができます。しかし、量子論に基づいて考えると、位置と速度を同時に正確に測定することを許さないという不確定性原理に違反することになります。運動量の不確定性と位置の不確定性を掛け算した値は、プランク定数として知られる定数2より大きいはずです（このプランク定数を表わすのに、すべての桁を書くことはできないので、この記号をもちいます）。

したがって、振り子の基底状態すなわちエネルギーがもっとも低い状態は、予想されるようにゼロエネルギーではないのです。かわりに、基底状態にあろうとも振り子や、振り子のように振動する系は、ある最小量のゼロ点振動と呼ばれる状態にあるのです。つまり、振り子は必ずしもまっすぐ下を指しているわけではなく、垂直方向に対してわずかな角度だけずれている状態にいる確率もあるのです（**図2-10**）。同様に、電磁場は真空つまり最低エネルギー状態にある場合でも、波は正確にゼロでなくわずかに波立っているのです。振り子や波の振動数（一秒あたりのゆれの回数）が高ければ高いほど、基底状態のエネルギーは高くなります。

しかし、電磁場の基底状態のゆらぎを考えて、電子の質量や電荷を計算すると、見かけ上の質量と電荷が無限大になってしまうのです。もちろん実際の値とはかけ離れたものです。一九四〇年代、物理学者リチャード・ファインマン、ジュリアン・シュウィンガーと朝永振一郎は、これらの無限を取り除き、実際の有限の質量と電荷の値のみを扱うつじつまの合う方法、くりこみ理論を考え出しました。それにもかかわらず、基底状態のゆらぎは、小さな効果ですが測定可能で、実際に実験結果ともよく一致する効果を引き起こすのです。同様の無限を取り除くくり込みはチェン・ニン・ヤンとロバート・ミルズによって提唱された理論、ヤン-ミルズ場でもうまく機能します。ヤン-ミルズ理論は、弱い力と強い力と呼ばれる原子核の中で働いているふたつの力を説明する理論で、マクスウェルの電磁場理論の拡張です。基底状態のゆらぎは、量子重力論ではさらに重大な効果をもたらします。繰り返して言うことになりますが、各波長の波はそれぞれ基底状態エネルギーをもっています。電磁場での波長は短さに限りがないので、時空のどの領域においても数えきれないほどの異なった波長が存在します。その結果、無限大の基底エネルギーがあることになります。物質と同様にエネルギーも重力の源ですので、この無限のエネルギー密度が存在しているということは、まだそうはなっていませんが、宇宙を一点へと収縮させるのに十分な引力が存在することを意味しています。

基底状態のゆらぎによるエネルギーはまったく重力効果をもたないとして、現実と理論のあいだの矛盾は解決されるのではないかと思われるかもしれませんが、そううまくはいきません。カシミア効果で基底状態のゆらぎのエネルギーを探知できます。ひと組の金属板を互いに平行に並べてふたつを近づけると、この金属板の効果によって、板の外側の空間での波長の数と比べて金属板のあいだにうまく収まった波長の数はわずかに減少します。これは、外のエネルギーもあいだのエネルギーも無限ではありますが、金属板間の基底状態のゆらぎエネルギー密度が、ある有限量だけ外部のエネルギー密度より小さくなることを意味します（**図2-11**）。このエネルギー密度の違いが金属板を互いに引き合わせる力を生み、そしてこの力は実験的にも観測されているのです。物質と同様に力は一般相対論においては重力の源です。したがってこのエネルギー差の重力効果を無視したのでは、一貫した理論ではなくなります。

この問題を解決するもうひとつの可能性は、宇宙定数が存在すると仮定することでしょう。宇宙定数は静的な宇宙モデルを造るためにアインシュタインがかって導入したものです。この定数が無限の負の値を取るならば、自由空間での基底エネルギーの無限の正の値とちょうど打ち消しあい、問題を解決することができるでしょう。しかしこの宇宙定数はこの特別な目的のために、並外れた精度に微調整されなければなりません。

幸運にも一九七〇年代にまったく新しい種類の対称性が発見されました。これは基底状態のゆらぎから生じる無限をうまく消し去る、自然で物理的なメカニズムとなっているのです。超対称性は、さまざまな方法で説明することができる現代の数学的モデルのひとつの特徴です。そのうちひとつの方法は、時空には私たちが日常生活をしている三次元空間に加えて余分の次元があると考えることです。これらは普通の実数ではなくグラスマン数として知られる数で測られるため、グラスマン次元と呼ばれています。普通の数では掛け算の順番を入れ替えても計算結果は同じ、つまり〝可換〟です。掛け算の順番はどうでもよいのです。6×4は、4×6と同じです。しかしグラスマン数は〝反可換〟なのです。

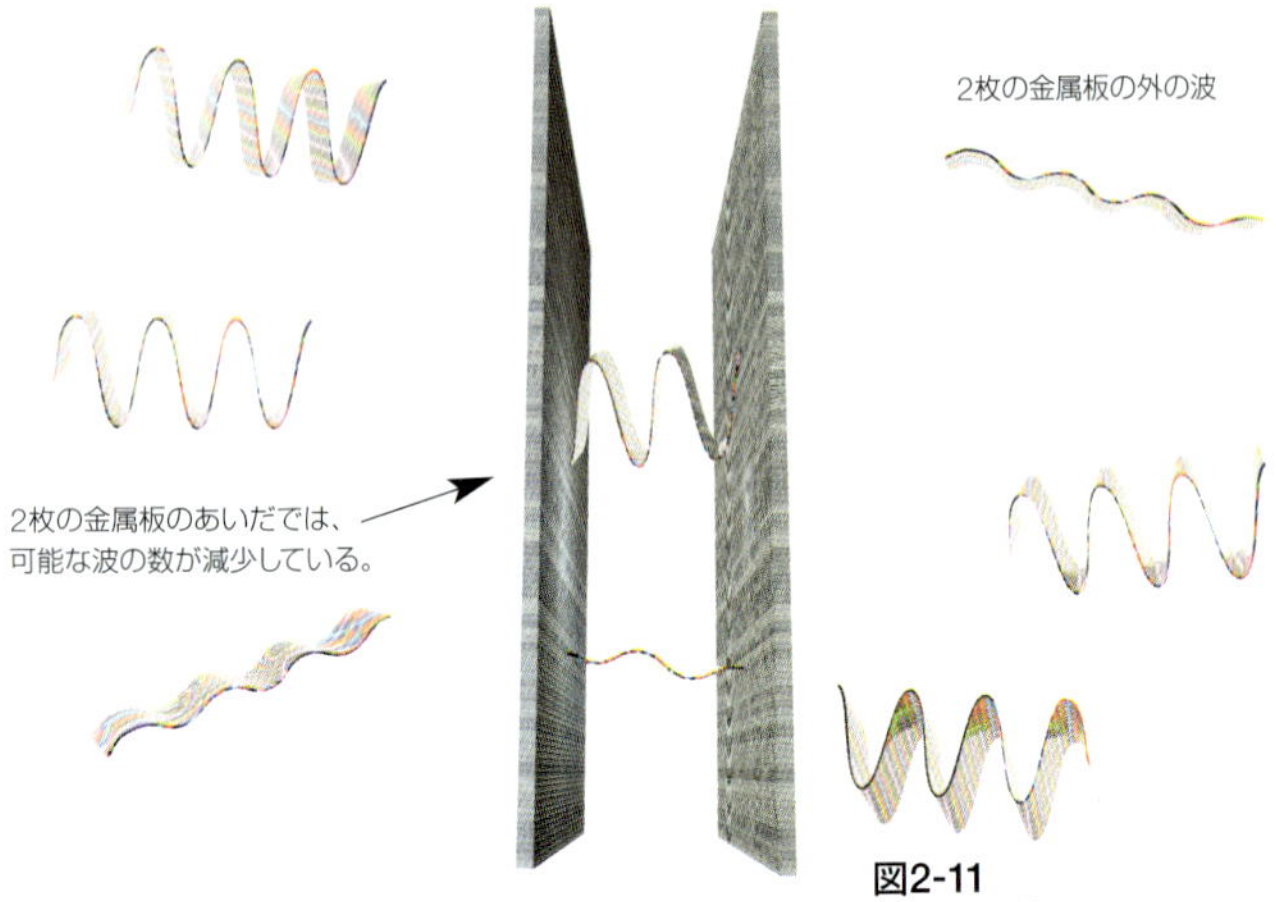
2枚の金属板の外の波
2枚の金属板のあいだでは、
可能な波の数が減少している。

図2-11
カシミア効果
基底状態でのゆらぎの存在はカシミア効果によって、平行な金属板に微小な力が働くことが発見され、実験的に確認された。

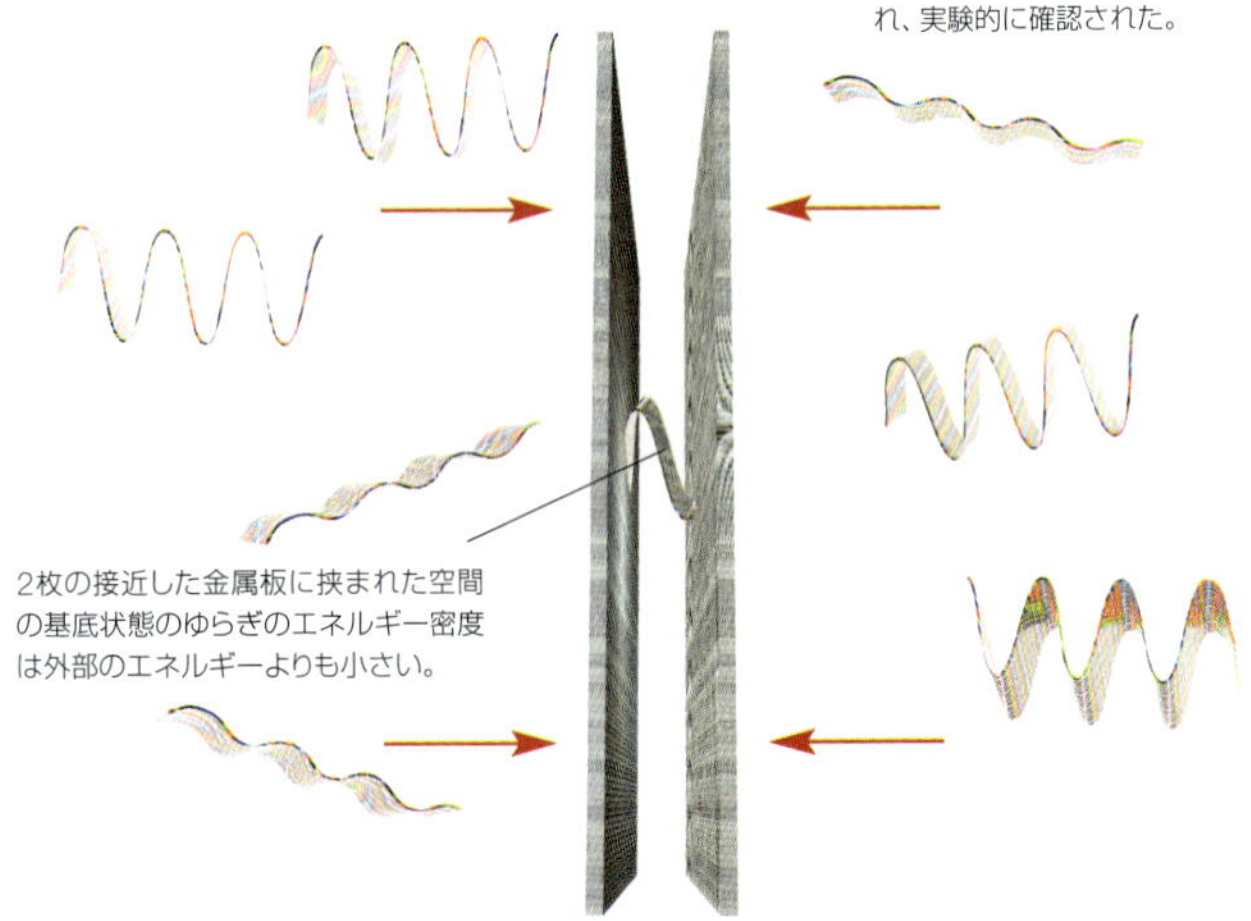
2枚の接近した金属板に挟まれた空間
の基底状態のゆらぎのエネルギー密度
は外部のエネルギーよりも小さい。

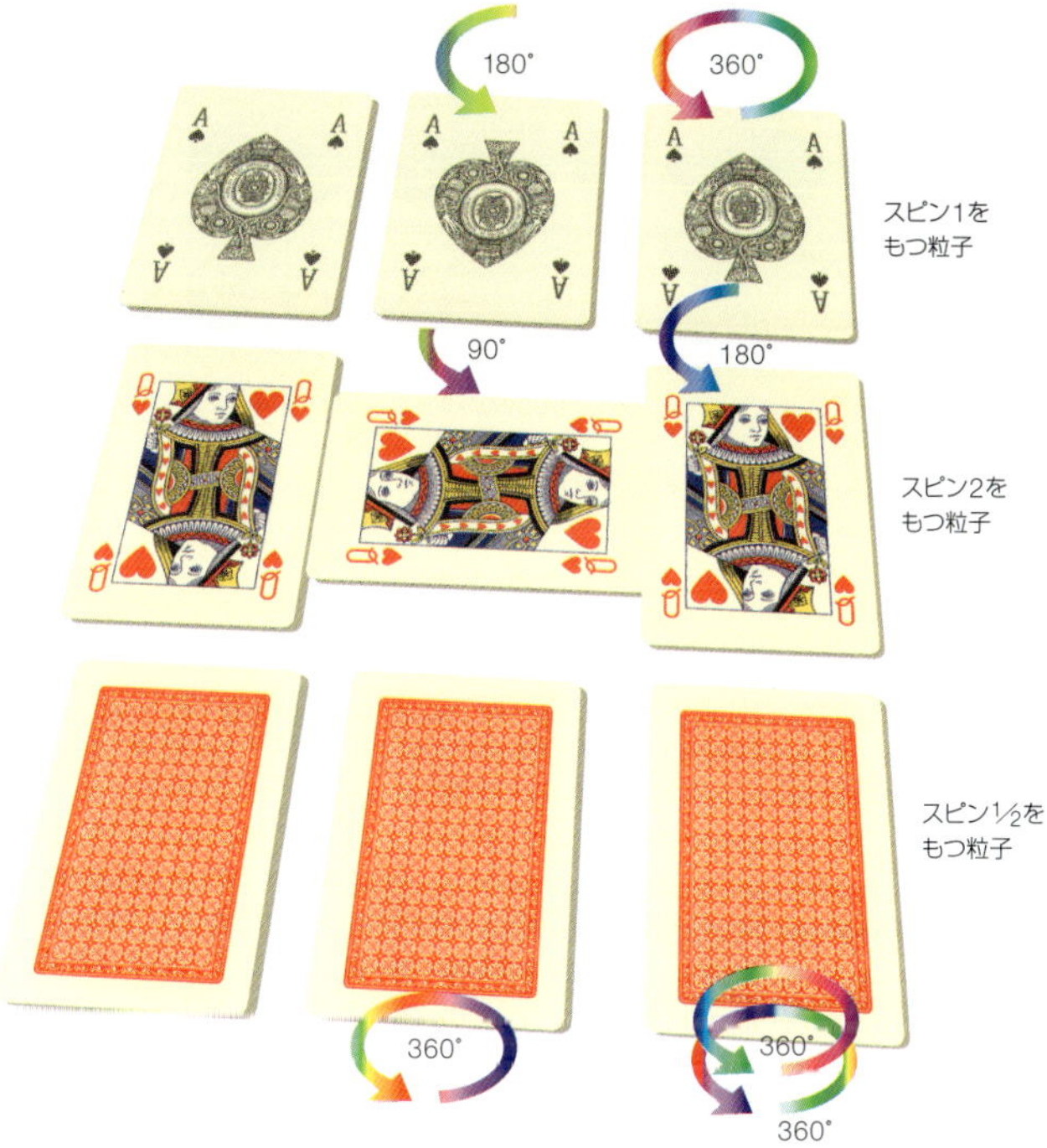

図2-12 スピン

すべての粒子には、粒子が自分の運動の方向をもっているのと同じように、スピンと呼ばれる性質をもっている。この性質はトランプのカードにたとえて考えるとわかりやすい。まず、最初にスペードのエースを見てみよう。スペードのエースは正確に1回転させたとき、つまり360度回転させたときにだけ、回転前と同じに見える。このような性質をもっているとき、スピン1をもっていると言う。

一方、クイーンはふたつの頭部をもっている。したがって、それは半分だけの回転、つまり180度だけの回転で元と同じになる。このような性質をもっているとき、スピン2をもっていると言う。同様に、スピン3の性質をもっているものを考えることができる。つまり3分の1回転で元と同じになる性質である。

スピンの値が大きくなればなるほど、粒子を同じに見えさせるのに必要な回転の角度はより小さくてよいことになる。しかし、大変面白いことに2回完全に回転させなければ同じに見えないような粒子があるのである。そのような粒子はスピン½をもっていると言われる。

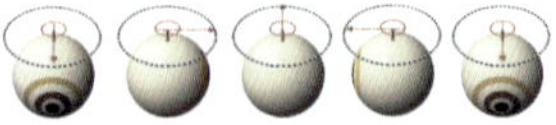

スピン1をもっている粒子

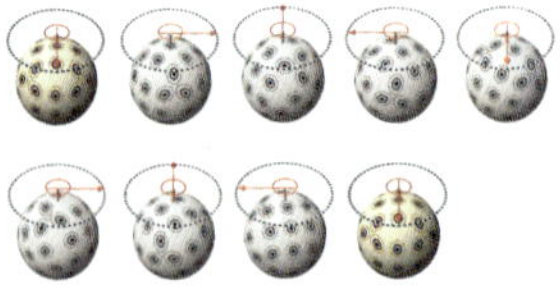

スピン$\frac{1}{2}$をもっている粒子

スピン2をもっている粒子

普通の数

A×B=B×A

グラスマン数

A×B=−B×A

つまり、x×y＝−y×xなのです。

超対称性は最初、普通の数の次元とグラスマン次元のどちらの空間も曲がっていない平坦な時空で、物質場とヤン－ミルズ場に現われる無限を取り除くために考えられました。しかしそれを普通の数の次元やグラスマン次元が曲がっている場合にも自然に拡張することができます。これによって、いろんな超対称性をもつ超重力と呼ばれる多くの理論が出てきました。超対称性の重要な示唆のひとつは、すべての場や粒子は自分自身より$\frac{1}{2}$多いか少ないかのスピンをもった〝スーパーパートナー〟が存在しなければならないと示したことです。（**図2-12**）

スピンが0、1、2……などの整数であるボーズ粒子型の基底状態エネルギーは正です。一方、スピンが$\frac{1}{2}$、$\frac{3}{2}$……といった半整数であるフェルミ粒子型の基底状態エネルギーは負です。ボ

図2-13

宇宙に存在するすべての粒子は、フェルミ粒子か、ボーズ粒子のいずれかに分類されている。フェルミ粒子は半整数スピンをもっている粒子であり(たとえば½)、普通の物質粒子を構成している粒子(陽子、中性子、電子など)はフェルミ粒子である。フェルミ粒子の基底状態のエネルギーは負である。

ボーズ粒子は整数スピン(0、1、2など)をもっている粒子である。ボーズ粒子にはフェルミ粒子のあいだに働く重力を媒介するグラビトン、また電磁力を媒介する光の粒子である光子などがある。ボーズ粒子の基底状態エネルギーは正である。超重力理論は、あらゆるフェルミ粒子は自分自身の超対称性粒子であるスピンが½だけ大きいボーズ粒子が存在することを、またあらゆるボーズ粒子も自身の超対称性粒子であるスピンが½だけ小さいフェルミ粒子が存在するはずだということを予言している。たとえば、光子(ボーズ粒子である)は、1のスピンをもっている。

その基底状態のエネルギーは正である。光子(英語ではフォトン)の超対称性粒子はフォティーノであり、これはフェルミ粒子で、½のスピンをもっている。したがって、その基底状態エネルギーは負である。

この超重力理論の体系では、等しい数のボーズ粒子とフェルミ粒子があることになる。ボーズ粒子の基底状態エネルギーは正、フェルミ粒子は負で、互いに打ち消しあって、結局基底状態のエネルギーはちょうどゼロになるのである。

超対称性粒子

普通の物質を構成している、半整数スピン(たとえばスピン½)の粒子、フェルミ粒子。フェルミ粒子の基底状態のエネルギーは負である。

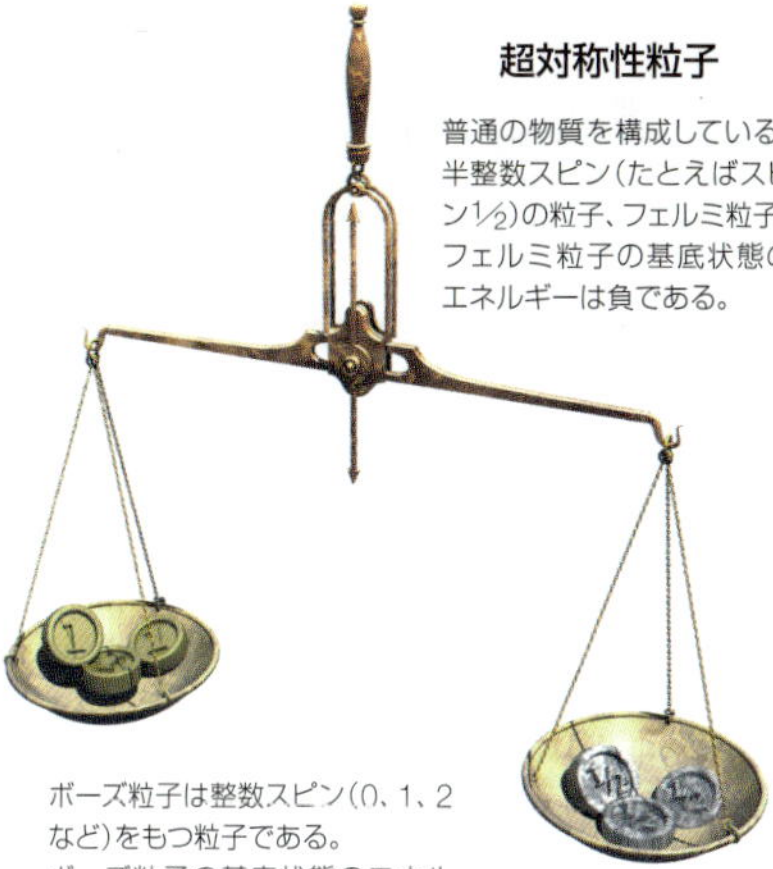

ボーズ粒子は整数スピン(0、1、2など)をもつ粒子である。ボーズ粒子の基底状態のエネルギーは正である。

ーズ粒子とフェルミ粒子は同数あるため、超重力理論においての正の無限大と負の無限大同士が見事に打ち消しあってしまうのです。(**図2-13**)

それらに比べると小さい無限大でしょうが、なおも無限大の量が存在している可能性が残されていました。誰にもこれらの理論が実際に完全に有限であるのかどうか計算するのに必要な忍耐力がありませんでした。優秀な学生でもその計算

粒子の性質を表わす図

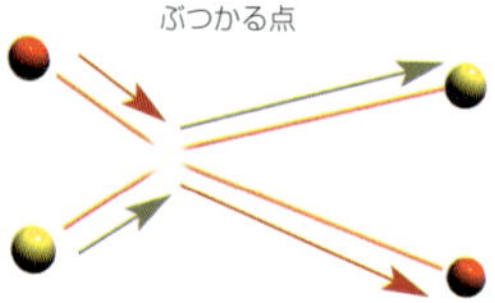

1

ふたつの点状の粒子が衝突すると、跳ね返り、それぞれの軌道で飛んでいく。

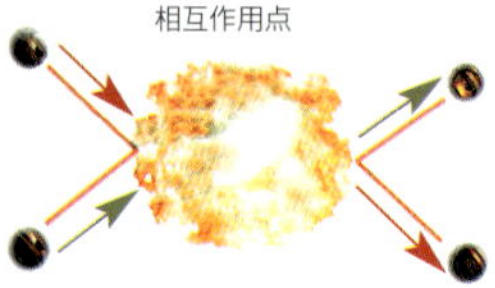

2

ふたつの粒子が激しく衝突し、相互作用したときに起こる現象。

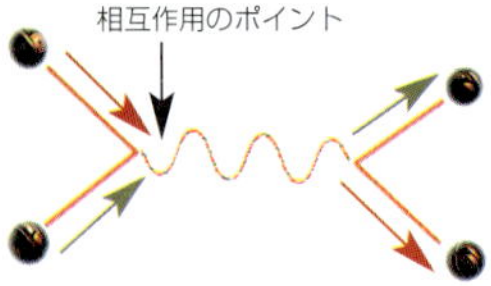

3

量子場理論が示すふたつの粒子、たとえば電子とその反粒子、陽電子の衝突。この衝突過程で、まずふたつの粒子は対消滅してエネルギーのかたまりとなる。そして、このエネルギーのかたまりから別の電子·陽電子対が生まれる。このようなことが実際起こっていても、外から見ていると衝突して互いに方向を変えて違った軌道に走り出したようにしか見えない。

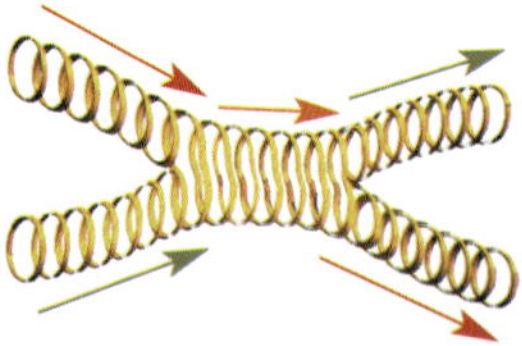

4

超ひも理論では、電子や陽電子は振動しているひもの輪であるが、衝突すると互いにまず合体しながら、異なったパターンで振動する新たなひもの輪をつくる。この輪はエネルギーを放出しながら分裂し、新しい軌道方向に2個のひもの輪になって飛んでいく。

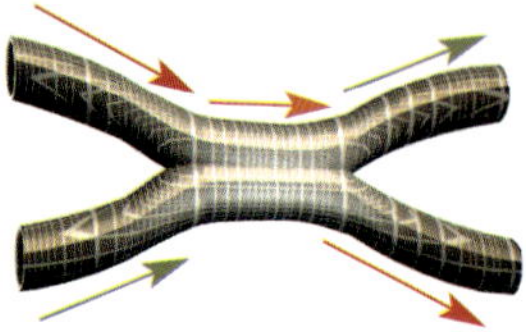

5

このひもの反応を時間的に連続的になめらかにして見るならば、ふたつのチューブが合体して離れるように見ることができる。このチューブの表面は時間と空間の2次元の面であるのでひもの世界面として見ることになる。

図2-14 ひもの振動

ひも理論では、基本的な物質の構成要素は点のような粒子ではなく、1次元的なひもである。ひもには端がある場合もあれば、ループになって端がない場合も考えられる。

まさしくバイオリンの弦のように、ひも理論におけるひもははっきりとした振動のパターン、つまり端が振動の節になるような波に対応する共振振動数をもっている。

バイオリンの弦の異なった共振振動数が異なった曲譜記号に対応するのと同じように、ひもの異なった振動は異なった質量と力の荷（電磁気力の場合には電荷）をもった基本粒子、素粒子に対応する。大まかに言えば振動の波長が短ければ短いほど、ひもでは、粒子の質量はより大きくなる。

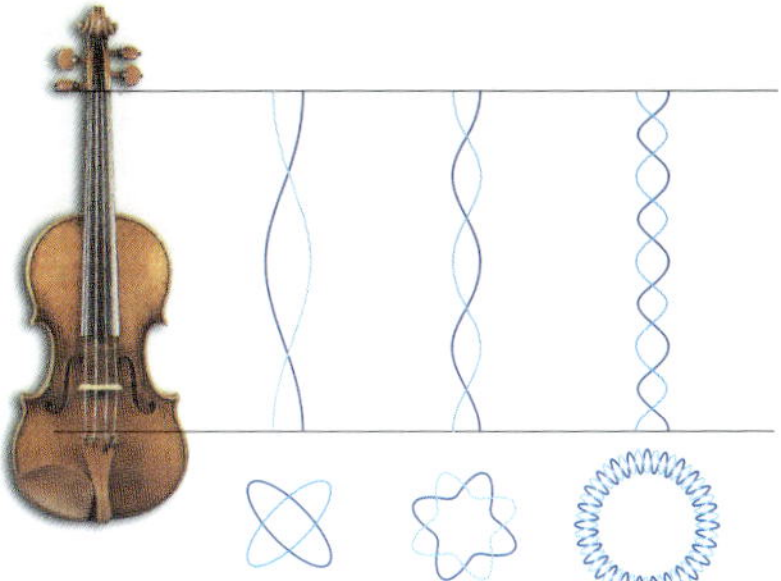

に二百年かかるだろうと考えられていたのです。そんな計算ですからチェックも実際不可能です。彼が二ページ目で間違いを犯していないとあなたは言いきれるでしょうか？　それでも一九八五年までは、ほとんどの人々はほとんどの超重力理論は無限大問題を解決したと信じていました。

しかし突然、その流れは変わってしまいました。超重力理論において無限大問題が解決するなどと期待する理由はなんら存在しないのだ、超重力理論は致命的な欠陥をもっているのではないかと考えるようになったのです。かわりに、超ひも理論という理論が重力と量子論を統一する唯一の方法であろうと言われるようになりました。日常経験での〝ひも《ストリング》〟から名前が来ていることからも明らかなように一次元的に長く伸びた物体であり、これらには長さしかありません。ひも理論におけるひもは背景となる空中で動きまわります。ひもの振動は粒子として解釈されます。（図2-14）

ひもが、普通の数の次元と同様にグラスマン次元をもつなら、そのさざ波はボーズ粒子とフェルミ粒子に対応するでしょう。この場合、正と負の基底エネルギーが非常に厳密に打ち消しあうので、いかなる無限大も消えてしまっています。したがって、超ひも理論は〝万物理論〟であると主張されたのです。

将来の科学史家は、理論物理学者のあいだでの考えかたの変化の流れ図を描いて、きっと面白いと感じることでしょう。その数年間、ひも理論は頂点に君臨し、超重力理論は低エネルギーでは有効かもしれないが、近似的な理論だと切り捨てられてしまいました。超重力理論が低エネルギーでの近似理論にすぎないならば、それが宇宙の基礎理論であるとは考えられません。基本的な理論は、有力な五つの超ひも理論のうちのひとつであろうと考えられました。しかし、いったい五つのひも理論のうちどれが私たちの宇宙を説明するものでしょう？　またひもは、背景となる平坦な時空の中で、空間の一次元と時間の一次元をもつ二次元面として描かれていますが、この近似理論を超えて、どのようにひも理論は定式化されうるのでしょうか？　ひもは背景となっている時空をゆがめたりしないのでしょうか？

一九八五年以降、ひも理論は完全な描写ではないことが徐々に明らかになりました。最初に、ひもは一次元以上に広がっている物体の広大な部類のひとつにすぎないことがわかりました。私と同様にケンブリッジ大学の理論物理・応用数学部（DAMTP）のメンバーであり、これらを対象とした多くの基礎研究を行なっているポール・タウンゼンドは、それらに〝p-ブレーン〟という名をつけました。p-ブレーンはp次元の広がりをもっています。したがって、p＝1のブレーンはひもを、p＝2のブレーンは平面もしくは膜を表わしていますが、pの大きい場合も同様です。（図2-15）

pの値に多くの可能性があるのですから、p＝1のひもを特別引き立てる理由はないでしょう。かわりにp-ブレーン民主主義の原理を採用するべきでしょう。すべてのp-ブレーンは平等に創造されるのです。

すべてのp-ブレーンは、十次元もしくは十一次元における超重力理論の方程式の解となりうるのです。十次元とか十一次元とは私たちの住んでいる時空とは異なるように聞こえますが、これは他の六次元もしくは七次元の空間は私たちが気づかないほど小さく丸まっているのだと考えるのです。私たちは残った四つの次元をもった、ほとんど平坦に近い大きな空間しか気づかないのです。私も、実のところは個人的には余次元の存在を信じることにはあまり気が進みませんでした。しかし私は実証主義者であり、「余次元は本当に存在するのか？」という疑問は意味がないと考えています。興味のあることは、余次元をもっている数学的モデルが宇宙をどれだけうまく説明できるかどうかだけです。今のとこ

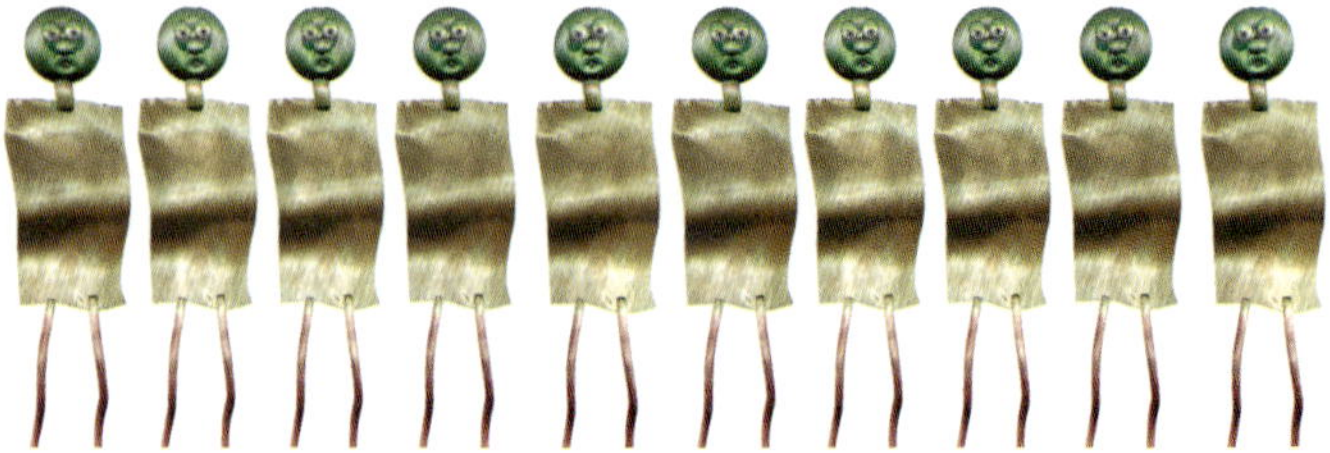

すべてのp-ブレーンは生まれながらにして平等である!

図2-15 p-ブレーン
p-ブレーンはp-次元の広がりをもつブレーンである。
たとえばひもはp=1である、3次元空間の普通の膜はp=2である。10とか11次元時空を考えると、もっと大きなpの値をもった次元の大きいブレーンも考えられる。p-次元の中の何次元か分、もしくはすべての次元がトーラスのように巻き込んでいる場合が考えられている。

ろ、余次元の存在を示唆する観測結果はまったくありません。しかしながら、ジュネーブにある大ハドロン衝突器LHCでそれが観測される可能性はあります。しかし余次元のモデルのあいだには双対性と呼ばれる思いがけない関連性があるのです。このことが私をふくめた多くの人に、真剣に余次元のモデルを考えるべきであると確信させているのです。これらの双対性は、モデルがすべて本質的には等価であることを示しています。つまり、これらモデルはM理論と名づけられている基本理論の異なった側面にすぎないのです。この双対性という入り組

ポール・タウンゼンド　p-ブレーン理論の推進者

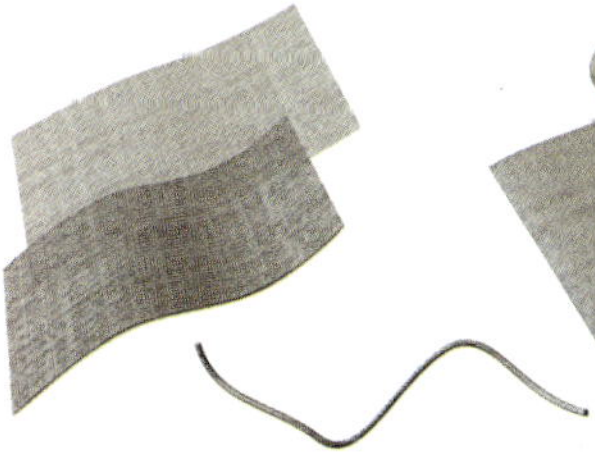

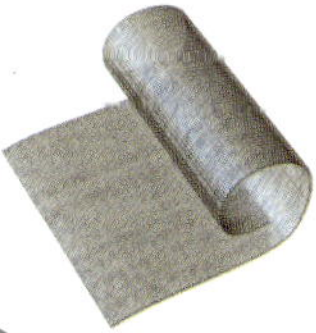

巻き込まれてトーラスに
なっている2-ブレーンのシート

我々の宇宙の空間を織物にたとえるなら、巻き込んで小さくなってしまった糸の方向と、そのまま広く広がっている糸の方向の両方がある。ブレーンが巻き込んでいるなら、それはひもとして見える。

巻き込んでループとなった
1-ブレーン、つまりひも

図2-16 ひとつの統一理論の枠組み?

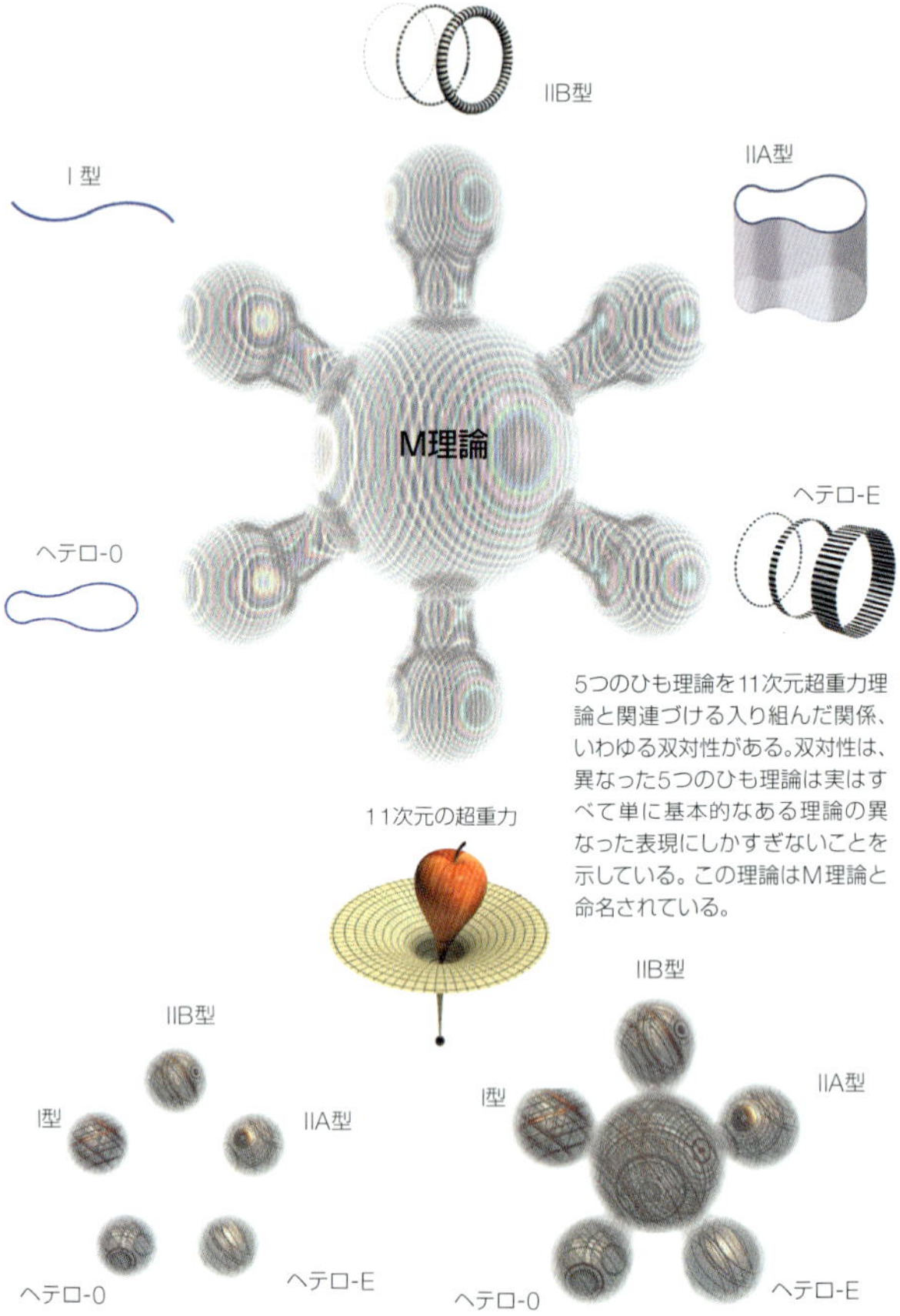

5つのひも理論を11次元超重力理論と関連づける入り組んだ関係、いわゆる双対性がある。双対性は、異なった5つのひも理論は実はすべて単に基本的なある理論の異なった表現にしかすぎないことを示している。この理論はM理論と命名されている。

90年代のなかば前には、なんら相互には関係のない5つの異なったひも理論があるように思われた。

M理論は5つのひも理論をひとつの理論的枠組みの中で結びつけるが、その性質のほとんどはまだ十分理解されていない。

図2-17
普通の時間方向と直交する方向に虚時間の方向がある数学的モデルを構成することができる。このモデルでは、虚時間での歴史を実時間の言葉で表現することができる。逆もまた同様である。

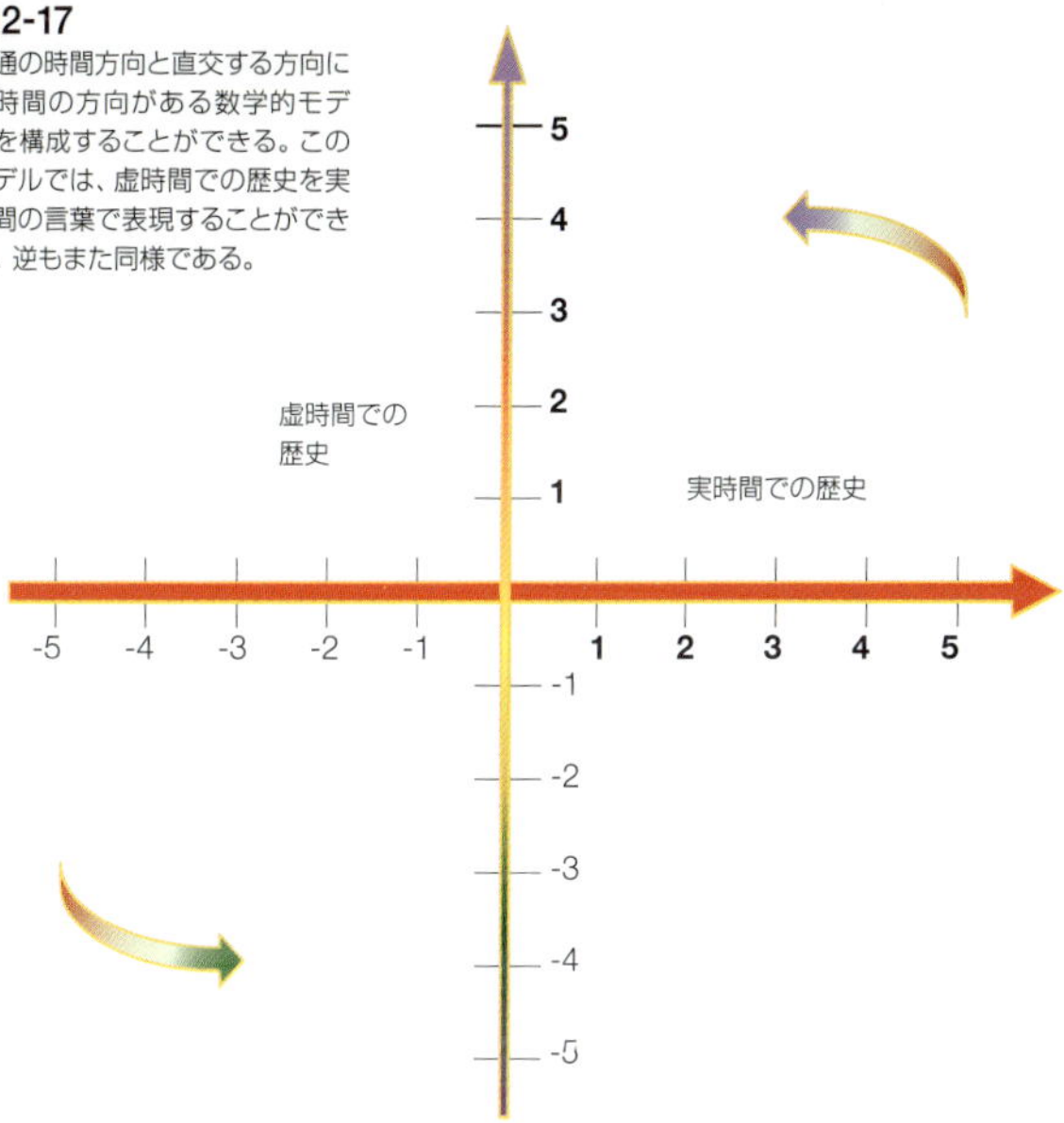

んだ関係性があることは、私たちが究極の理論への正しい道を進んでいることを示す道標だと考えるべきでしょう。このような明白な道しるべを無視することは、「神様はダーウィンが生命は進化すると誤解するように化石を岩の中へ入れたのだ」と無理やり信じるようなものです。

五つの超ひも理論がすべて同じ物理学を説明し、それらもまた超重力理論と物理学的に同等であることを双対性は示しているのです（**図2-16**）。超ひも理論が超

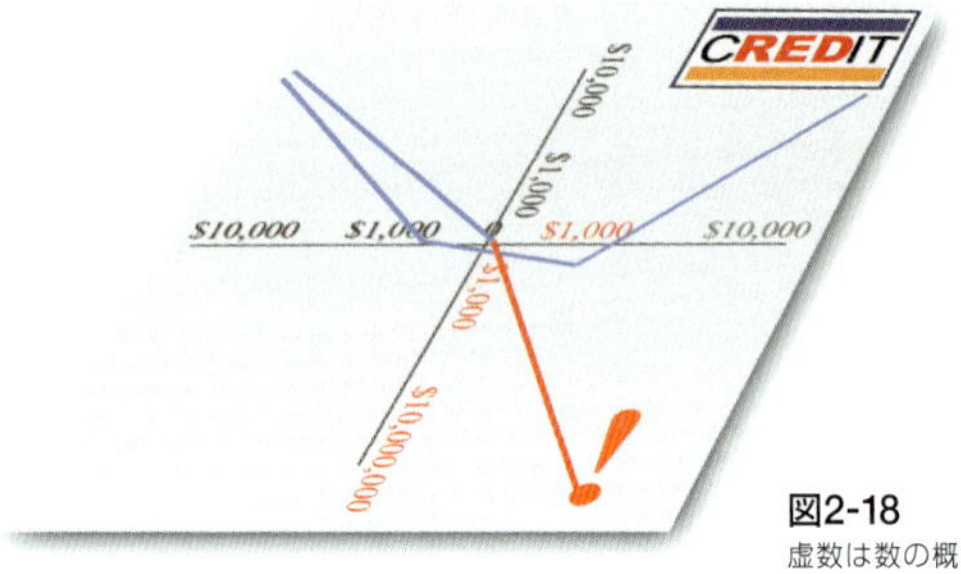

図2-18
虚数は数の概念を数学的に拡張してつくられた数である。虚数の金額を記載したようなクレジットカードの請求書はけっして来ない。

重力より根本的だとは言えず、逆もまた無理です。むしろ、それらは同じ基礎理論の異なった表現形であり、異なった状況での計算に互いに役立つのです。ひも理論は無限をいっさいふくんでおらず、そのためいくつかの高エネルギー粒子が衝突して互いに散り散りになったとき、何が起きるか計算するには適しているのです。しかしながら、どのように大量の粒子のエネルギーが、宇宙をゆがめたりブラックホールのような物質の結合体を形成するのかを説明するにはひも理論はあまり役に立ちません。こういった状況では、いくつかの通常ではない物質をふくんではいるものの、基本的には曲がった空間のアインシュタイン理論である超重力理論が必要となるのです。以下で主にもちいるのは、この描象です。

　量子論がどのような時間と空間の描象を描いているかを説明するには、虚時間という概念を導入

図2-19
古典的な一般相対論での実時間をもっている時空では、時間は観測者の歴史が進む方向にのみ進み、けっして逆行しない。空間方向にはどちらの方向にでも進むことができる。これによって時間は空間と区別することができる。一方、量子論の虚時間の方向は空間の方向とまったく同じように、どちらの方向にも進むことができる。

するのが便利です。虚時間はSFから取ってきた奇妙な考えのように聞こえますが、これは明確に定義されている数学的概念であり、虚数で測定された時間です。普通の実数は左から右へと伸びた一本の直線、数直線上の位置に対応するものとして、1、2、-3.5といった数を考えます。0を中心に正の実数を右側、負の実数を左側に書くことにしましょう

（横軸）。（**図2-17**）

次に、虚数は垂直の直線上の位置に相当するものとして表わしましょう（縦軸）。つまりふたたび0を中心に正の虚数を上向きに負の虚数を下向きに書くことにします。よって、虚数は普通の実数と直角を成す新しい種類の数として考えることができます。それは数学上の構成概念なので、物理的理解は必要としません。つまり虚数個のオレンジをもったり、虚数の金額が記載されたクレジットカードの請求書が来たりすることはないのです。（**図2-18**）

このように言うと、虚数は単なる数学的な遊びであり、現実世界にはなんら関係ないと思うかもしれません。しかし、実証主義哲学の観点からはなにが実在かを決めることはできません。できることはどの数学的モデルが私たちの住む宇宙を説明できるかを見つけることです。虚時間を伴う数学的モデルは、私たちがすでに観測して知っている結果だけでなく他の理由から存在を信じているが、いまだ測定できていない結果さえも予測できることがわかりました。いったい実在とは何でしょうか？　仮想とは何でしょうか？　はっきりと区別することなど私たちにはできません。

アインシュタインの古典的な（つまり量子論的ではない）一般相対論は実時間と三つの空間の次元を統合し、四次元の時空という概念をつくりあげましたが、実時間の方向は三つの空間の方向とははっきり区別されました。観測者の世界線もしくは歴史は、常に実時間の方向で増加しますが（つまり、時間は常に過去から未来へ進む）、空間の三つの次元方向においては、増加する方向にも減少する方向にも進むことができます。言い換えると、空間においては方向を変えられるが、時間においては変えられないということです。（図2-19）

一方、虚時間は実時間と直交しているので四番目の空間の次元のように振るまいます。実時間でも時間は鉄道の線路のように、始まりとか終わりとかをもつこともできたし、またループ状に回ることもできましたが、それだけです。虚時間は普通の実時間に比べると、はるかに多様で豊富な可能性をもっているのです。時間には形象があるという考えは、この想像上での意味でです。

可能性のいくつかを考えるために、地球の表面のように球である虚時間の時空を考えてください。虚時間は緯度に対応していると思えば良いでしょう（図2-20）。すると、虚時間での宇宙の歴史は南極点で始まることになります。「初めの前には何が起きたの？」という質問は意味をなさないでしょう。南極点より南の点が定義されていないのと同じように、このような時間は単に定義されていないのです。南極点は地球表面のなめらかな一点であり、地球の他の点と同様です。このことは、虚時間での宇宙の始まりはなめらかな時空の一点にしかすぎないことを示唆し、また宇宙の他の一点でも始まりについて同じことが言えます（量子論に基づく宇宙の創成と進化は次の章で論じます）。

S

緯度としての虚時間

N

経度として表現した虚時間
全時間線は北極点と南極点で収束する。

図2-20 虚時間

球面のような構造をもっている虚時間時空では、虚時間の方向は南極からの距離で表わすことができる。北に進むと、南極からの一定距離線である緯度の円周は長くなる。これは虚時間で宇宙が膨張をしていることに対応している。宇宙は赤道で最大のサイズに達し、さらに虚時間が進むと収縮に転じ、最後は、一点、北極点に達して終わる。宇宙の大きさは南極、北極のどちらでもゼロではあるけれど、時空構造としてそこはけっして特異点ではない。これはちょうど地球の南極点や北極点が他の場所となんら変わりなく、つるっとした面であるのと同じである。虚時間での宇宙の始まりはけっして特異点ではなく、普通の時空点であることを示している。

図2-21

球面である時空の虚時間の方向は、緯度の代わりに経度に対応させることもできる。経度のすべての線は北極点と南極点で一緒になるので、時間は極では静止していることになる。地球の北極点で東や西に進むということは、北極点にとどまることである。同じように、虚時間時空の北極点で、時間方向に進むということは、結局北極点にとどまることである。

虚時間を地球の経度ととらえることで、もうひとつの量子宇宙の挙動を表わすことができます。経度のすべての線は北極点と南極点で出会います（図2-21）。したがって、虚時間や経度が増加しても同じ点にとどまるということになり、時間はそこで静止しているのです。これはブラックホールの地平面で普通の実時間が静止しているように見えることと、非常に似かよっています。というのは実時間と虚時間が静止していることは（両方静止しているかどちらとも静止していないかの、どちらかの場合）、私がブラックホールにおいて発見したのと同じように時空が温度をもっていることを意味するのだということが、認識されるようになってきたからです。ブラックホールは温度をもつだけではなく、あたかもエントロピーと呼ばれる量をもっているかのように振るまうのです。エントロピーは内部の物理的状態の数のものさしとなるものです。ブラックホールを外部から観測するときには、ブラックホールの質量、回転そして電荷しか観測できませんが、このエントロピーは外部の観測者には違いを見つけることのできない値なのです。このブラックホール・エントロピーは、私が一九七四年に発見した非常に簡単な公式によって計算することができます。つまり、それはブラックホールの地平面の面積に等しいのです。地平面領域の面積の基本単位には、それぞれブラックホールの内部状態についての一単位の情報があるのです。このことは、量子重力理論と熱力学（エントロピーの研究をふくむ熱の科学）のあいだには深い関係があることを示しています。それはまた、量子重力理論がいわゆるホログ

ブラックホールに落ちる情報

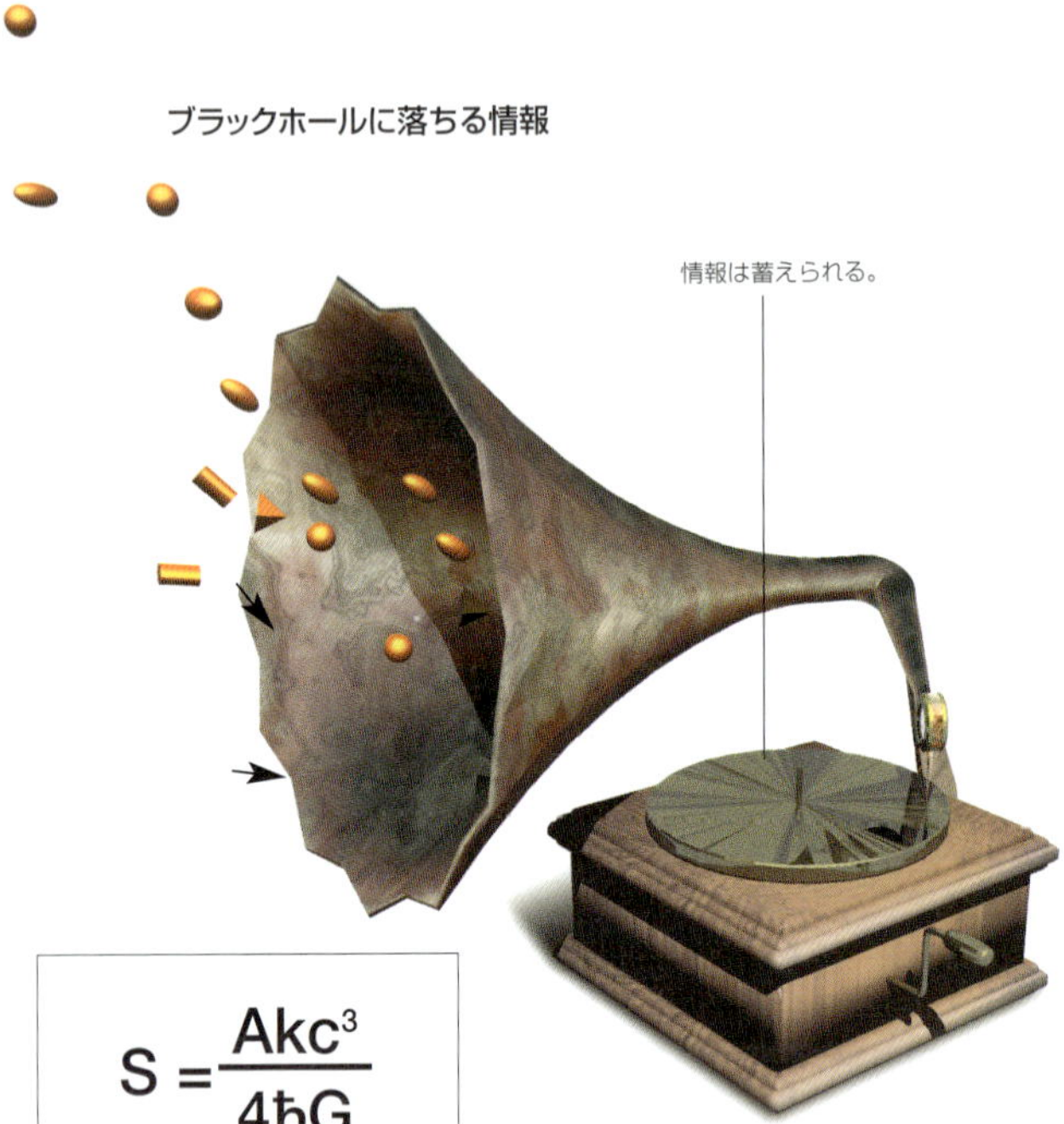

$$S = \frac{Akc^3}{4\hbar G}$$

ブラックホールのエントロピーの
面積公式

A	ブラックホールの事象の地平面の表面積
ħ	プランク定数
k	ボルツマン定数
G	ニュートンの重力定数
c	光速
S	エントロピー

ブラックホールのエントロピーについての面積公式やブラックホール内部の状態数の計算によるなら、ブラックホールの中へ落下した情報は、ブラックホールが蒸発するとき、再生されるかもしれない。

2次元のホログラフィ・プレートの小さい断片でさえ、りんごの全体の立体イメージを再生することができるくらいの情報をふくんでいる。

ホログラフィ原理

ブラックホールを囲む地平線の表面積がブラックホールのもつエントロピーの指標となっていることを認識した結果、ある領域のエントロピーはその表面積の1/4に対応するエントロピーを超えることはないのではないかと論じられるようになった。エントロピーはそのシステムにふくまれる総情報量を表わす指標に他ならないことを考えれば、ホログラフィ像のようにその2次元面に立体的な世界のすべての現象に関連する情報を格納することができると考えられる。したがって、そのような意味では、我々の世界は2次元であるとも言えるのである。

ラフとの対応を示しているかもしれないことを示唆しています。(図2-22)

ある時空領域における量子状態についての情報は、その領域を囲む二次元境界面の上にコード化されて書かれているかもしれません。これはホログラムが、三次元の立体像を二次元平面の上に載せる方法と似ています。量子重力理論がホログラフィ原理を組み込むならば、ブラックホール内部がどうであるかを、地平面ができた後も追跡しつづけることができるのを意味します。ブラックホールからの放射について予言しようとするなら、これは本質的なことです。それができないのなら、これまで考えてきたほど十分にブラックホールの未来を予測することはでき

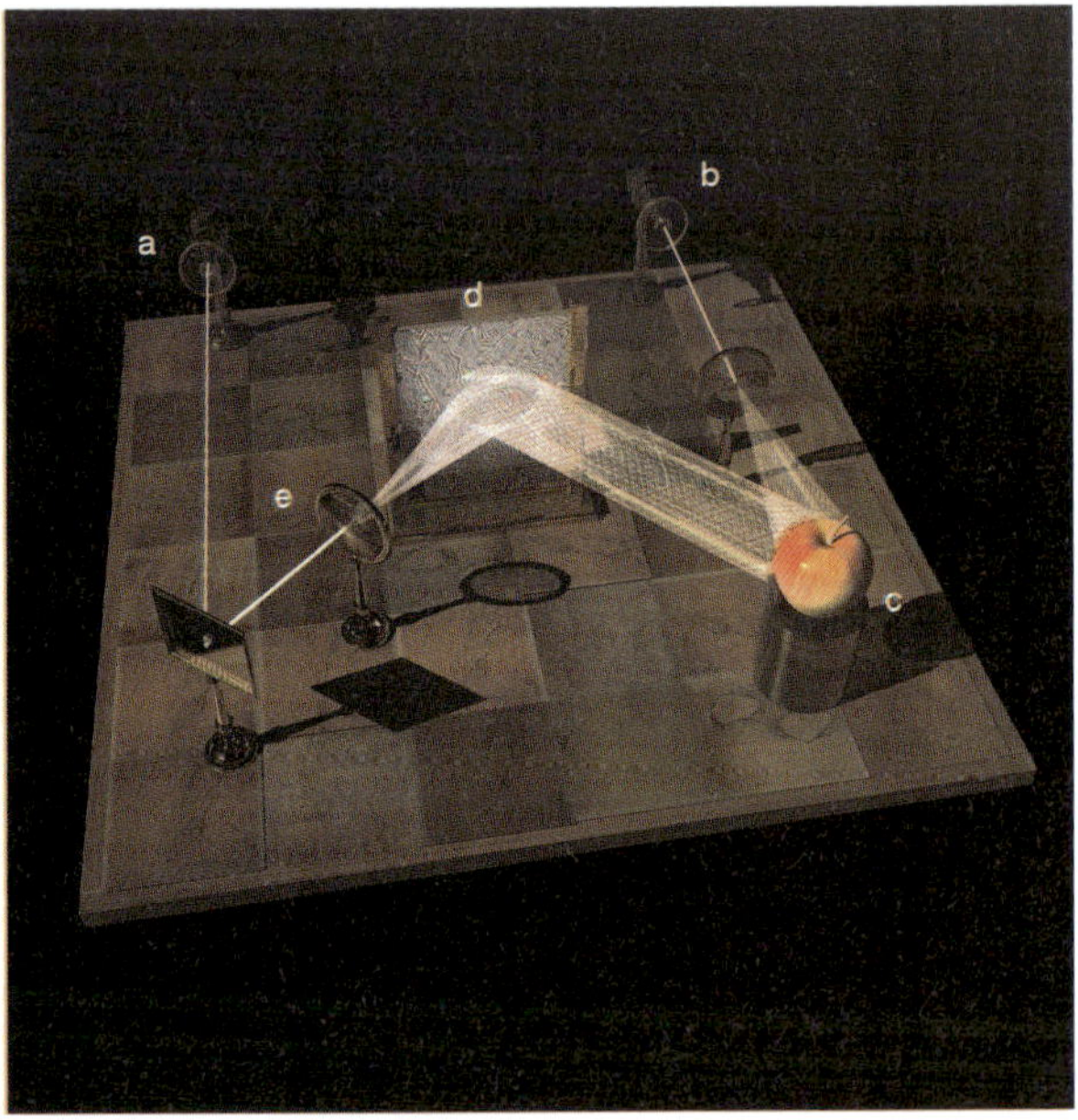

図2-22

ホログラフィは本質的には波動パターンの干渉の現象である。ホログラムは、単一レーザーからの光が2本の別々のビーム(a)と(b)に分けられてつくられる。(b)のビームは被写体(c)にあたり、そこからの反射光が光センサーであるプレート(d)にあたる。もう片方のビーム(a)はレンズ(e)を通り抜けて、もともと(b)であった反射光とプレート上で干渉し、干渉パターンをその上につくる。レーザーが現像されたプレートに照射されると、もとの物体の完全な立体的なイメージが現われるのである。

観測者はこのホログラフィ像の周りを回ると、普通の写真では見ることができなかった、隠された表面も見ることができる。

通常の写真とはまったく異なり、2次元である左のプレートの表面はその表面のどんな小さい断片でも、全体の3次元イメージを再生するのに必要な情報がすべてふくまれているという驚くべき性質をもっているのである。

ないでしょう。これについては第四章で議論します。第七章ではふたたびホログラフィについて議論します。私たちは3-ブレーン、つまり四元空間（三つの空間とひとつの時間）である表面のようなものに住んでいるかもしれません。この表面は五次元空間の小さく丸められた余次元との境界になっているのです。ブレーン世界の状態は、五次元の領域で起こっていることを符号化したものなのです。

第3章｜クルミの殻の中の宇宙

宇宙にはいくつもの歴史があり、
そのひとつひとつがごく小さな
クルミにより決まっているのです。

私はクルミの殻の中に閉じ込められた小さな存在にすぎないかもしれない。
しかし、私は自分自身を無限に広がった宇宙の王者と思い込むこともできるのだ。
——シェークスピア《ハムレット》第二幕、場面二

私たち人類は肉体的には非常に限られていますが、心は宇宙全体を自由に探検することができます。《スタートレック》の中でさえ未踏の場所へ果敢に行くということもできます——たとえ悪夢を見ても——ハムレットはそのようなことを表現していたのかもしれません。

宇宙は実際に無限なのでしょうか、それともただ非常に大きいだけなのでしょうか？ 宇宙は永遠に続くのでしょうか、それともただ寿命が長いにすぎないのでしょうか？ どのようにして私たちは有限の心で無限の宇宙を悟ることができるのでしょう？ そんな試みをすることじたいさえ、でしゃばりではないでしょうか？ プロメテウスは古典神話で、人類が使用するためにゼウスから火を盗み出し、その向こう見ずな行為に対して岩に鎖で縛られ、鷲に肝臓をつつかれるという罰を受けました。私たちは彼と同じように、運命を危険にさらしていないでしょうか？

スペースシャトルによるミッションにより、ハッブル宇宙望遠鏡のレンズと鏡の性能向上が行なわれている。
オーストラリア大陸が眼下に見える。

プロメテウス。古代エトルリアの花瓶絵、紀元前6世紀

この戒めの物語にもかかわらず、私たちは宇宙を理解するべきであり、そしてそれは可能だと私は信じています。私たちは、とりわけここ最近の数年間で、宇宙体系への理解について顕著な進歩を遂げてきています。完全な像はまだわかっていませんが、それも遠いことではないでしょう。

空間についてもっとも明白なことは、それがはるかに、はるかに広がっているということです。これは、宇宙の奥深くまでの探査を可能にしたハッブル望遠鏡といった近代機器によって、立証されてきました。私たちが見るのは、幾多の形と大きさから成る何十億もの銀河です（図3-1）。それぞれの銀河は数えきれないほど多くの星を中にもち、さらにそれぞれの星の多くが周りに惑星をもっています。私たちは、そのような無数にある銀河のひとつ、渦巻き状の形状をもった天の川銀河に住んでいます。そして、外側の渦巻きのア

渦巻き銀河NGC 4414

渦巻き棒状銀河NGC 4314

楕円銀河NGC 147

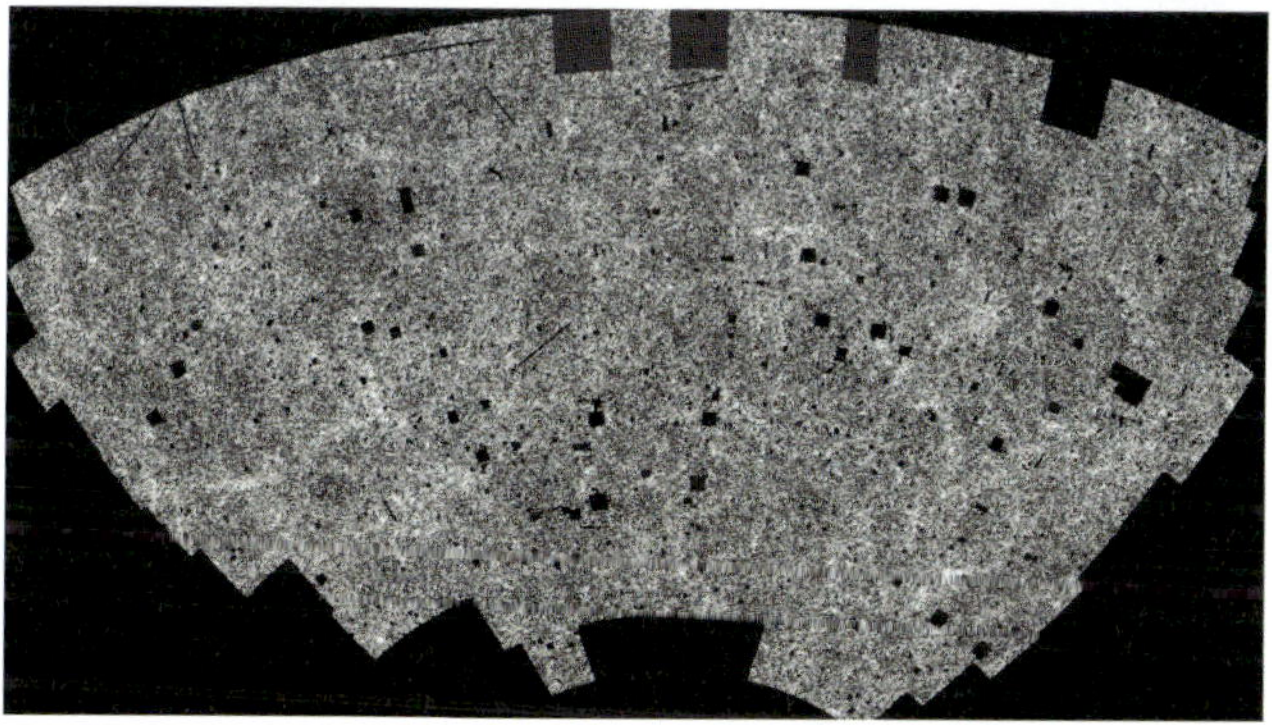

図3-1
宇宙を奥深く遠方まで観測すると、何十億もの銀河が見えてくる。銀河には楕円形をしたもの、また我々の天の川銀河のように渦巻きのものなど、多様な形状がある。

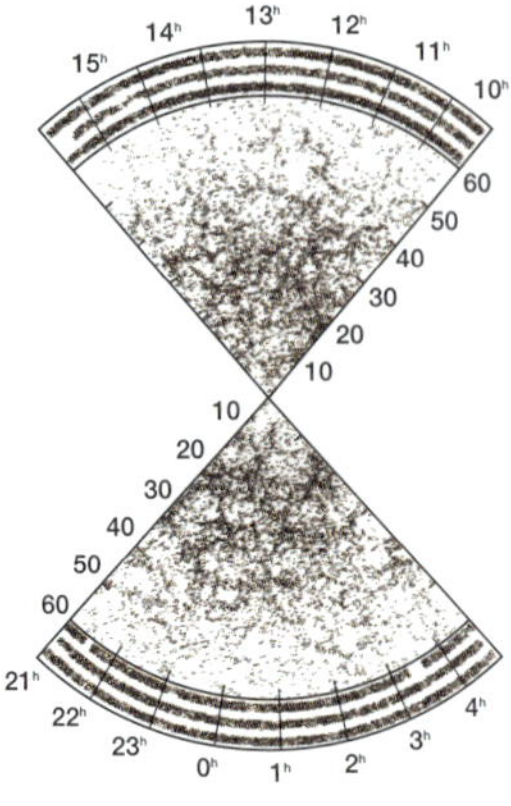

図3-2
天の川銀河の外のほうにある渦巻きの腕の中に太陽は位置している。我々の住んでいる地球(E)はその周りを回っている。渦状をした腕の中にある星間塵が邪魔をして銀河面の方向で遠くを見ることはできないが、銀河面の上下の方向には視界が広がっている。

図3-3
銀河が多く集まっているところもあるが、銀河は宇宙の中で一様に分布している。

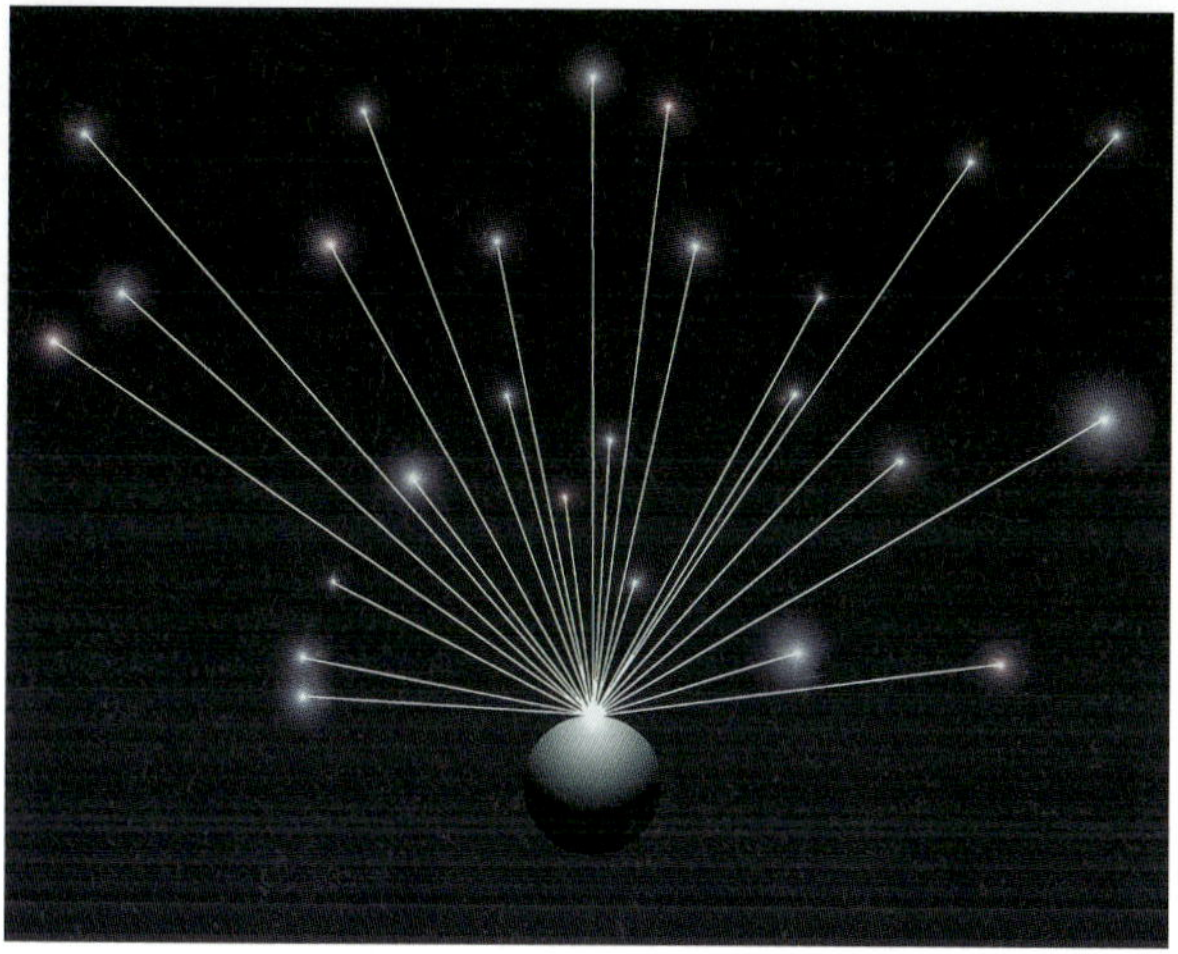

図3-4

宇宙が静的で、すべての方向に無限に広がっているなら、どんな方向を見ても必ず星があることになる。したがって夜空といえども、この星の光で太陽と同じくらい明るく輝いていなければならない。

ームにあるひとつの恒星の周りを回っているひとつの惑星に住んでいます。渦巻きのアーム内にある星間塵により、私たちは銀河平面での宇宙への視野をさえぎられています。しかし、銀河面の上下両方向の視界ははっきりしており、遠くの銀河の位置も測定できます（**図3-2**）。その結果、私たちは銀河が空間内で局所的に密集したり、逆にほとんど見かけられない空白領域があったりするものの、だいたいは宇宙に均一に分布していることを知っています。見かけ上、非常に遠くでは銀河の密度が落ちているように見えますが、これはおそらく銀河があまりに遠いため、そこからの光が微弱すぎて見つけることができないせいでしょう。私たちの知るかぎり、宇宙は空間的に限りなく続いています。（図3-3）

宇宙は空間的にはどこであろうと非常に同じように、つまり空間的に一様に見えます。しかし確実に時間と共に変化しています。この事実は二十世紀初頭までわかりませんでした。それまで、宇宙は永遠不変であると考えられていたのです。宇宙が無限の時間存在していたとすると、ばかげた結論を引き起こしてしまいます。もし星が無限の時間、光を放射しつづけてきていたのなら、宇宙を星の温度まで加熱したはずです。そして夜でさえ、空全体は太陽と同じくらい明るいはずです。なぜならどんな方向を見ても、無限遠方まで見えたら視線方向には必ず星があるか、星と同じくらい熱くなるまで熱せられた微粒子の雲があるはずだからです。（図3-4）

誰もが知っている〝夜空は暗い〟という観測は非常に重要です。それは、今日私たちが見ているような状態で宇宙が永遠に存在しつづけてきたはずがないことを暗示しています。つまり、ある有限時間の過去において星を灯らせる何かが起きたにちがいないのです。それは、非常に遠くの星から来る光は、まだ私たちにたどりつくのに十分な時間がないことを意味します。これは夜の空がなぜ四方八方で輝いていないかを説明しています。

もし星々がそこにずっとあったとするなら、どうして数十億年前のあるとき突然、輝きだしたのでしょう？　いったい何が、星々に輝きだすべき時間を教える時計の役割を果たしたのでしょうか？　今説明したように、このことは、宇宙はずっと存在してきたと信じたイマヌエル・カントのような哲学者たちを困惑させました。しかし、ほとんどの一般の人は、ほんの数千年前に宇宙が今ある形に創造されたという考えで、別に気にもしていなかったのです。

数千年前に宇宙が創造されたという考えは、天文学的な観測に矛盾することが、一九二〇年代にヴェスト・スライファーとエドウィン・ハッブルによって明らかにされました。一九二三年にハッブルは、星雲と呼ばれる多くのかすかな斑点状の光源が実は他の銀河（私たちの太陽と同類だが、はるかに遠くに存在する星の莫大な数の集まり）であることを発見しました。これらの銀河が小さくかすかにしか見えないことから、銀河は光が私たちの元へやってくるのに何百万もしくは何十億年もかかる遠方にあることがわかるのです。これは宇宙の始まりがほんの数千年前であったはずがないことを示しています。

しかしハッブルの二番目の発見のほうがずっとはるかに注目すべきものでした。天文学者は、天の川銀河の外の銀河からの光を分析することで、それらの銀河が私たちに向かって動いているのか、それとも私たちから遠ざかっているのかを測定することが可能であることに気づきました（図3-5）。驚くことに、ほとんどすべての銀河は私たちから遠ざかり

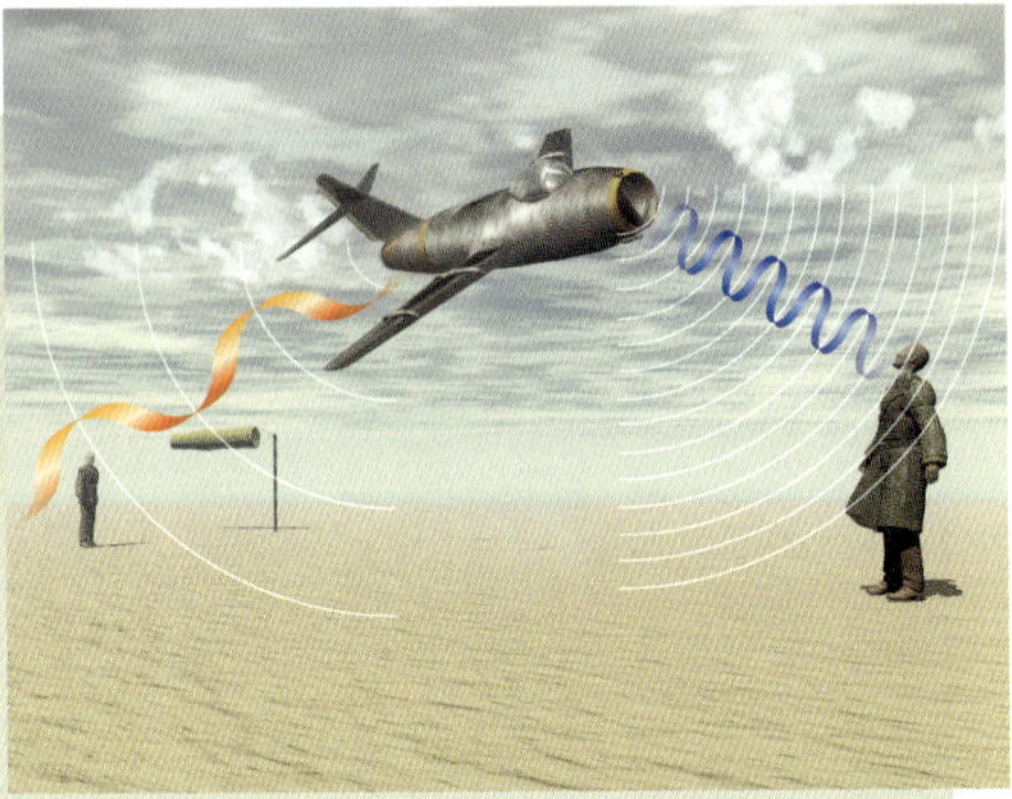

ドップラー効果

ドップラー効果と呼ばれる速度と波長との関係は、日常の生活の中でも経験することができる。

頭の上を通過する飛行機の音を聞いてみよう。飛行機が近づいてくるとエンジンの音は高い音に聞こえ、頭上を通過して離れていく段階になると、低い音になって聞こえてくる。

高い音は、短い波長（ひとつのピークから次のピークまでの距離）の波であり、高い周波数（1秒あたりの波の振動数）に対応している。

飛行機が近づいている場合、飛行機が次のピークを出すときにはより近くから出すことになる。したがって、地面で聞いている人には波長が短くなって聞こえる。

反対に、飛行機が離れていく場合は、波長は長くなるので低い音になって聞こえる。


つつあることがわかったのです。さらに、遠くの銀河であればあるほど、より速く私たちから遠ざかっているのです。この発見の劇的な含意を認識したのは、ハッブルでした。全宇宙的なスケールで見ると、すべての銀河は互いに他のすべての銀河から遠ざかるように動いているのです。つまり宇宙は膨張しているのです。（**図3-6**）

宇宙が膨張していることの発見は二十世紀の偉大な知的革命のひとつで

図3-5
ドップラー効果は、音の場合と同じように光の波についても起こる。銀河と地球との距離が一定のままなら、スペクトルの特性線は正常な位置に現われる。しかし、銀河が我々から離れていくと、波は引き伸ばされるように見える。つまり、特性線の波長が長くなるので赤いほうに遷移する。銀河が我々に近づいていると、波は圧縮されるように見えるので、線は青の方向に偏移する。

した。それは驚くべき発見で、宇宙の起源についての議論を変えてしまいました。もし銀河が互いに遠ざかっているというなら、それらは過去では今より近かったにちがいありません。現在の膨張の割合から、百〜百五十億年前にこれらの銀河はほとんどくっついたような状態にあったはずだと推定できます。第二章で説明したとおり、ロジャー・ペンローズと私は、アインシュ

我々の隣の銀河であるアンドロメダ銀河
ハッブルとスライファーが最初に距離を測定した。

タインの一般相対論は時間そのものをふくめて、宇宙が巨大な大爆発で始まったにちがいないと示すことができました。時間が有限で、宇宙が膨張しているとすると、なぜ夜空が暗いのか説明することができます。どんな星も、当然ながらビッグバン以後に輝き始めたはずですから、百～百五十億年以上も前から輝いていたはずはありません。

何かの出来事、つまり難しく言えば事象は、それより前の事象によって引き起こされ、そ

1910年から1930年のあいだにスライファーとハッブルによってされた発見の年表

1912年―スライファーとハッブルは4つの星雲状の天体を測定。そのうち3つは赤方偏移をしていたが、アンドロメダ銀河は青方偏移していた。彼らはアンドロメダ銀河は我々に向かって近づいてきているが、他の星雲（銀河）は遠ざかっていると説明した。
1912～1914年―スライファーはさらに12個の星雲を測定した。ひとつだけ例外があったが、他はすべて赤方偏移していた。
1914年―スライファーは全米天文学会で彼の発見を発表した。ハッブルはこの発表を聞いた。
1918年―星雲の研究に着手。
1923年―ハッブルは渦巻き状の星雲（アンドロメダ銀河をふくむ）が、天の川と同等な他の銀河であることを確定した。
1914～1925年―スライファーと何人かの天文学者はドップラー効果の測定を継続して進めた。
1925年―測定した銀河の2個は青方偏移、43個は赤方偏移であった。
1929年―ハッブルとミルトン・ヒューメイソンはドップラー効果の測定を続け、大きなスケールではあらゆる銀河は互いに遠ざかっていることを見つけた。そして宇宙が膨張していることを発見したと発表した。

ウィルソン山天文台の100インチ望遠鏡で観測しているエドウィン・ハッブル（1930年）

図3-6 ハッブルの法則

1920年代、エドウィン・ハッブルは、他の銀河からの光を解析し、ほとんどすべての銀河が我々から遠ざかっていることを発見した。その後退速度Vは地球からの距離Rに比例している。V=H x R

ハッブルの法則として知られているこの重要な観測は、宇宙が膨張していることを確証した。膨張の速さはハッブル定数Hで表わされる。

以下のグラフは銀河の赤方偏移の最近の観測を示す。きわめて遠方の銀河もハッブルの法則にしたがっている。

きわめて遠方の距離でグラフがわずかに上向きに曲がっているのは、膨張が加速していることを示す。これは真空エネルギーによって引き起こされているのかもしれない。

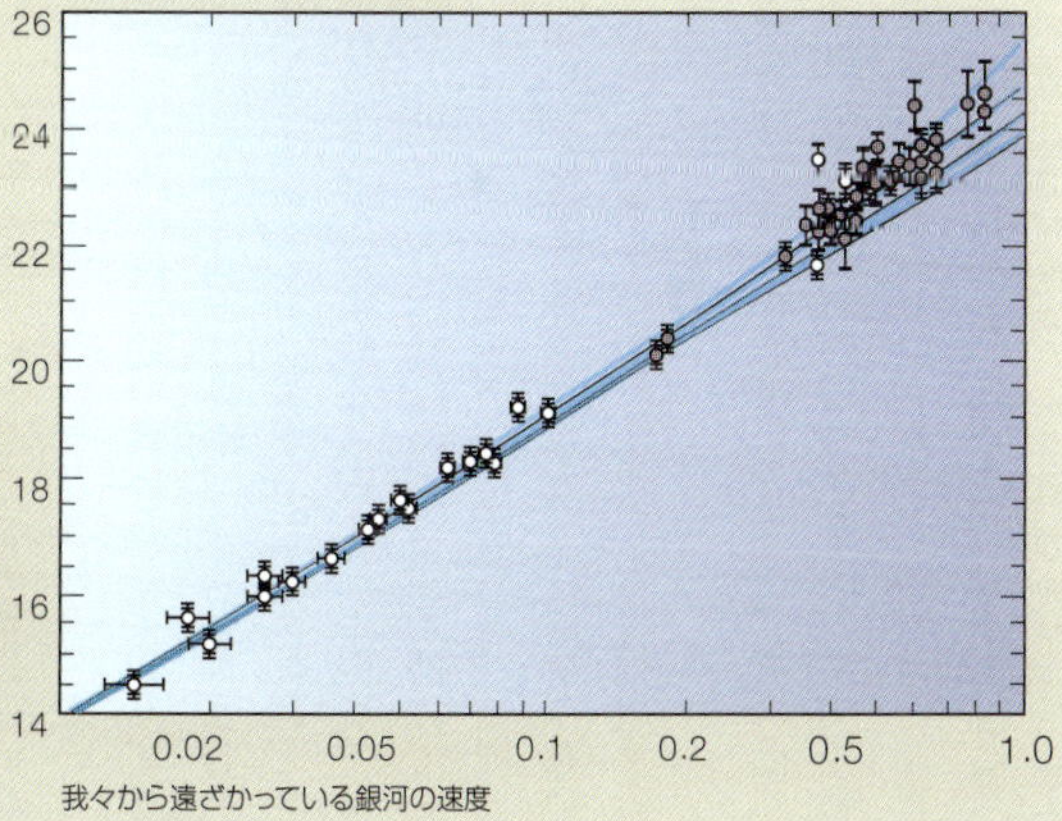

の前の事象は順番にさらに以前の事象によって引き起こされるといった考えに私たちは慣れています。過去へと繋がる因果律の連鎖が存在するのです。しかし、この連鎖には初めがある、つまり最初の事象があったと仮定してください。何がそれを引き起こしたのでしょう？　これは多くの科学者が研究の対象としたいと思った問題ではけっしてありませんでした。ロシア人のように、宇宙には始まりはなかったと主張するか、宇宙の起源は科学分野ではなく形而上学か宗教に属するものだと主張することで、科学者たちは問題と向きあうことを避けていました。私の意見では、これは本当の科学者なら取るべき態度ではありません。もし科学法則が宇宙の初めで破綻するというなら、その法則は他の時にでも挫折するのではないでしょうか？　たまには成立することもあるといった法則は、法則とは言えません。私たちは科学に基づいて宇宙の始まりを理解しようとしなければならないのです。それは私たちの力の及ばないほどの仕事かもしれませんが、少なくとも挑戦するべきです。

ペンローズと私が証明した定理は宇宙に初めがあったことを示唆しますが、実はその定理は始まりの本質についてはあまり情報をあたえてくれません。この定理は、すべてを内包する宇宙全体が無限の密度の一点へと圧縮された点であるビッグバンから宇宙が始まったことを示します。この点においては、アインシュタインの一般相対論はほころびを見せ、そのためどのように宇宙が始まったかを予測するのにはもちいることができないのです。

この問題は宇宙の起源と共に明らかに科学の範囲外だとして取り残されているのです。

これは科学者が満足するべき結論ではありませんでした。第一章と第二章で指摘したように、一般相対論はビッグバンの近傍でほころびを見せました。これは一般相対論が不確定性原理――つまりアインシュタインが〝神はサイコロを振らない〟という根拠から異議を唱えた量子論の確率的な要素――を組み入れることができていないからです。しかし、すべての証拠は、神様はきわめつけのギャンブラーであることを示しています。宇宙は、常にサイコロが振られ、ルーレットの回転盤がいつも回されている巨大なカジノのようなものだと考えることができます（図3-7）。サイコロが振られるたびに、またルーレットが回されるたびにお金を失う危険をおかしているため、カジノを経営することはとても危なっかしい事業だと思われるかもしれません。しかし、特定の個々の賭けの結果は予測することはできませんが、おびただしい数の賭けにより利益と損失の平均は予想することはできます（図3-8）。カジノの経営者は、勝ち目の平均が自分たちに有利になる確信をもっています。だからカジノの経営者はとても金持ちなのです。こういった人たちに対して勝つ唯一の機会は、もっているお金すべてを、ほんの数回のサイコロやルーレットで一気に賭けることです。

この事情は宇宙でも同じです。今日のように宇宙が大きいとき、多数のサイコロが振ら

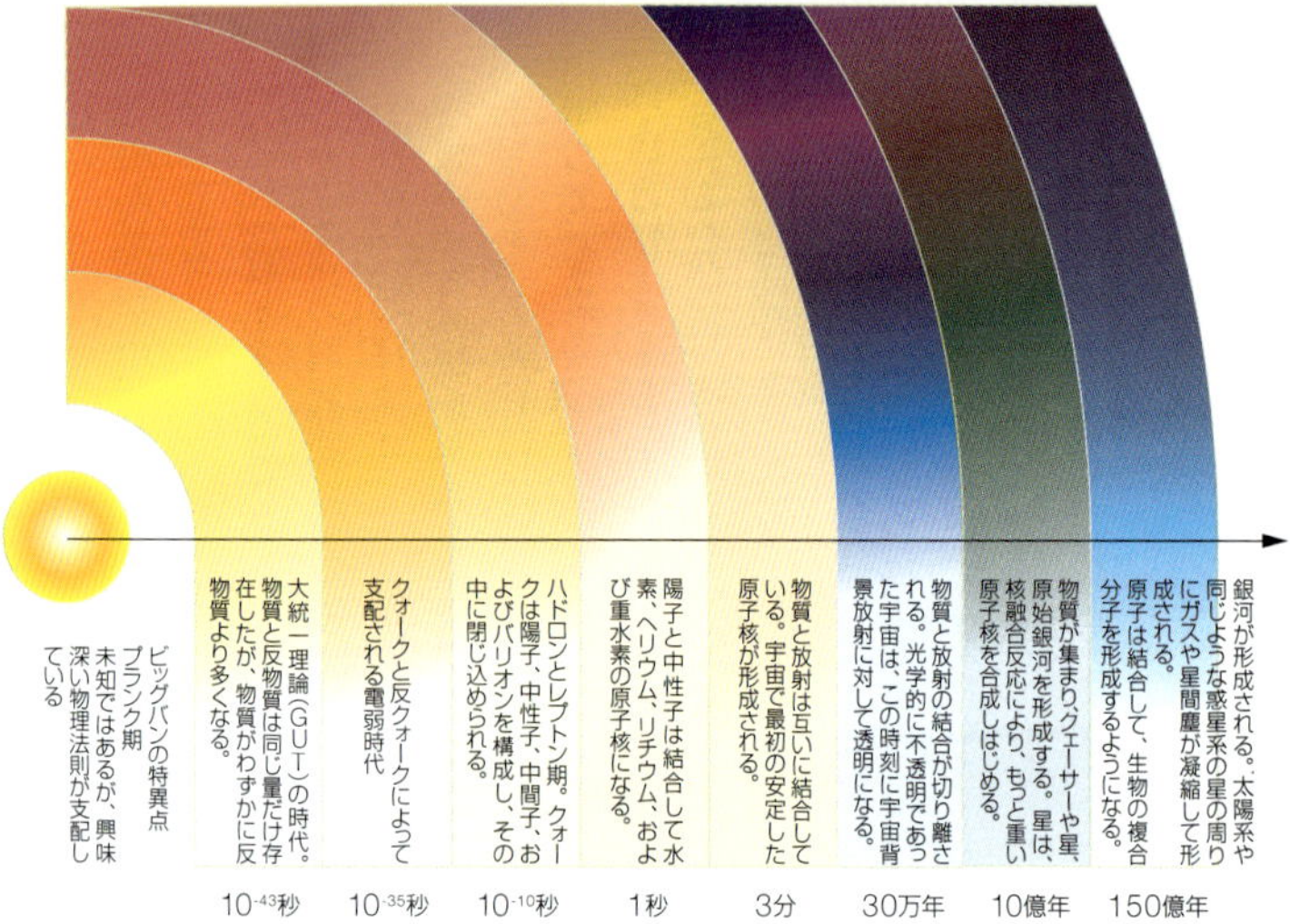
ビッグバンの特異点
プランク期
未知ではあるが、興味深い物理法則が支配している
大統一理論(GUT)の時代。物質と反物質は同じ量だけ存在したが、物質がわずかに反物質より多くなる。
クォークと反クォークによって支配される電弱時代
ハドロンとレプトン期。クォークは陽子、中性子、中間子、およびバリオンを構成し、その中に閉じ込められる。
陽子と中性子は結合して水素、ヘリウム、リチウム、および重水素の原子核になる。
物質と放射は互いに結合している。宇宙で最初の安定した原子核が形成される。
物質と放射の結合が切り離される。光学的に不透明であった宇宙は、この時刻に宇宙背景放射に対して透明になる。
物質が集まりクェーサーや星、原始銀河を形成する。星は、核融合反応により、もっと重い原子核を合成しはじめる。
銀河が形成される。太陽系や同じような惑星系の星の周りにガスや星間塵が凝縮して形成される。
原子は結合して、生物の複合分子を形成するようになる。
10^{-43}秒
10^{-35}秒
10^{-10}秒
1秒
3分
30万年
10億年
150億年

ビッグバン

一般相対論がどこまでも正しいのならば、宇宙は温度が無限大、密度が無限大であるビッグバンの特異点から始まったことになる。宇宙が膨張するにつれ、放射の温度は減少していく。ビッグバンから100分の1秒経ったころの宇宙の温度は1000億度程度である。宇宙を満たしている物質は光子、電子、ニュートリノ、そしてそれらの反粒子である。陽子と中性子もいくらか存在する。次の3分間、宇宙がおよそ10億度まで冷えたとき、陽子と中性子は結合して、ヘリウム、水素、および他の軽元素の原子核を形成しはじめる。

ビッグバンから数十万年後、温度は数千度まで下がる。自由に飛び交っていた電子は原子核と結合するようになり、原子が形成される。しかし、炭素や酸素などの、より重い元素は後で星の中心でヘリウムが核燃焼することによって合成される。それはここから10億年後のことである。

宇宙が高密度で熱い火の玉として始まったという描像は、1948年にジョージ・ガモフによって提唱された。彼はラルフ・アルファーとの共著論文で、この非常に熱い火の玉の名残である電波が現在、宇宙を満たしているはずであるという注目すべき予言を行なった。この予言は1965年に確認された。物理学者のアルノ・ペンジャスとロバート・ウィルソンが宇宙マイクロ波背景放射を発見したのである。

れるので、その結果の平均は予測しうるものになるのです。そのため、古典的法則が大きな物理系では正しく機能するのです。しかしビッグバン後まもない、宇宙が非常に小さかったころはサイコロの数は少ないので不確定性原理が重要になります。

宇宙は次に起こることを見定めるためにサイコロを振りつづけるので、ひとつの歴史しかもたないわけではありません。かわりに宇宙は確率がゼロでない可能性のあるすべての歴史をもたなければならないのです。確率は低くても、ベリーズがオリンピック大会であらゆる金メダルを獲得した宇宙の歴史があるにちがいありません。

宇宙には複数の歴史があるという考えはSFのように聞こえるかもしれませんが、これは現在、科学的事実として受け入れられているのです。複数の歴史をもつという考えは、物理学者として偉大であっただけでなく、人間的にも魅力的な人物であったリチャード・ファインマンによって定式化されました。

科学者は現在、アインシュタインの一般相対論とファインマンの宇宙が複数の歴史をもつという考えを結びつけて、宇宙で起きるすべてを説明する完全な統一理論をつくることに取り組んでいます。この統一理論により、もしどのように歴史が始まったかを知れば、どのように宇宙が進化発展していくかを計算できるようになります。しかし、この統一理論自身は、宇宙がどのように始まり、初期状態はどのようであったかを私たちに教えてくれるものではありません。そういったわけで、境界条件と呼ばれる宇宙の果て、つまり時

図3-7（上）
図3-8（左頁）
ギャンブラーがルーレットの多くの目に賭けるなら、ひとつの目に賭けた場合の平均となるので、まずまず正確に賭け金の帰りを予測することができる。
しかし、特定の目への賭けの結果を予測するのは不可能である。

空の端で何が起きるかを説明してくれる法則を必要とするのです。

宇宙の果てで、空間と時間がなめらかで特異点がなければ、そこからさらに先にも進め、その先の領域を宇宙の一部だと主張することもできるでしょう。一方で宇宙の果てが、くしゃくしゃにされて密度が無限となったぎざぎざな時空の端なら、意味のある境界条件を定義することはとても難しくなるでしょう。

しかし、私は共同研究者であるジム・ハートルと、第三の可能性があることに気づきました。つまり、宇宙には時空の境界は存在しないのかも知れないということです。一見するとこの考えは、宇宙には時間の境界である始まりがあったにちがいないということを示した、ペンローズと私が証明した定理に直接矛盾するように思われます。しかし第二章で説明したとおり、もう一種類の時間、虚時間が存在します。虚時間は、私たちが過ぎ去っ

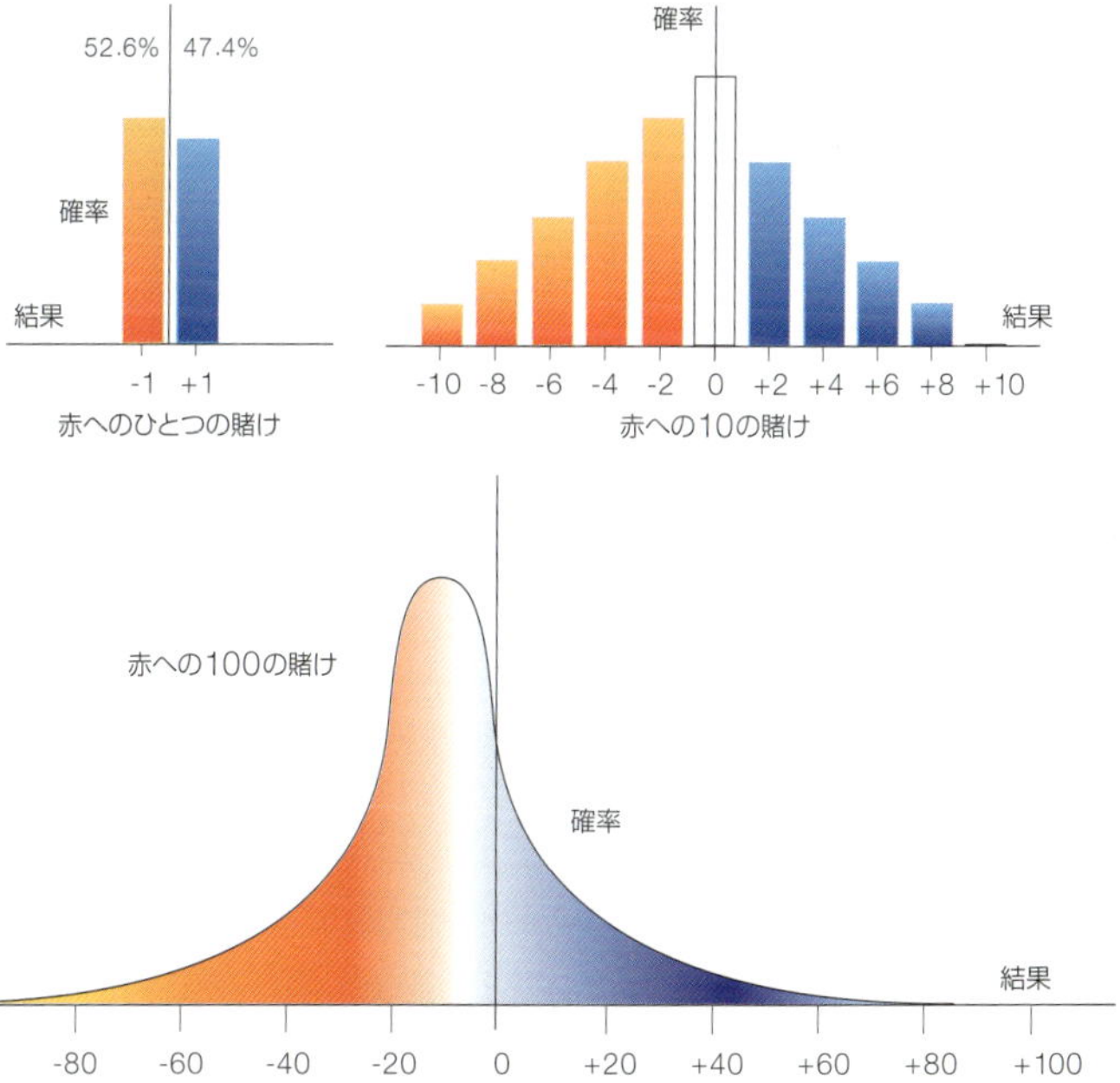

52.6%
47.4%
確率
結果
-1
+1
赤へのひとつの賭け
確率
結果
-10
-8
-6
-4
-2
0
+2
+4
+6
+8
+10
赤への10の賭け
赤への100の賭け
確率
結果
-100
-80
-60
-40
-20
0
+20
+40
+60
+80
+100

宇宙の境界面が単に時空の普通の一点なら、我々は境界をいくらでも先に広げることができる。

ていくのを感じる普通の実時間と、直角に交わっている時間です。実時間での宇宙の歴史は虚時間の歴史を決定し、逆もまた同様です。しかしその二種の歴史は大きく異なっていても良いのです。虚時間方向には、宇宙はとくに、始まりや終末を必要としているわけではありません。虚時間は、空間的な方向と

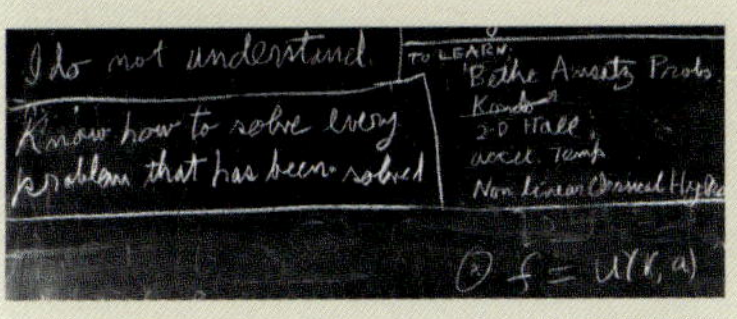

ファインマンが亡くなった年、1988年に残された黒板の板書
（カリフォルニア工科大学）

リチャード・ファインマン

ファインマンの略歴

1918年、ニューヨーク、ブルックリンに生まれる。1942年にプリンストン大学でジョン・ウィーラーの下で博士の学位（PhD）を取った。その後まもなく、彼はマンハッタン計画に動員された。彼の名は傑出した豊かな個性と悪ふざけの両方で、〈ロスアラモス研究所〉じゅうによく知られていた。飛びぬけて優秀な物理学者として研究を楽しみながら進めたが、同時にトップシークレットの金庫の番号を解読するなどして遊んだりもした。彼は原子爆弾の理論を作り上げるうえで、不可欠な中心的人物となった。世界に対するファインマンの絶えることのない好奇心は、まさしく彼の存在の根源であった。彼の好奇心は科学的成功のためのエンジンであっただけではない。彼はマヤの象形文字を解読するなど驚異的な多くの功績を残している。

第2次世界大戦に続く数年間、ファインマンは量子力学の研究を進め、新しい強力な方法を出した。1965年、この業績に対してノーベル賞が授与された。彼は粒子が運動するとき、粒子は決まったひとつの特定の経路を取るという基本的な古典論の仮定に挑戦したのである。
彼は、粒子は時空上のあらゆる可能なすべての経路にそってひとつの位置からもうひとつの位置まで移動すると提唱した。それぞれの経路に対して、ファインマンはまずふたつの数をもたせた。第1は波の振幅で、第2は波の位相、つまり波が山になっているか、谷になっているかを示す数値である。粒子がA点からB点に到達する確率は、それぞれの経路がもっている波をたすことで計算することができる。しかし、日常の世界では、粒子は出発点からひとつの決まった経路を通ってしか最終点に達しているとしか見えないのである。

しかし、これはファインマンの経歴総和法というアイデアに反するものではない。日常生活で見るような大きな物体の運動では、ファインマンの規則であらゆる経路、歴史に対して波が割り振られる。しかしそれらを合わせると、ほとんどは互いに打ち消しあってしまい、残る経路はひとつだけになってしまうのである。巨視的な物体の運動の場合には、無限にある経路、歴史の中で残るものは、古典的な法則であるニュートン力学で計算して出てくるもの、そのものなのである。

粒子の
古典的経路

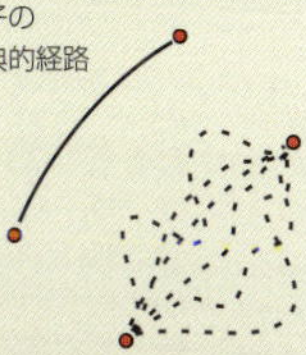

ファインマンのあみだした経路積分法では、粒子はあらゆる可能な経路を通る。

同じように、つまり空間次元がもうひとつ増えたかのように振るまいます。よって宇宙の虚時間の歴史は、ボールや板やサドルの形のようにゆがんだ平面として考えられます。ただしこれらは二次元ではなく四次元です。（図3-9）

もし宇宙の歴史がサドルや平面のような無限の空間へと進むなら、無限遠方での境界条件をどのように定めるのか問題になってしまいます。しかし虚時間での宇宙の歴史が地球の表面のように閉曲面であるなら、そのような問題は避けることができます。地球の表面には境界や端がありません。地球の端っこから人が落下してしまったというような報告は聞いたことはないのですから。

もしハートルや私が提案したとおり、虚時間での宇宙の歴史が本当に閉曲面であるなら、私たちの世界観にかかわる〝私たちはどこから来たのか〟という哲学課題に対して示唆をあたえることになります。宇宙は完全に自己完結した存在なのです。つまりぜんまいを巻いて宇宙を時間発展させるように設定する外部の存在は必要としないのです。そのかわりに、宇宙のすべての出来事は科学の法則と宇宙の内部にあるサイコロが振られることによって決定されていることになります。このようなことを言うと、とても横柄な思い上がった主張だと思われるかもしれませんが、しかしこれは私や他の多くの科学者が信じていることなのです。

私は「果てのないのが宇宙の境界条件だ」と主張していますが、そうだとしても、それ

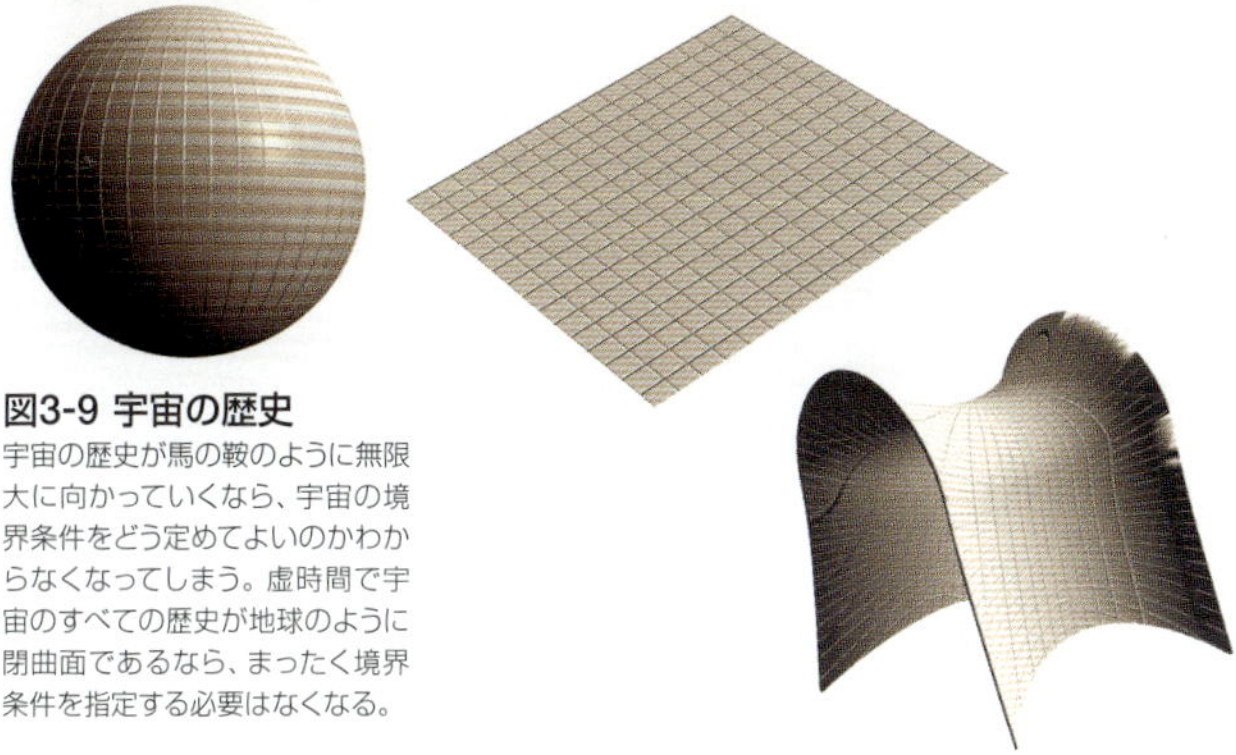

図3-9 宇宙の歴史
宇宙の歴史が馬の鞍のように無限大に向かっていくなら、宇宙の境界条件をどう定めてよいのかわからなくなってしまう。虚時間で宇宙のすべての歴史が地球のように閉曲面であるなら、まったく境界条件を指定する必要はなくなる。

発展則と初期状態

物理学の法則は始めに設定した状態が、時間に従ってどう発展するかを記述する。たとえば、石ころを空に向かって投げると、重力の法則を使えば正確に石ころがどのように飛んでいくか計算することができる。しかし、石ころがどの地点に落下するかを計算するためには初期条件をあたえてやらなければならない。つまり、石ころを投げる我々の手がすること、投げ出す初速度と方向を決めてやらないと計算はできない。

石ころの初期条件、言い換えれば、石ころの運動の境界条件を知らなければならない。

宇宙論は、物理学の法則をもちいることで宇宙全体の時間発展を説明する学問である。

したがって、物理学の法則に基づいて時間発展を計算しようとすると、まず宇宙の初期条件は何であったか知らねばならない。

宇宙の初期条件は、以後の宇宙の進化を決める深遠な一撃だったろう。素粒子やそのあいだに働く基本的な力の性質と並んで、生命の発生進化におそらく決定的意味をもっていたと思われる。

この初期条件を定めるひとつのモデルが"無境界仮説"である。つまり宇宙の時間や空間は有限であり、ちょうど地球の表面のように閉曲面を形成しているとすれば、どこにも果てや境界はないのである。無境界仮説はファインマンの多重歴史のアイデアに基づいている。ファインマンの場合は粒子のあらゆる歴史について総計することだったが、宇宙の場合には全宇宙の歴史を表わすすべての時空について総計することになる。無境界仮説は、虚時間での時空が果てをもってはならないということから、実現するであろう宇宙の歴史を大きく制限する。言い換えれば、宇宙の境界条件は、宇宙にはどんな境界もないということである。

宇宙論研究者は、現在この無境界仮説が予言する宇宙の初期条件によって宇宙が進化したならば、現在我々が見ているような宇宙になるのか研究を進めている。しかしおそらく弱い人間原理的議論も必要であろう。

はただひとつの歴史しかないということではありません。ファインマンによって主張されたように複数の歴史があり、ありうるすべての閉曲面に対応する虚時間にそって歴史が存在します。そして虚時間でのそれぞれの歴史が実時間の歴史を決定するのです。したがって、私たちの宇宙にはきわめて多様な可能性があるのです。これらの可能なすべての宇宙の集合体から、いったい何が私たちが今住んでいるこの宇宙を選び出したのでしょうか？　注意すべき点は、これらの理論的に考えうる宇宙やその歴史のほとんどは、私たち人類が生まれ、進化するのに不可欠であった銀河や星が形成されないものだということです。銀河や星なしでは知的生命体は誕生も進化もできないと証明できるわけではありませんが、銀河や星なしで知的生命体が生まれるとは思われません。よって、私たちの

地球の表面には、どんな境界も果てもない。地球の果てから落っこちた人がいるという報告は冗談だろう。

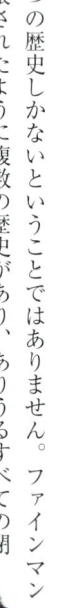

宇宙は「どうして宇宙は今あるような形をしているの？」といった質問をすることのできる生命体として、私たちが存在するという事実を説明できるものでなければなりません。私たちの住んでいる宇宙の歴史はきわめてまれな、選ばれたものだということを意味しているのです。銀河と星が生まれる宇宙は、考えられる多くの宇宙の中でもほんの少数でしょう。これはいわゆる人間原理の例のひとつです。人間原理によるなら、宇宙は多かれ少なかれ私たちが今見ているようなものでなければなりません。もしそうでないなら、宇宙の存在を認識する人は誰もこの宇宙にはいないことになってしまうからです（図3-10）。人間原理は、かなりあいまいなものと考えられ、また新たなことを予言する力を発揮するようにも見えなかったため、多くの科学者はこれを嫌悪しました。しかし人間原理は正確に定式化することができますし、宇宙の起源を扱うときには不可欠であると考えられます。第二章で説明したM理論は、宇宙が非常に多様な可能性のある歴史をもつことを認めています。これらの歴史の大部分は知的生命体の発生進化に適していません。それらは、空虚であったり、あまりにも短時間しか存続しなかったり、またあまりにも湾曲していたりといったなんらかの点で不具合をもっていました。しかし複数の歴史についてのリチャード・ファインマンの考えによると、これら無人の歴史はかなり高い確率で存在していることになります。

図3-10

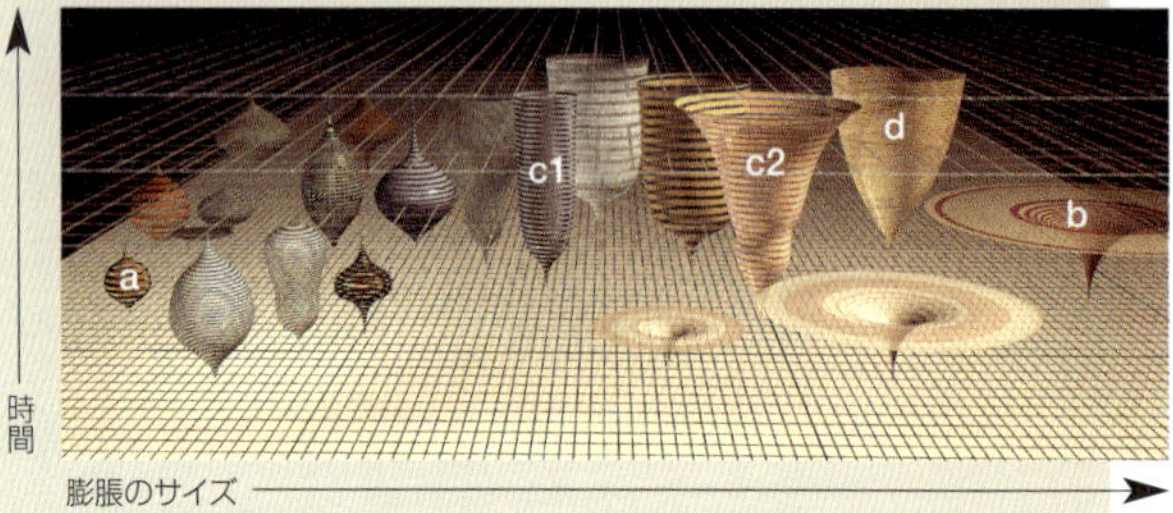

人間原理

大まかに言えば、人間原理は「我々が存在するからこそ、今観測しているような宇宙の存在が、たとえそれが宇宙の一部分であるにせよ認識されているのだ」という主張である。人間原理の考えかたは、すべての物理法則が統一され、完全な法則がつくりあげられたならば森羅万象すべて予言できるという統一理論的な夢に真っ向から反対する見方である。人間原理といっても実はいろんなレベルの人間原理があり、あまりにも主張が弱くまったく自明なものから、あまりにも強く、ばかげた主張のものまで多様である。ほとんどの科学者は強い人間原理には嫌悪感をもつが、弱い人間原理についてはほとんどの人が認め、それを使って議論することに異議を挟むことはない。

弱い人間原理はなぜ我々がこの時代にこの場所に生息できているのか、ひとつの説明をすることができる。たとえば、ビッグバンからおよそ100億年たった今の時刻に我々が生存している理由を説明できる。その理由はまず宇宙で星が生まれて進化し、爆発を起こして我々の体となっている元素、たとえば酸素と炭素を合成するのに必要な時間がたっていることである。しかし一方、星が燃え尽きてしまうほどには時間がまだたってない。我々が今生存できているのは、太陽がまだ燃え尽きずにエネルギーを供給しつづけてくれているからである。

ファインマンの経路積分法をもちいれば、無境界仮説の枠組みの中で、どのような進化をする宇宙が、どのような確率で生まれ、どのような確率で進化するか、それぞれの宇宙の歴史に対して確率を計算することができる。このような背景があるので、人間原理は知的生命体が生まれうるという条件を要求することで、現実の宇宙のモデルを見つけるのに使われるのである。人間原理的考察で、もし現在我々の住んでいるような宇宙を実現する初期条件がゆるやかなものであったなら、つまりいろんな初期条件を取っても、我々が生まれるなら安心した気分になる。つまり、宇宙の初期状態は――少なくとも今住んでいる宇宙のこの領域の初期状態は――細心の注意を払って特別に選ばれる必要はないからである。

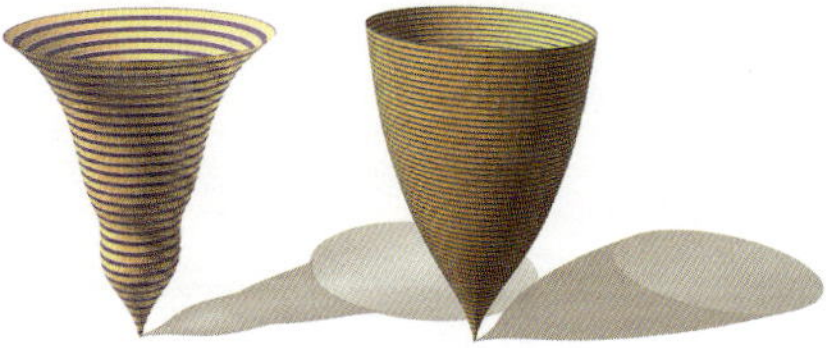

二重インフレーションは知的生命体をはぐくむことのできるモデルである。

我々の宇宙で最初に起こったインフレーションによって、宇宙は今も膨張を続けている。

図3-10
図の左の端に、生まれてもすぐ消えてしまうような宇宙のモデル(a)が描かれている。右の端には、永遠に膨張を続けることのできる宇宙のモデル(b)が描かれている。つぶれてしまうか、それとも膨張を続けられるかというぎりぎりの状態の宇宙は(c1)であり、また知的生命体が生まれやすい二重インフレーションモデルは(c2)である。我々の宇宙(d)は、当分膨張しつづけることが保証されている。

実際問題としては、知的生命体をふくんでいない歴史がどれほど存在するかなどということは重要ではありません。私たちは知的生命体が進化した、歴史の部分集合だけに興味をもっているのです。この知的生命体は何も人類のようなものである必要はありません。小さな緑の異星人でも人類と同様に十分に機能します。事実、彼らのほうが良く機能するかもしれません。人類には知的行動と呼べるあまり良い記録がありません。

　人間原理の有効性を示す例として、空間の方向の数、次元の数を考えてみましょう。私たちの住んでいる空間が三次元であるということは、誰でも知っていることです。すなわち、たとえば緯度・経度・海抜といった三つの数値により空間での位置をひとつの点として表わすことができます。しかし、どうして空間は三次元なのでしょうか？　ど

うしてSFのように二次元だったり四次元だったりといった、他の数の次元ではないのでしょうか。M理論では、空間は九もしくは十の次元をもっています。しかしそのうち大きくほぼたいらになる三次元を残して、六ないし七つの方向は非常に小さく巻き上げられていると考えられています。（図3-11）

八つの次元が小さく巻き上げられてしまい、ふたつの次元のみしか残されなかった宇宙だってあるはずです。どうして、私たちはそんな宇宙に住んでいないのでしょうか。二次元宇宙での動物は食べ物を消化するのに一苦労するで

図3-11
遠方から見るとストローは一次元の線のように見える。

しょう。もし動物体内で消化管がまっすぐに通っていたなら、それは動物をふたつに分割してしまいます。かわいそうに動物はばらばらになってしまうでしょう。したがって、知的生命体のような複雑さをもったものが存在できるためには、空間の次元がふたつでは足りません。しかし逆に、もし空間が四次元かそれ以上だったら、つまりほぼたいらな方向が四つかそれ以上あったとすると どうなるでしょうか？ その空間ではふたつの物体間に働く引力は互いに接近するにつれて、三次元の場合と比べると急速に強くなるでしょう。これでは惑星が太陽の周りで、安定した軌道をもつことができません。惑星は太陽に向かって落ちていくか（**図3-12A**）、太陽系外の暗黒と冷寒が支配している宇宙空間へ投げ出されるか（**図3-12B**）のどちらかでしょう。

同様に、原子内の電子軌道も安

図3-12A

図3-12B

実時間での歴史

虚時間での歴史

図3-13
境界のないもっとも簡単な虚時間での歴史は球面である。
これが実時間でのインフレーション的膨張の歴史を決定する。

定ではなくなり、私たちの今知っている物質は存在できなくなるでしょう。したがって複数の宇宙の歴史が可能なのだという考えは、広がった空間方向がいくつもある宇宙も認めてくれますが、三つの広がった空間方向をもつ宇宙のみに知的生命体は生まれるのです。このような宇宙においてのみ「どうして空間は三次元なの？」という疑問が出されるのです。

虚時間の宇宙のもっとも簡易な歴史は地球の表面と同様な完全に丸い球です。ただし、地球の表面は二次元ですが四次元の表面をもつ球です（図3-13）。これが私たちの経験する実時間での宇宙の歴史を決定します。そこでは宇宙は、空間のどの箇所でも同じであり時間と共に膨張しています。これらの点で、これは私たちの住む宇宙と似かよっています。しかし膨張の割合は非常に急速で、しかもその割合は速くなりつづけます。

この加速度的な宇宙の急激な膨張は、物価が急激に

図3-14

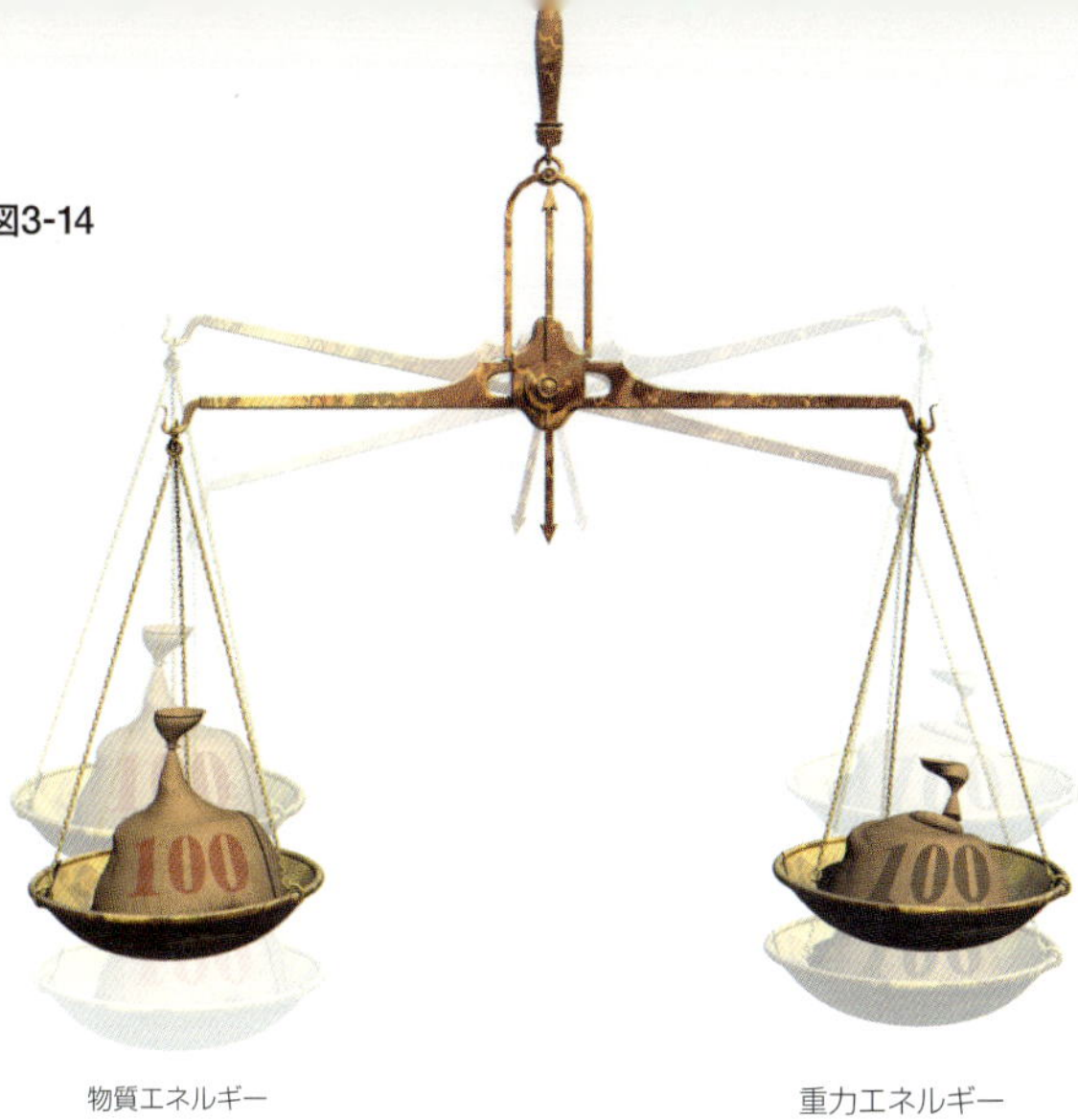

高くなるインフレーションに似ているので、この経済用語を宇宙論にもちこんでインフレーションと呼ばれています。物価のインフレーションは一般的に悪いこととしてとらえられますが、宇宙の場合においてはインフレーションは非常に有益なものです。この大規模の膨張により、宇宙の初期にあったかもしれない凸凹はすべて取り除かれ、なめらかな宇宙になります。宇宙が膨張するとき、多くの物質をつくりだすために、重力場からエネルギーを借ります。正の物質エネルギーが生まれたぶん、重力エネルギーが負となりますので、総エネルギーはゼロのままです。宇宙の大きさが二倍になれば、物質と重力エネルギーの両方が二倍に

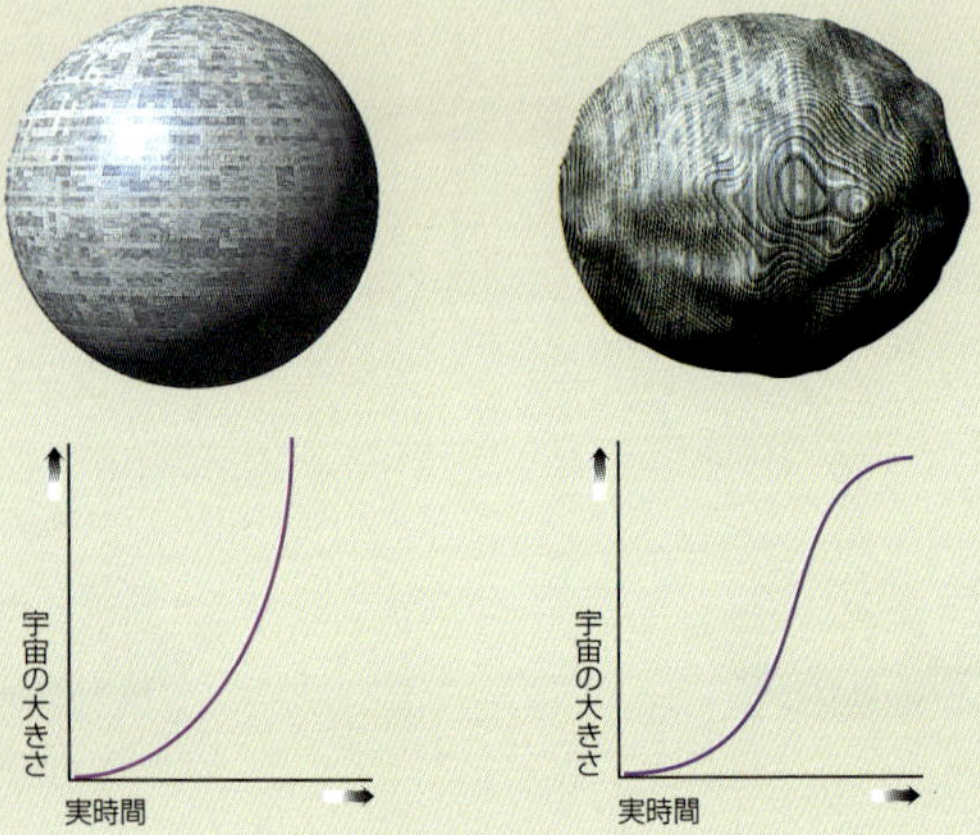

図3-15 インフレーション宇宙

普通のビッグバンモデルの初期宇宙では、熱がひとつの領域から別の領域まで流れていくのにかかる十分な時間がない。宇宙は凸凹のままである。それにもかかわらず、どの方向を観測しても宇宙マイクロ波背景放射の温度は同じである。これは、宇宙が始まったとき、宇宙のどこでも場所によらずまったく同じ温度をもっていたことを示している。

初期状態がどうであっても、時間的に発展すれば現在の宇宙のようになるモデルを見つけようと研究が進められた。その研究の中から、宇宙が始まりのころ、非常に急速な膨張をする時代があったのではないかと考えるモデルがつくられた。この膨張速度がどんどん大きくなる加速度的な膨張はインフレーションと呼ばれている。そのようなインフレーションの時代があったとすると、宇宙のどの方向を見ても同じように見えるということ、つまり宇宙が一様等方であることが説明できる。インフレーション前の宇宙は小さく、光が十分伝わる時間があったのである。

いつまでもインフレーションが続き、永遠に膨張を続ける宇宙のモデルは、虚時間では完全な球面に対応する。しかし、我々自身の宇宙ではインフレーション的膨張は0.000.....1秒という短い時間で終わり、通常の膨張となった。その結果、銀河などの宇宙の構造が形成された。これは、虚時間での宇宙の歴史としてみると、わずかに南極あたりでたいらにされた球面に対応する。

卸売物価指数——インフレーションとハイパーインフレーション

1914年7月	1.0
1919年1月	2.6
1919年7月	3.4
1920年1月	12.6
1921年1月	14.4
1921年7月	14.3
1922年1月	36.7
1922年7月	100.6
1923年1月	2,785.0
1923年7月	194,000.0
1923年11月	726,000,000,000.0

1914年の1ドイツマルク札

1923年の1万マルク札

1923年の200万マルク札

1923年の1000万マルク札

1923年の10億マルク札

図3-16
インフレーションは自然の摂理であろう。
第一次大戦後ドイツでインフレーションが起こったが、1920年2月には物価は1918年の5倍になった。1922年7月以降、ハイパーインフレーションの様相を呈するようになった。貨幣に対する信用がまったく消え失せた。そして15カ月間紙幣を印刷するのがまったくまにあわないほどの速さで物価指数は上がりつづけた。300の製紙工場は1923年後半には最高速度で稼動していた。そして、150社の印刷会社が昼夜を問わず2000台の印刷機を動かして、紙幣を印刷した。

なりますが、ゼロを二倍にしたってゼロはゼロのままです。銀行業の世界もこんなふうに簡単であればいいのですが……（**図3-14**）

虚時間での宇宙の歴史が完全に丸い球であれば、実時間でそれに相当する歴史はいつまでもインフレーション的に膨張しつづけている宇宙です。宇宙が膨張しているあいだは、物質は集まって固まることはできませんので、銀

図3-17
起こりそうな宇宙モデルと起こる確率の低い宇宙モデル
(a)のようになめらかなモデルはもっとも起こりやすいものであるが、数は少ない。
わずかに不規則なモデル(b)と(c)は個々には(a)と比べると起こりそうでない。しかしほとんどなめらかだが、わずかにゆらぎをもったようなモデルはきわめて数多くある。

河や星は生まれません。したがって私たちのような知的生命体をふくめて生命は生まれることはできないでしょう。このように複数の歴史という概念によって、完全に丸い球である虚時間での宇宙の歴史は許容されていますが、それほど興味の対象ではありません。しかし、この球の南極点でわずかに押しつぶされたようになっている虚時間の歴史のほうが、はるかに現在の宇宙を説明するには適切でしょう。(図3-15)

この場合、実時間に相当する歴史は最初は加速されてインフレーション的に急膨張します。しかしやがて、この膨張は減速しはじめ、よって銀河が形成できるのです。知的生命体が生まれ、進

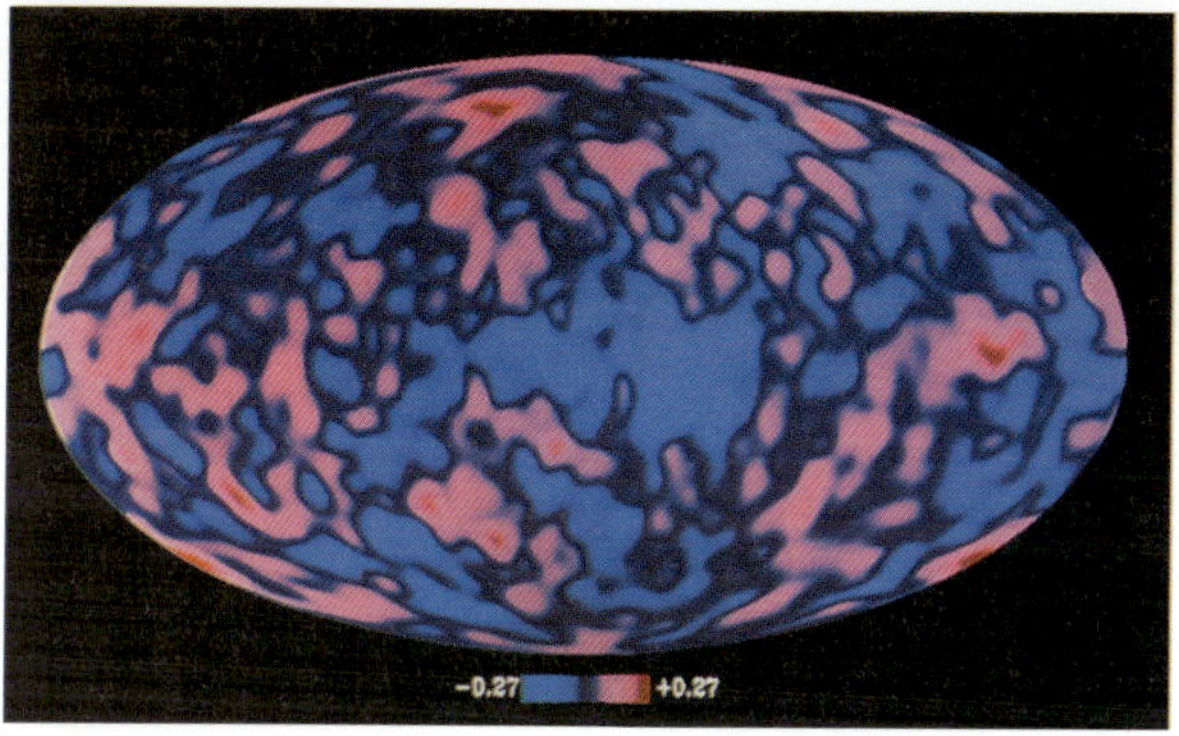

COBE衛星に搭載されたDMR装置で撮影された全天地図。宇宙がそのようなしわ、ゆらぎをもっていたことを示している。

化できるためには、南極点でのひしゃげの度合いは非常にわずかでなければなりません。これは宇宙が初期にきわめて大規模な膨張をすることを意味します。記録的な通貨のインフレーションはふたつの世界大戦のあいだにドイツで起きました。このとき物価は何十億倍にも上がりましたが、宇宙で起きたにちがいないインフレーションの規模は、少なくともこの通貨のインフレーションの十億の十億倍の十億倍はあります。（図3-16）

　不確定性原理によると、知的生命体をふくむ宇宙の歴史はただひとつではありません。かわりに、虚時間での歴史はわずかに変形した球のファミリー全体となるでしょう。そしてそのそれぞれが、実時間での歴史に相当するのです。実時間で宇宙は永遠

図3-18（上）
宇宙の終焉の姿として、すべての物質が巨大で破滅的に深い重力の井戸まで突き戻されるビッグクランチが考えられる。

図3-19（左頁）
長くて冷たい、すすり泣くような宇宙の時代。ほとんどのものは寿命を終え、最後の星が核燃料を使い果たして消えようとしている。

ではありませんが、長いあいだ膨張することになります。となると、当然皆さんはこれらの可能なる宇宙の歴史の中でどれがもっとも高い確率をもっているのかと尋ねることでしょう。もっともありそうな、確率の高い歴史は、完全ななめらかではなく、小さな凸凹をもつものだということがわかります（**図3-17**）。もっとも存在確率の高い宇宙の歴史では、この凸凹はさざ波のように本当に小さいものです。宇宙はほとんどなめらかで、実際このさざ波の振幅は十万分の一程度なのです。こ

図3-19

宇宙定数の導入は
私の人生の
もっとも重大な誤り
だったのだろうか?

アルバート・アインシュタイン

のように宇宙初期の凸凹はきわめて小さいにもかかわらず、宇宙のあらゆる方向からやってくるマイクロ波のわずかな強弱として観測することができたのです。宇宙背景放射探査衛星（ＣＯＢＥ）は一九八九年に打ち上げられ、天空のマイクロ波の地図をつくりました。

赤の部分は青の部分より温度が高いことを示していますが、その温度差はわずか約十万分の一程度です。この温度のゆらぎ程度の凸凹さえあれば、物質密度が高い領域ではわずかに重力が強くなります。この結果、領域の膨張は周りよりだんだん遅くなり、最後には膨張が止まり、そして自分自身の重力で収縮し、銀河や星となるのです。そして原理的には、COBEの描き出した地図は宇宙のあらゆる構造の設計図なのです。

知的生命体の出現と両立できるもっとも確率の高い宇宙の歴史の場合、宇宙はこれからどのように進化するのでしょうか? 宇宙の中にどれだけ物質が詰まっているかで、さまざまな可能性が考えられます。もし物質がある臨界量より多ければ、銀河間の引力は銀河が互いに離れる速度を減速させ、やがて宇宙の膨張は止まることになります。そして宇宙は膨張から収縮に転じ、やがて実時間での宇宙の歴史の終焉となるビッグクランチを迎えることになります。(図3-18)

もし宇宙の密度がある臨界値より小さければ、重力は弱く銀河が互いに遠ざかっていくのを永遠に止めることはできないでしょう。そうなると、すべての星は燃え尽き、宇宙はだんだんと空虚で冷たくなっていくでしょう。前の場合と同じように、宇宙は終わりを迎えますが、あまり劇的な終焉ではありません。どちらが現実の宇宙に対応しているかわかりませんが、どっちにせよ、まだこれから宇宙は数十億年以上は続くでしょう。(図3-19)

物質と同様に、現在の宇宙は〝真空エネルギー〟によって満たされているかもしれません。たとえ宇宙空間がまったくの真空であっても、もつことのできるエネルギーです。アインシュタインの有名な方程式、$E = mc^2$ によると、この真空のエネルギーは質量をもっています。このことから、宇宙の膨張に対してこのエネルギーが重力効果をもっていることになります。しかし真空エネルギーの重力の効果は、驚くことに物質の場合とは逆に引力ではなく斥力なのです。物質は引力の効果によって宇宙の膨張を減速させ、やがて収縮に転じさせようとします。反対に、真空エネルギーはその斥力の効果によってインフレーションの場合のように膨張を加速させます。第一章で記しましたが、アインシュタインは一九一七年、自分の元々の方程式が永遠不変な静的宇宙の解を禁止していることに気づいて、宇宙定数をその方程式に加えました。実は、この真空のエネルギーは彼が加えた宇宙定数と同じような働きをするのです。ハッブルが宇宙が膨張していることを発見した結果、もはや静的宇宙モデルは誤りということになり、方程式に宇宙定数を加えるという動機はなくなりました。そしてアインシュタインは宇宙定数を誤りとして取り下げました。

しかし宇宙定数の導入はまったくの誤りではなかったのかもしれません。第二章で説明したように、真空といえども量子論的に考えれば、量子論的なゆらぎのエネルギーで満たされているのです。基底状態、つまり真空のゆらぎのエネルギーは単純に計算すると無限大になってしまいます。しかし超対称性理論では、正の無限大となる粒子と反対に負の無限大となる粒子がペアで存在することによって互いに打ち消しあいます。しかし現在の宇宙は超対称状態ではありませんので、正と負のエネルギーが完全に打ち消しあい、その結果、真空エネルギーが完全にゼロになるとは思われません。ただ驚くべきことは、真空エ

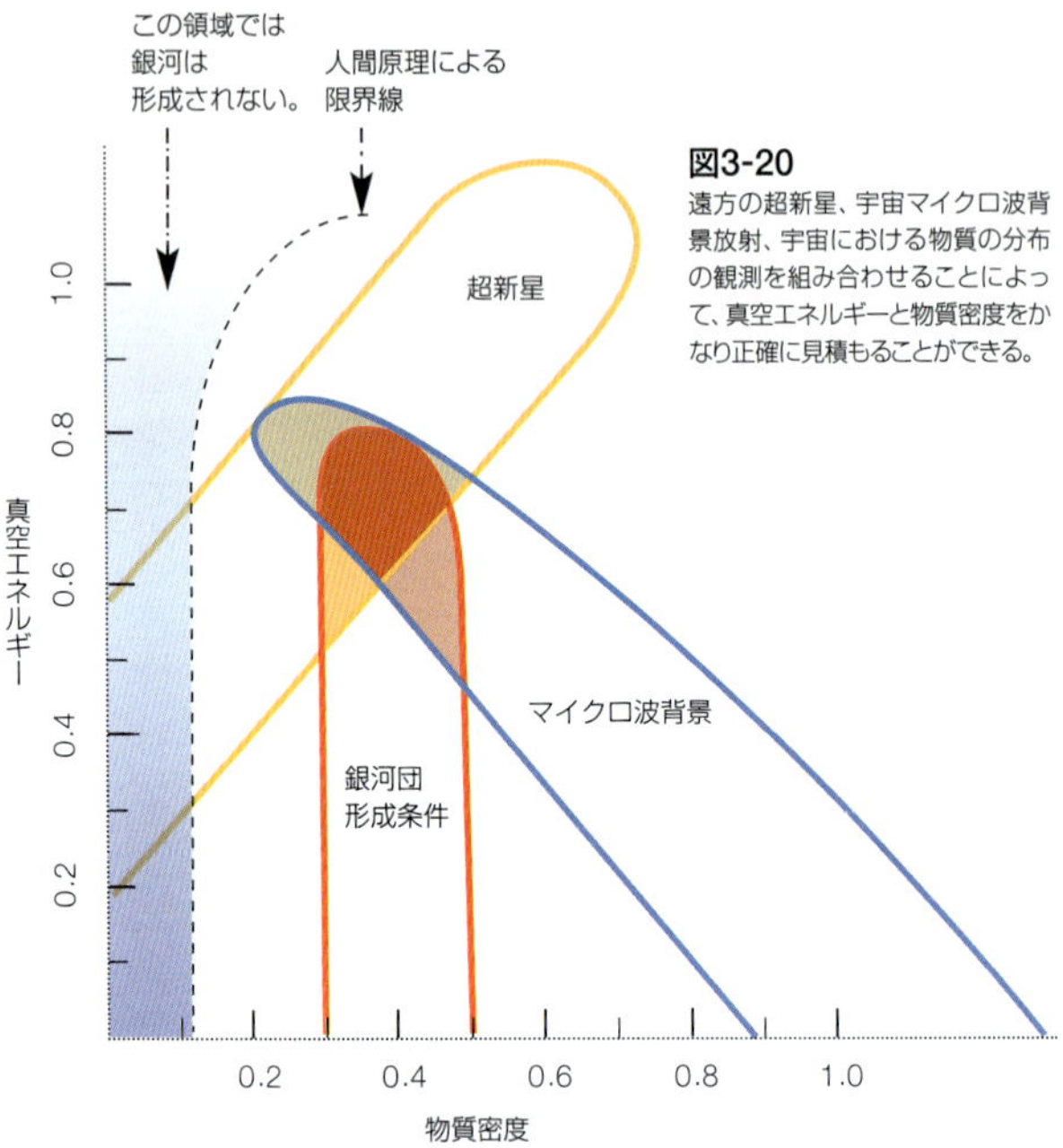

図3-20
遠方の超新星、宇宙マイクロ波背景放射、宇宙における物質の分布の観測を組み合わせることによって、真空エネルギーと物質密度をかなり正確に見積もることができる。

ネルギーが非常にゼロに近いということです。おそらくこれは人間原理によって説明されるべきもうひとつの例でしょう。より大きな真空エネルギーがある宇宙では銀河は形成されなかっただろうし、こんな疑問をもつ生物も生まれなかったでしょう。なぜ真空エネルギーはこれほど小さいのでしょうか？

私たちはさまざまな観測結果から、宇宙の物質量と真空エネルギー密度を決定しようとしています。物質密度を横方向軸に、真空のエネルギーを縦方向にとった図で、観測

結果を示しましょう。点線は知的生命体が誕生できる領域の境界を示しています。（**図3-20**）

超新星の観測、銀河団形成からの要請、およびマイクロ波背景放射の観測の結果をこの図に書きこんでいます。幸運にも、この三つすべての領域がちょうどうまく重なる共通領域があります。物質密度と真空エネルギーがこの重なった領域にあるなら、宇宙の膨張は長い減速期間の後、ふたたび加速を始めることを意味しています。インフレーションが天理であるかもしれないように思えます。

本章では巨大な宇宙の振るまいが、わずかに押しつぶされた小さな球として表現できる虚時間での歴史の観点から、どのように理解できるかを見てきました。これはハムレットの〝クルミの殻〟のようなものですが、このクルミは実時間で起こるすべての事象を符号化しているのです。したがって、ハムレットはまったく正しかったのです。われわれは〝クルミの殻〟に閉じ込められていてもなお、自分自身を限りなく広がった宇宙の王者だと考えることができます。

私はクルミの殻の中に閉じ込められた
小さな存在にすぎないかもしれない。
しかし、私は自分自身を
無限に広がった宇宙の王者と
思い込むこともできるのだ。

シェークスピア
《ハムレット》第2幕、場面2

第4章｜未来を予測する

ブラックホール内で情報が失われると、
私たちの未来を予測する能力は
どのように弱められるのでしょうか?

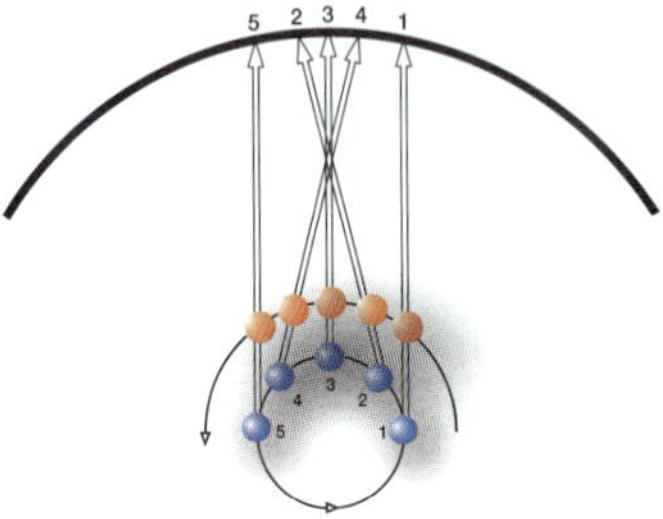

図4-1
太陽の周りを軌道を描いて回る地球(青)上の観察者は、火星(赤)が星座を背景に天球の上を移動しているように見える。
天球上での惑星の複雑な見かけの運動はニュートンの法則で説明されている。それは個人の運命に影響をあたえるものではない。

人類は常に未来をコントロールしたいと思ってきました。少なくとも、未来に何が起きるか予測したいと。だからこそ、占星術がとても人気があるのです。占星術は地球での出来事も天空を横断する惑星の動きに関係していると主張しています。もし占星術師が〝危険〟をおかしてテストできる明確な予言をしたなら、それは

今月は射手座に火星がある。あなたにとっては自己の認識を深める時となるだろう。
火星はあなたに、他の人と反対でも自分が正しいと感じることに従って生きるように求めている。そして、そうなるだろう。
あなたの人生と関係する太陽系チャートの位置に土星が20回目にやってきたとき、あなたは責任を取ることを求められ、困難な人間関係に直面することになるだろう。
しかし、満月のとき、あなたはすばらしい洞察力を獲得し、あなたの人生を変えるような予見を得ることができるだろう。

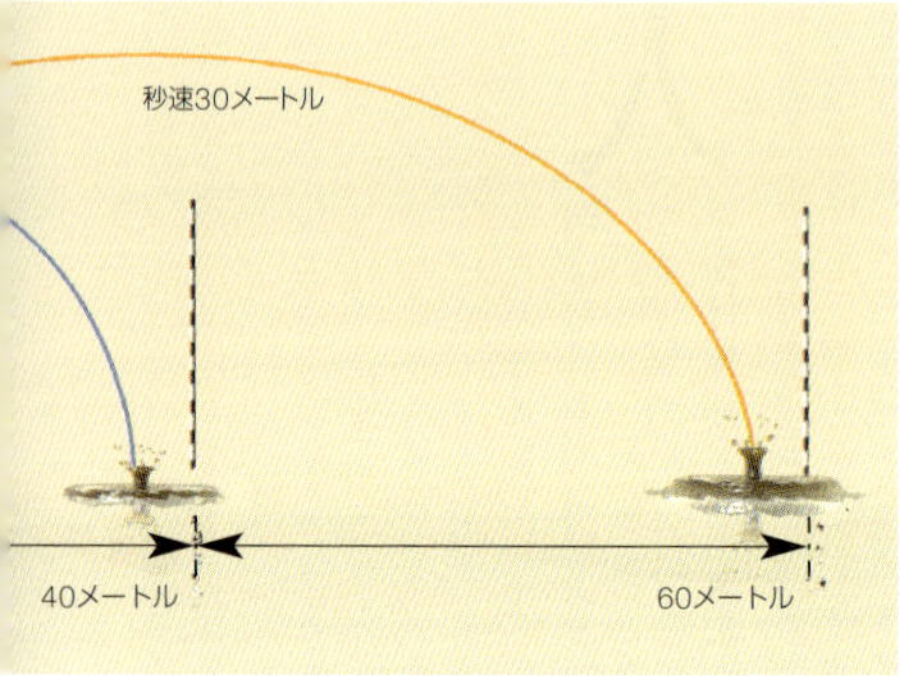

図4-2
野球のボールが、どの場所からどの程度の速さで投げられたかがわかれば、ボールがどこへ行くか予測することはできる。

科学的にテストできるか、少なくともできる可能性のある仮説となるでしょう。しかし、彼らは賢いので、自分たちの予言をどんな結果にも適用できるほど曖昧にします。「対人関係が強められるでしょう」とか「金銭的に良いチャンスがおとずれるでしょう」といった予言は、間違ったと証明しようがありません。

しかし、ほとんどの科学者が占星術を信じないおもな理由は、科学的証拠がなかったり不足したりしている点ではなく、実験でテストされ、正しいとされているこれまでの理論と矛盾するからです。コペルニクスとガリレオが、惑星は地球でなく太陽の周りを回っていることを発見し、ニュートンが惑星の動きを支配する法則を発見したとき、占星術はきわめて信じがたいものになりました。どうして他の惑星の天空上での見かけの位置が、地球上の巨大な分子の塊である人間に、そしてみずからを知的生命体

図4-3

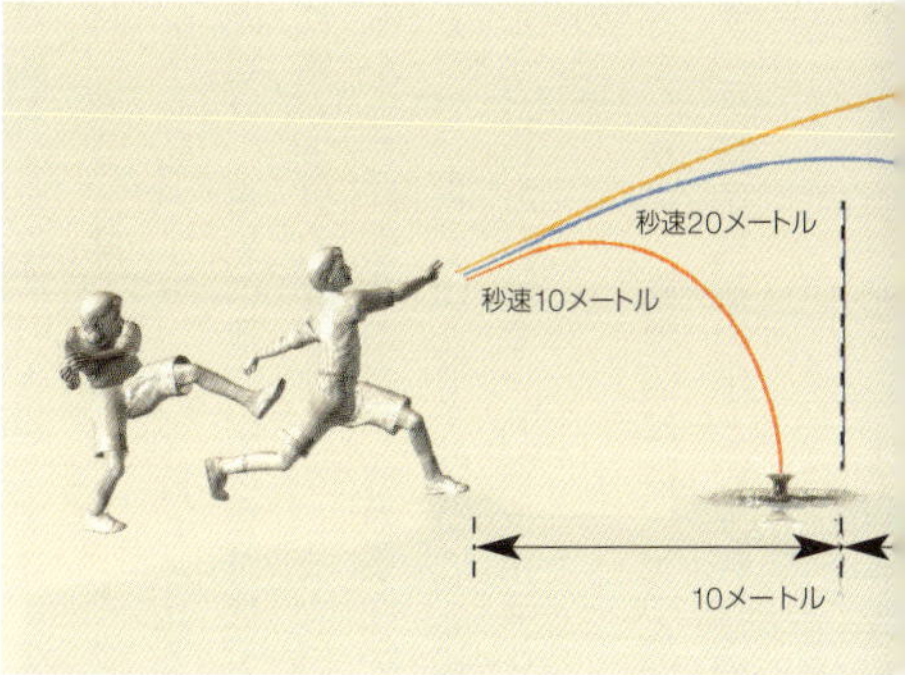

と自認している人間に何かしらの関係をもつことがありえるでしょうか？（図4-1）しかし、これこそ占星術が私たちに信じ込ませようとしていることなのです。この本で説明されている理論のいくつかは占星術に比べて実験的裏づけが少ないものもありますが、私たちはテストに耐えてきた理論とそれらが矛盾していないので信じているのです。

　ニュートンの法則や他の物理的理論の成功は科学的決定論という考えを生み出しましたが、これはフランス人科学者、ピエール・サイモン・ラプラスが十九世紀初頭に初めて言い表わしました。ラプラスは、もし現在の宇宙のすべての粒子の位置と速度を同時に知ることができるなら、物理法則によって過去であろうと未来であろうと、どの時間の宇宙の状態であろうと予測できるはずだと主張しました。（図4-2）

　言い換えると、科学的決定論が正しいなら、原理的には未来は予測できるものであり、占星術を必要としないはずです。もちろん、実際にはニュートンの万有引力の法則ぐらい簡単なものでさえ、粒子の数がふたつより多くなると方程式は正確には解けません。そのうえ、方程式はカオスとして知られる性質をしばしばもちあわせています。そのため、ある時間での位置や速度がわずかに変化すると、その後の挙動は元のものと比べるとまったく違ったものになってしまうのです。《ジュラシック・パーク》を見たかたならわかるでしょうが、ある場所でのわずかな騒動が、他の場所で重大な変化を引き起こす場合があるのです。たとえば、東京で蝶が羽ばたくと、それがニューヨークのセントラルパークで雨を降らす場合のように（図4-3）。問題は、事象の連鎖が反復可能ではないことです。次に蝶が羽ばたきをすると、また気候にも影響をあたえるかもしれませんが、別の条件が変わってしまっているので、まったく前とは異なった効果となるでしょう。こういったわけで、天気予報はとてもあてにならないのです。

　たしかに、原理的には、化学的、生物学的出来事はすべて量子電気力学という物理法則によって計算でき

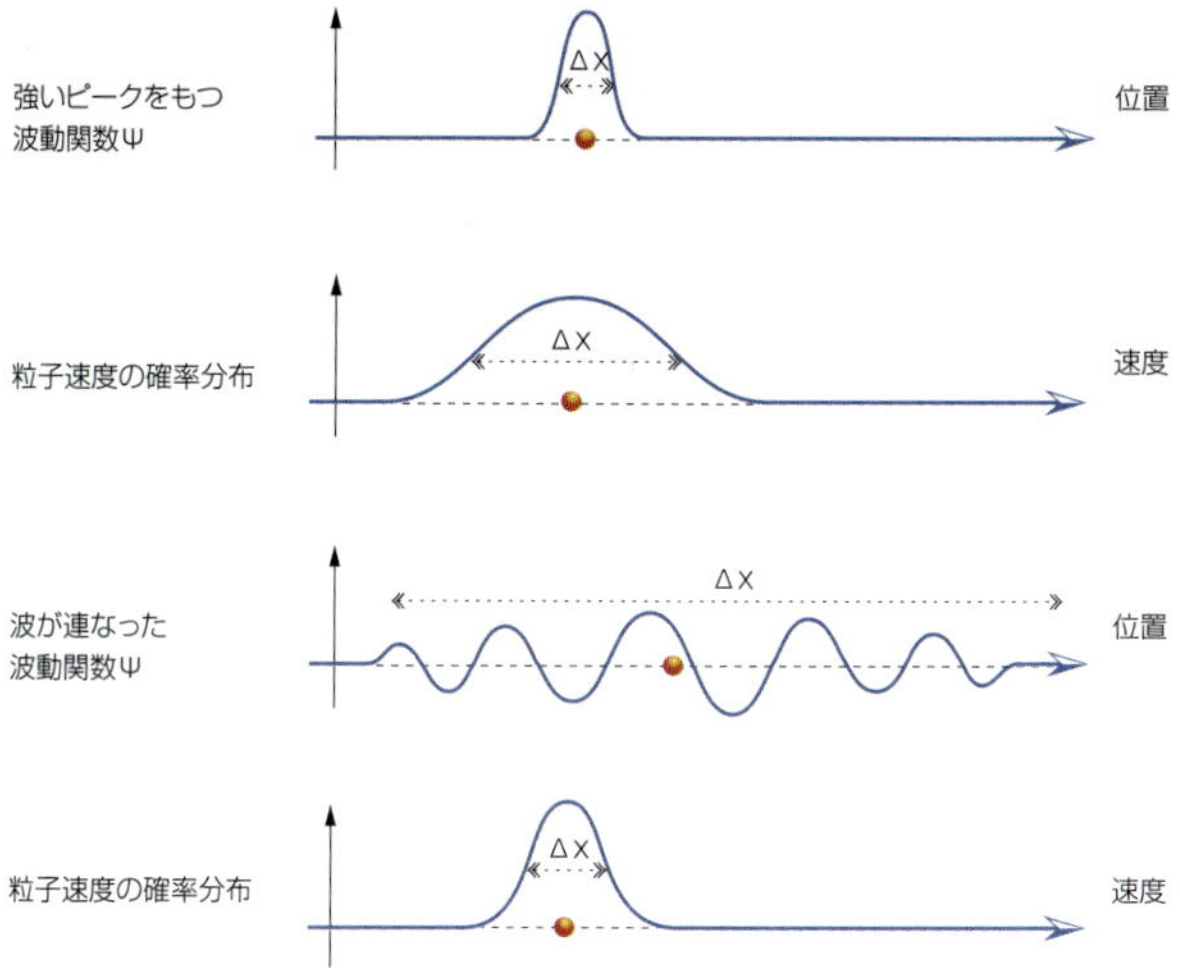

図4-4
ΔxやΔvといったものが不確定性原理に従うのと同じように、波動関数は粒子の異なる位置と速度の確率を決定する。

るはずですが、実際問題としては数学的方程式から人の行動まで予測することにはまったく成功していません。しかし実際的な困難にもかかわらず、多くの科学者は原理的には、未来は予測可能であると考えて自分たちを慰めてきました。

しかし、ちょっと考えただけでも決定論は不確定性原理により危うくなっています。なぜなら不確定性原理は、同時に粒子の位置と速度の両方を正確に測定することはできないと主張しているからです。より正確に位置を測定すればするほど、速度の測定の正確性は下がります。同様に速度を正確に測定すると、位置はわからなくなってしまいます。科学的決定論のラプラス版は、同時に粒子の位置と速度を知ることができるなら、過去未来どの時間においてのそれらの位置と速度をも決めることができるというものでした。しかし不確定性原理により、同時に位置と速度の両方を正確に知ることが妨げられたなら、どうやって予測を始めることができるのでしょうか？ どんなにコンピュータの性能がよくても、ひどいデータを入力すればとんでもない結果しか出力されないでしょう。

決定論は、不確定性原理を組み入れた量子力学と呼ばれる新しい理論に修正された形で復活しました。量子力学によると、大まかに言うと、古典的なラプラスの視点から予測することが期待された半分の正確さで予測することができます。量子力学では、粒子は明確な位置や速度をもっていません。が、その状態をいわゆる波動関数で表わすことができます。（図4-4）

波動関数は空間のそれぞれの点での数値であり、その数値は粒子がその位置で見つけられる確率をあたえています。波動関数の点から点への変化の割合により、粒子の速度の違いがどのぐらいの確率であるか知ることができます。波動関数によっては空間のある特定な点で鋭く最大限に達している場合もあるでしょう。この場合、粒子の位置での不確定性

図4-5
シュレディンガー方程式
時間に関する波動関数Ψの発展はハミルトン演算子Hによって決定される。それは対象としている物理系のエネルギーに関連づけられているものである。

はほんのわずかです。しかしこの場合の波動関数を図で見ることもできます。波動関数は片側で上がり反対側で下がるというふうにその点近くで急激に変化します。これは速度の確率分布が広範囲に広げられていることを意味します。言い換えると、速度の不確定性が大きいのです。他方で、波の連続した列を思い浮かべてください。この場合、位置の不確定性は大きくなりますが、速度の不確定性は小さくなります。つまり波動関数による粒子の描写には明確な位置や速度がありません。それは不確定性原理を

図4-6
特殊相対論での平坦な時空では、異なる速度で動いている観測者はそれぞれ異なる時間の尺度をもっている。しかしどのような時間系をもちいても波動関数がどのように発展していくかをシュレディンガー方程式を解いて予測することができる。

満たしています。このように波動関数は、うまく定義されているとわかります。神に知られていて私たちには隠されている位置と速度を、粒子がもっているとは、私たちは考えることさえできません。そのような〝隠された変数〟理論では、観測とは一致しない結果しか予言しません。神でさえ不確定性原理に束縛され、位置と速度を知ることができず、波動関数しかわからないのです。

波動関数が時間と共に変化する割合は、シュレディンガー方程式と呼ばれるものであたえられます（**図4-5**）。もしある時間での波動関数がわかれば、過去や未来のどの時間においての位置と速度をも計算するのにシュレディンガー方程式を使うことができます。したがって、このような意味で量子論も決定論ですが、その程度はゆるめられています。古典論では位置と速度の両方を予測できることになっていましたが、量子論では波動関数のみ予測できます。両方を正確に予測はできませんが、位置か速度のどちらかならできます。つまり、量子論での正確な予測ができる能力は、古典的なラプラスの世界観での能力のちょうど半分です。それにもかかわらず、この制限された意味で決定論的であると主張することはまだ可能です。

しかし、波動関数を発展させるためにシュレディンガー方程式を使うことは（つまり未来で起こることを予測するため）、暗に時間は永遠にどこにおいても円滑に流れることを仮定しています。これはニュートンの物理学では確かに事実です。時間は絶対なものとして想定されていました。これは、宇宙の歴史でのそれぞれの事象は時間と呼ばれる数値でラベルされ、この一連のラベルは時間として無限の過去から無限の未来へと円滑に流れていることを意味しました。これは常識的時間観とも呼べるかもしれないもので、多くの人々と物理学者さえ心の奥底で考えていた時間観です。しかし、すでに説明したように、一九〇五年に絶対的時間の概念が、特殊相対論により覆されました。これによると時間はもはやそれ自身独立した量ではなく、時空と呼ばれる四次元連続体の一方向にすぎませんでした。特殊相対論において、異なる速度で旅行している異なる観測者は、異なる経路で

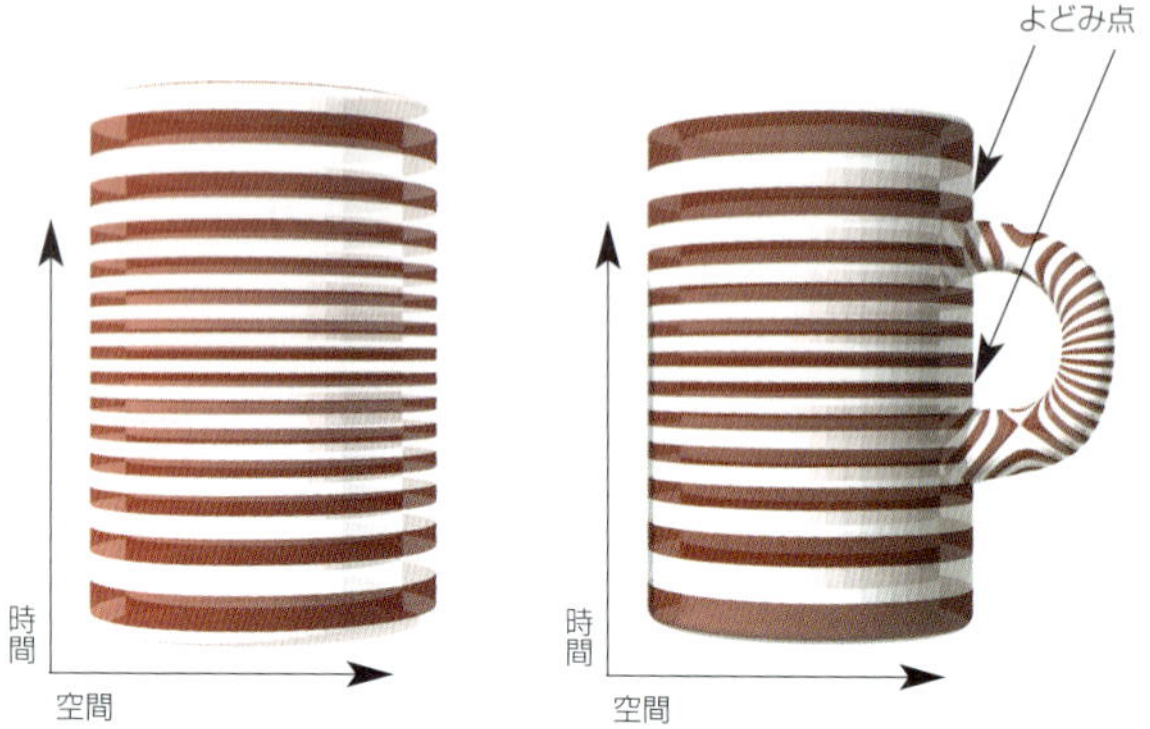

図4-7 時間が静止する

取っ手が元の円筒にくっついている付け根で、時間は必然的によどみ点をもつことになる。その点では時間は静止している。これらの点では、時間の値はどの方向へも増加しない。したがって、時間的に先の波動関数を予測するのにシュレディンガー方程式をもちいることができない。

時空を移動します。各観測者はそれぞれ各個にたどっている経路にそって個々の時間の基準をもっており、異なる観測者の測定する事象のあいだの時間間隔はそれぞれ異なります。（図4-6）

よって特殊相対論では、事象をラベルするのに使える一意的な時間、つまり絶対時間というものはありません。しかし、特殊相対論で取り扱うことのできる時空は平坦な場合のみです。これは特殊相対論において、自由に動いている観測者が計測する時間は、無限の過去であるマイナス無限大から無限の未来であるプラス無限大へと時空で円滑に増加することを意味します。私たちは波動関数の発展を計算するのに、シュレディンガー方程式でどの尺度の時間でも使用することができます。したがって特殊相対論では、決定論の量子論版があるのです。

この状況は一般相対論では異なります。一般相対論では、時空は平坦ではなくゆがんでおり、時空内の物質とエネルギーにより曲げられているのです。太陽系内では、少なくとも巨視的なスケールでは時空の曲率はほんのわずかであり、日常的な時間について考えても困ることは生じません。この状況では、シュレディンガー方程式で波動関数の決定論的発展を計算するのに、この時間を使うことがまだできます。しかし、いったん時空が曲がっていることを認めると、どの観測者にとってもなめらかに増えつづけていくような、適当な時間が存在しないような構造を時空がもつ可能性が生じてきます。たとえば、時空が鉛直方向に立っている円筒のようなものと考えてください。（**図4-7**）

図4-8

図4-9

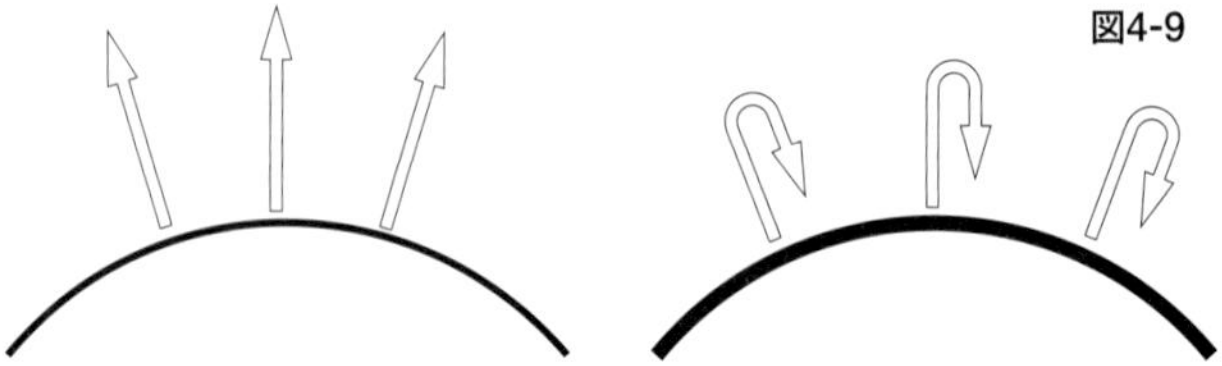

星から逃げだしている光　　大質量星によってとらえられた光

円筒の高さは、すべての観測者にとって増加し、無限の負から無限の正へと流れる時間の尺度となるでしょう。しかし、そのかわりに時空が途中で分岐して後で合流する取っ手（もしくは〝ワームホール〟）のついた円筒のようだと想像してください。するとどんな時間の尺度をとっても、取っ手が円筒と接合するところでかならずよどんだ点、つまり時間が静止した点があることになります。このような点では、時間はどの観測者にとっても増加しません。このような時空では、波動関数の決定論的発展を得るためにシュレディンガー方程式を使うことができません。ワームホールには注意せよ。そこから何が出てくるかけっしてわからないのですから。

時間はどの観測者にとっても増加するものではないと考える理由は、ブラックホールです。ブラックホールに関する最初の議論は一七八三年に登場しました。ケンブリッジ大学の昔の学監であったジョン・マイケルは次のような議論をしました。もし砲弾のように粒子を垂直上向きに撃つと、その上昇速度は重力により減速してやがてゼロになり、結局落ちてくるでしょう

（図4-8）。しかし、初期の上昇速度が重力脱出速度と呼ばれる臨界値より大きければ、重力は粒子を止めるのに十分ではなく粒子は逃げきるでしょう。重力脱出速度は地球では秒速約十二キロメートルであり、太陽では秒速約六一八キロメートルです。

これらの脱出速度は両方とも実際の砲弾よりずっと速いですが、秒速三十万キロメートルの光速と比べると遅い速度です。したがって光は、なんなく地球や太

シュワルツシルド・ブラックホール

1916年にドイツ人天文学者のカール・シュワルツシルドは球状のブラックホールを表わすアインシュタインの相対論の解を見つけた。そしてシュワルツシルドの研究は、一般相対論の内包している驚くべき意味合いを明らかにした。星が収縮してある値より半径が小さくなると、その星の表面の重力がきわめて強くなるため光さえ逃れることはできないことを示したのである。これこそ現在我々がブラックホールと呼ぶものである。これは事象の地平面と呼ばれるものに囲まれた時空領域であり、そこからは光をふくめた何物も遠くの観測者まで到達することは不可能である。

長いあいだアインシュタインをふくめ、多くの物理学者は、このような物質の極端な構造が現実の宇宙で造られることはないと考えていた。しかし星の自転が無視できるほど小さく、質量が十分に大きければ、いかなる星もその形や内部構造がどれほど複雑であろうと、核燃料を使い果たすと必然的に崩壊して完全に球形のシュワルツシルド・ブラックホールになる。今やこれは常識となっている。ブラックホールの事象の地平面の半径（R）はその質量のみに依存する。それは次の公式によってあたえられる。

$$R=\frac{2GM}{C^2}$$

この公式では記号Cは光の速さを、Gはニュートンの重力定数を、そしてMはブラックホールの質量を表わす。たとえば太陽と同質量のブラックホールは、たった3kmの半径しかもたない!

陽から逃げだすことができます。しかしマイケルは、太陽よりはるかに重い星があるはずであり、光速より速い脱出速度をもつだろうと主張しました（図4-9）。私たちはこういった星を見ることはできません。なぜならそれらが放出する光はその星の重力によって引き戻されるからです。こういった星はマイケルが暗黒星と呼んだものであり、現在は私たちがブラックホールと呼んでいるものです。

暗黒星についてのマイケルの考えは、時間は絶対的であり何が起きようと関係なく継続するものだとするニュートン物理に基づいていました。したがって、古典的なニュートンの像において私たちの未来を予測する能力に影響を及ぼしませんでした。しかし、巨大質量物体は時空を曲げるとする一般相対論では、状況は非常に異なるのです。

この理論が最初に定式化されてまもない一九一六年に、カール・シュワルツシルド（第一次世界大戦のロシア戦線で病気にかかり、その直後病死）がブラックホールを表わす一般相対論の場の方程式の解を見つけました。シュワルツシルドが発見したことはすぐ理解されず、その重要性が認識されるのに何年もかかりました。アインシュタイン自身ブラックホールを信じておらず、彼のそういった態度は一般相対論において多くの保守派に共有されていました。量子論は、ブラックホールが完全に暗闇ではないことを意味する、という私の発見についてセミナーをするため、パリに行ったことを覚えています。当時パリの誰もブラックホールを信じていなかったため、私のセミナーは不人気でした。フランス人はブラックホールのフランス語訳 trou noir にはいかがわしい性的な含意があり〝隠された星〟の意味をもつ astre occlu に置き換えるべきだと感じていたようです。しかし trou noir にしろ提案された astre occlu にしろ、ブラックホールという命名ほど一般の人々の興味を引く名前ではありませんでした（ブラックホールという名前は、この分野での近代的研究の多くを鼓舞したアメリカ人物理学者ジョン・ウィーラーによって最初に命名されました）。

一九六三年、クェーサーが発見されましたが、これによってブラックホールについての理論的研究と、ブラックホールを見つけてやろうとする観測的研究がさかんにされるようになりました（**図4-10**）。ここにクェーサーの写真があります。現在の星の進化の理論によれば、太陽の二十倍の質量をもっているような星は、まずオリオン星雲内のようなガスの星間雲の中で生まれます（**図4-11**）。星間雲は自分自身の重力で収縮し、そのガスの温度は上昇し、やがて水素をヘリウムへと変換する核融合反応が始まります。この過程で発生した熱は、ガスの圧力を高めるので、星自身の重力に抗して星を支えることになり、それ以上星が収縮するのを止めます。星はこの状態で長いあいだとどまり、水素を燃やして光を空間へ放射しつづけます。

この星の重力場は、星から来る光線の経路に影響をあたえます。時間を上向きの軸で表わし、星の中心からの距離を水平方向の軸として図を描きましょう（**図4-12**）。この図に

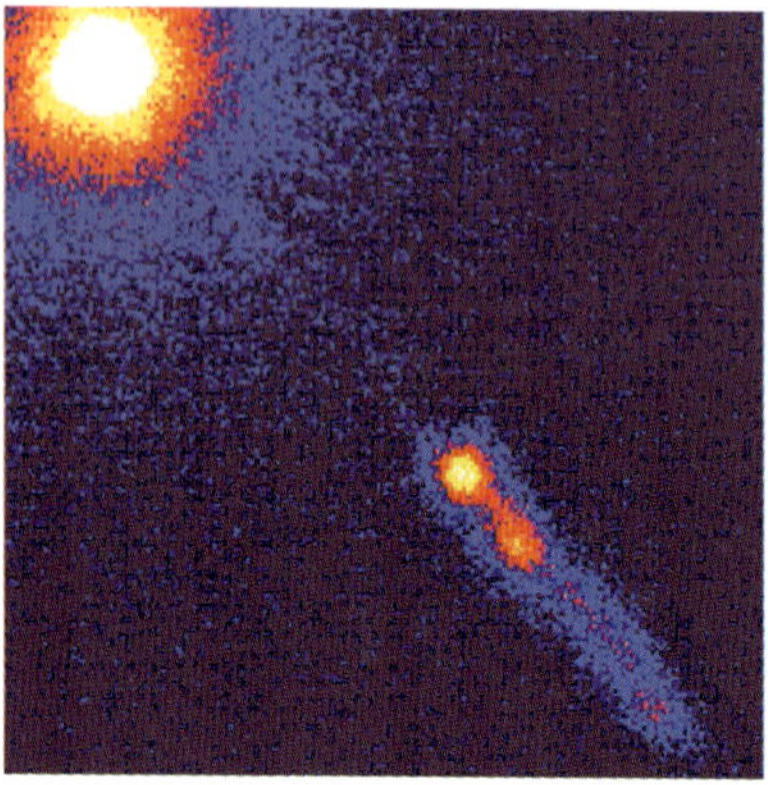

図4-10
最初に発見されたクェーサー、3C273は、小さな領域内で巨大なエネルギーを発生している。ブラックホールにとらえられ、落下している物質のみが、このような高光度でエネルギーを放出できる唯一のメカニズムであろう。

ジョン・ウィーラー

ジョン・アーチボルド・ウィーラーは1911年にフロリダのジャクソンビルで生まれた。

彼はヘリウム原子による光の散乱についての研究によって1933年にジョンズ・ホプキンズ大学から博士号（PhD）を得た。1938年にデンマーク人物理学者のニールス・ボーアと共に、核分裂についての学説を発展させる研究を行なった。しばらくしてから、ウィーラーは大学院生のリチャード・ファインマンと一緒に電気力学の研究に集中した。しかしアメリカが第二次世界大戦に参戦した直後から、ふたりはマンハッタン計画に加わった。

1939年のロバート・オッペンハイマーによって行なわれた大質量星の重力崩壊の研究に刺激を受けて、ウィーラーは、1950年代初めにアインシュタインの一般相対論に自分の興味を注ぐようになった。当時、ほとんどの物理学者は原子核物理学の研究に没頭しており、一般相対論は物理世界に関連したものとしてはまったく見なされていなかった。しかしウィーラーは彼自身の研究を通じて、またプリンストンではじめて相対論の講義を開くことで、ほとんど独力で一般相対論の研究分野を大きく発展させた。

それからずっと後の1969年、彼は物質が重力で崩壊した状態にブラックホールという言葉をつくり、命名した。ほとんどの人は依然としてブラックホールが現実のものと信じていない時代であった。ヴェルナー・イスラエルの研究に刺激されて、彼はブラックホールは"髪の毛"をもっていないと推測した。ブラックホールが"髪の毛"をもっていないということは、自転していない大質量の星が重力崩壊して造られる状態は、シュワルツシルドの解によって一意的に記述されることを意味している。

おいて、星の表面は中心の両側にあるふたつの鉛直線で表わされます。時間は秒単位で距離は光秒（光が一秒で動く距離）で測定するとしましょう。これらの単位を使うと、光速は1という数になります。つまり、光速は秒速一光秒となります。これは星やその重力場から遠く離れた図上での光線の経路は、鉛直方向と四十五度をなす直線となることを意味します。しかし、それより星の近くでは、星の質量で造りだされた時空のひずみは、光線の経路を変えて鉛直方向とより小さな角度をなすようになっています。

大質量の星は太陽よりもかなり速く水素を燃やしてヘリウムへと変わっていきます。このため数億年で水素を燃やしつくすことになります。その後、そのような星は重大危機に直面することになります。質量の大きな星では水素燃焼の灰であるヘリウムを燃やすことができ、炭素や酸素のようにより重い元素が合成されます。しかしこれらの核反応はそれ

図4-11
星々はオリオン星雲のようにガスとほこりの雲の中で生まれる。

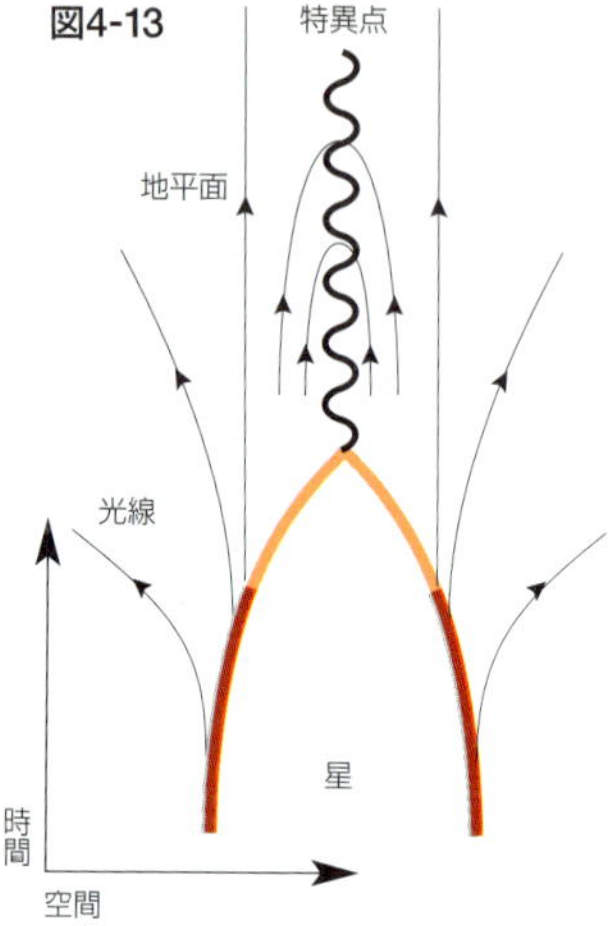

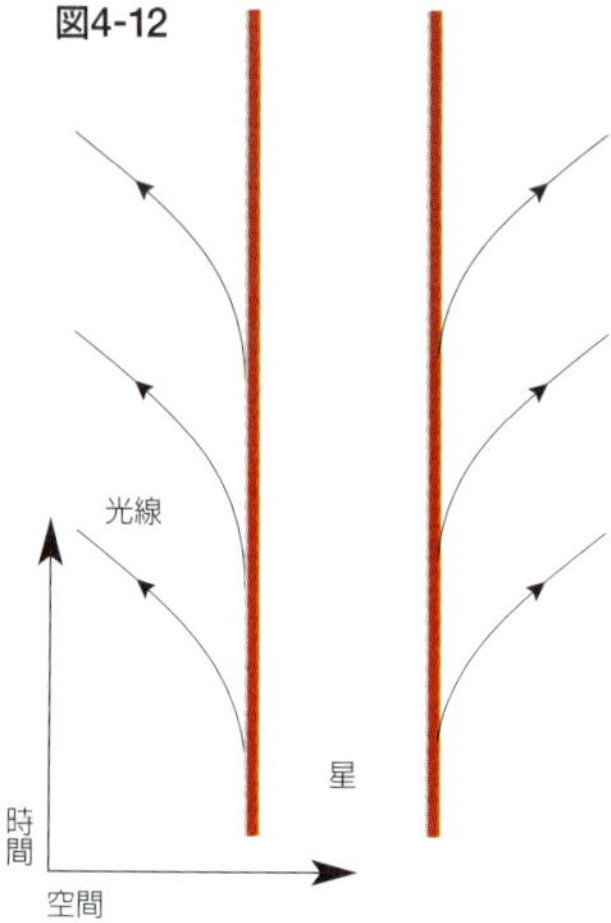

図4-12
重力崩壊していない普通の星の周辺の時空。光線は星の表面（赤い鉛直線）から逃れることができる。星から遠く離れた光線は鉛直と45度の角度を成す。しかし星の近くでは自分の質量によって時空はゆがめられ、光線は鉛直に対して45度より小さな角度で星の表面から出る。

図4-13
星が崩壊すると（赤い線が一点で交わる）、ゆがみは非常に強くなり、その結果表面近くの光線は内側へと進むようになる。ブラックホールが形成され、その時空領域からは光も脱出不可能になる。

ほどのエネルギーを放出せず、したがってこの星は熱を失い重力と拮抗していた熱による圧力が弱くなります。このためこれらの星は収縮して小さくなりはじめます。もし星の質量が太陽のほぼ二倍程度以上の場合、収縮して圧力が高くなっても収縮を止めることはできません。星は大きさがゼロとなり、無限の密度をもつまで崩壊して、特異点と呼ばれるものがつくられます（図4-13）。中心からの

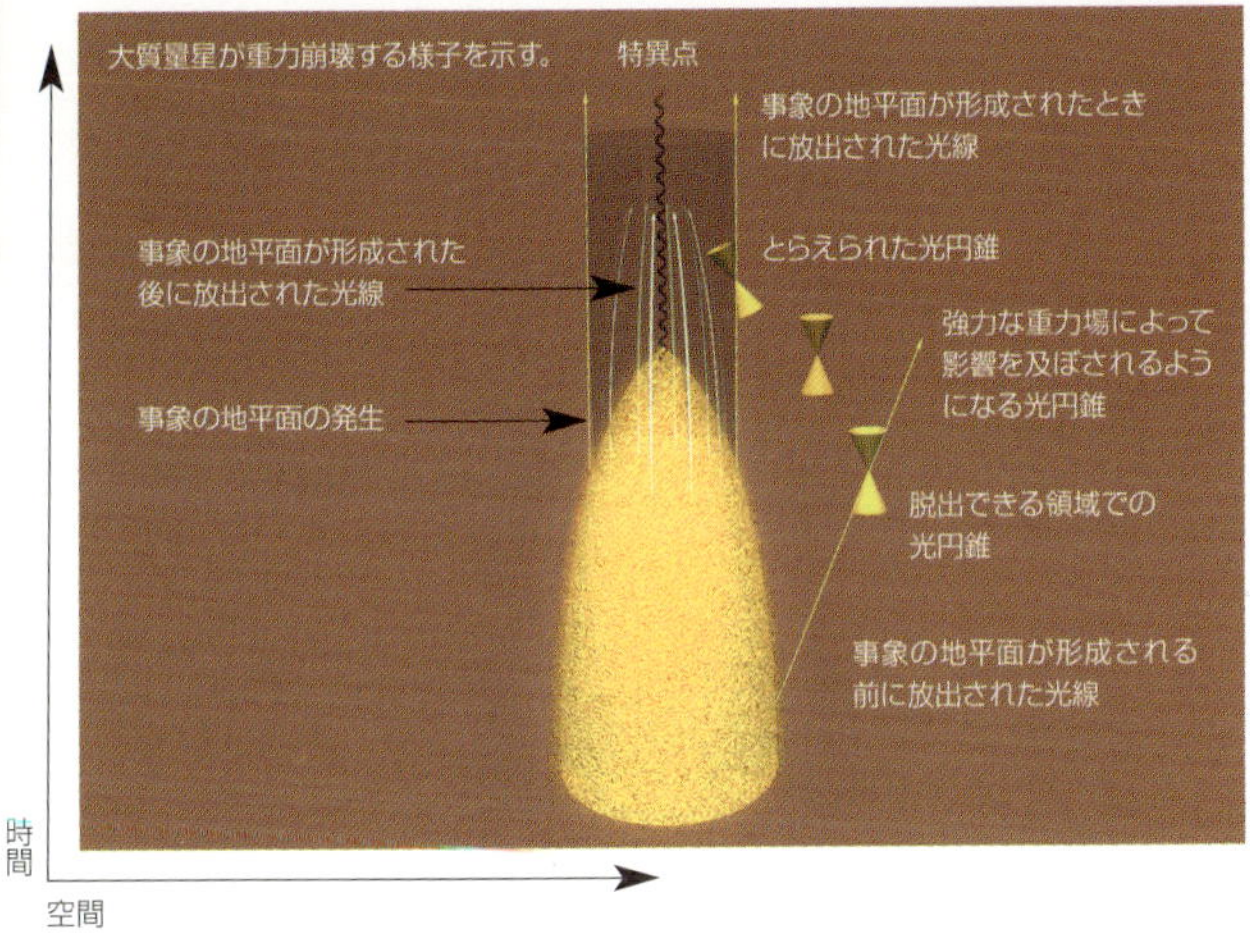

ブラックホールの外側の境界である地平面は、ブラックホールから脱出しそこなった光線によって形成される。しかし中心から一定の距離をおいてさまよいつづけている。

距離／時間の図において、星が収縮するにつれてその表面からの光線の経路は鉛直方向に対してより小さい角度で始まるようになります。星がある臨界半径に達すると、光の経路は図上では鉛直方向となってしまいます。これは光が星の中心から一定の距離の点でとどまってしまい、星からもはや逃げだすことができないことを意味しています。この光の臨界経路は事象の地平面と呼ばれる表面を描くことになります。つまり、この事象の地平面は、光が逃げだすことができる時空領域ともはや逃げだすことができなくなってしまった時空領域との境界になります。星の表面が事象の地平面の中に入ってしまった後に星から出たどんな光も、時空の曲がりにより逆に内部へと折り曲げられることになります。その星はマイケルの暗黒星、つまり今日言うところのブラックホールになってしまうのです。

どんな光も出てこられないなら、どうやってブラックホールを見つけることができるのでしょう。それは、ブラックホールが、崩壊した物体に及ぼしたのと同じ重力を、周りの天体やガスに依然として及ぼしているからです。たとえ、太陽がその質量をなんら失うことなくブラックホールになったとしても、惑星は今と変わりなく同じ軌道を回っていることでしょう。

したがって、ブラックホールを探すひとつの方法は、見えることのないコンパクトな大質量物体の周囲で軌道を描いている天体を探すことです。このようなブラックホールとの連星系は多く観測されています。もっとも見ごたえがあるブラックホールは銀河やクェーサーの中心につくられている巨大ブラックホールでしょう。（**図4-14**）

ここまで議論したブラックホールの性質は、決定論に重大な問題が生じるようなものではありません。ブラックホールへ落ちて特異点にぶつかった宇宙飛行士にとって時間は終わりを迎えます。しかしながら、一般相対論においては、異なる場所では異なる割合で自

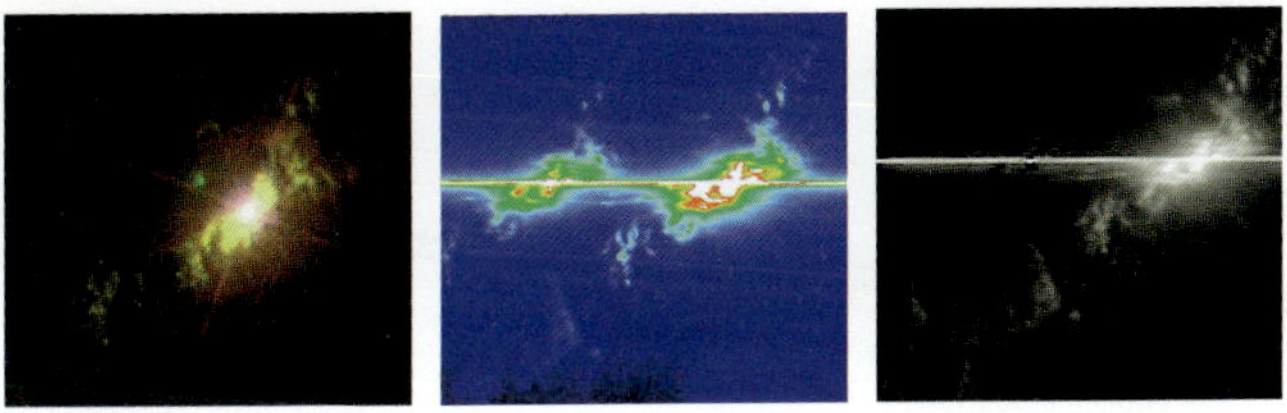

図4-14
銀河中心のブラックホール
左:
ハッブル望遠鏡に搭載された広視野プラネタリーカメラによって撮影されたNGC4151銀河
中央:
像を通る水平な線は、NGC4151の中心にあるブラックホールから放出された光である。
右:
酸素の出す輝線から得られた速度を示す像。すべての証拠がNGC4151が太陽の約1億倍もの質量のブラックホールを含有することを暗示している。

由に時間を測定することができます。したがって、宇宙飛行士が特異点に近づくとき、宇宙飛行士の時計が速く進むような時間一定面を取ることができます。このように時間を決めると、特異点に落下するまでの時間を無限にすることもできます。時間と距離のダイアグラム（**図4-15**）において、この新しい時間の時間一定面は、特異点が現われる位置の下の中心にすべて密集することになります。皆さんはこれはきわめて不自然な時間だと思われるかもしれませんが、実はこの時間はブラックホールから遠く離れたほぼたいらな時空においての普通の時間の尺度となるのです。

したがってこの時間を使えば、シュレディンガー方程式をもちい

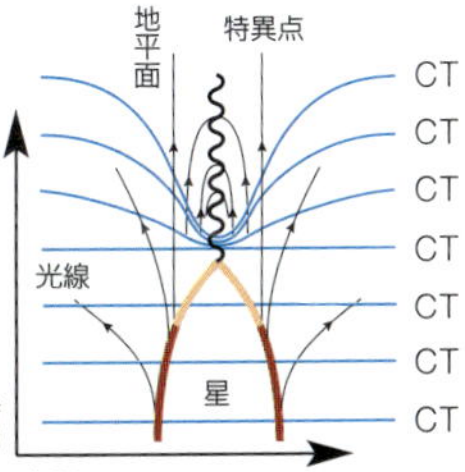

（CTで示した水色の線は時間一定面を示す）
図4-15

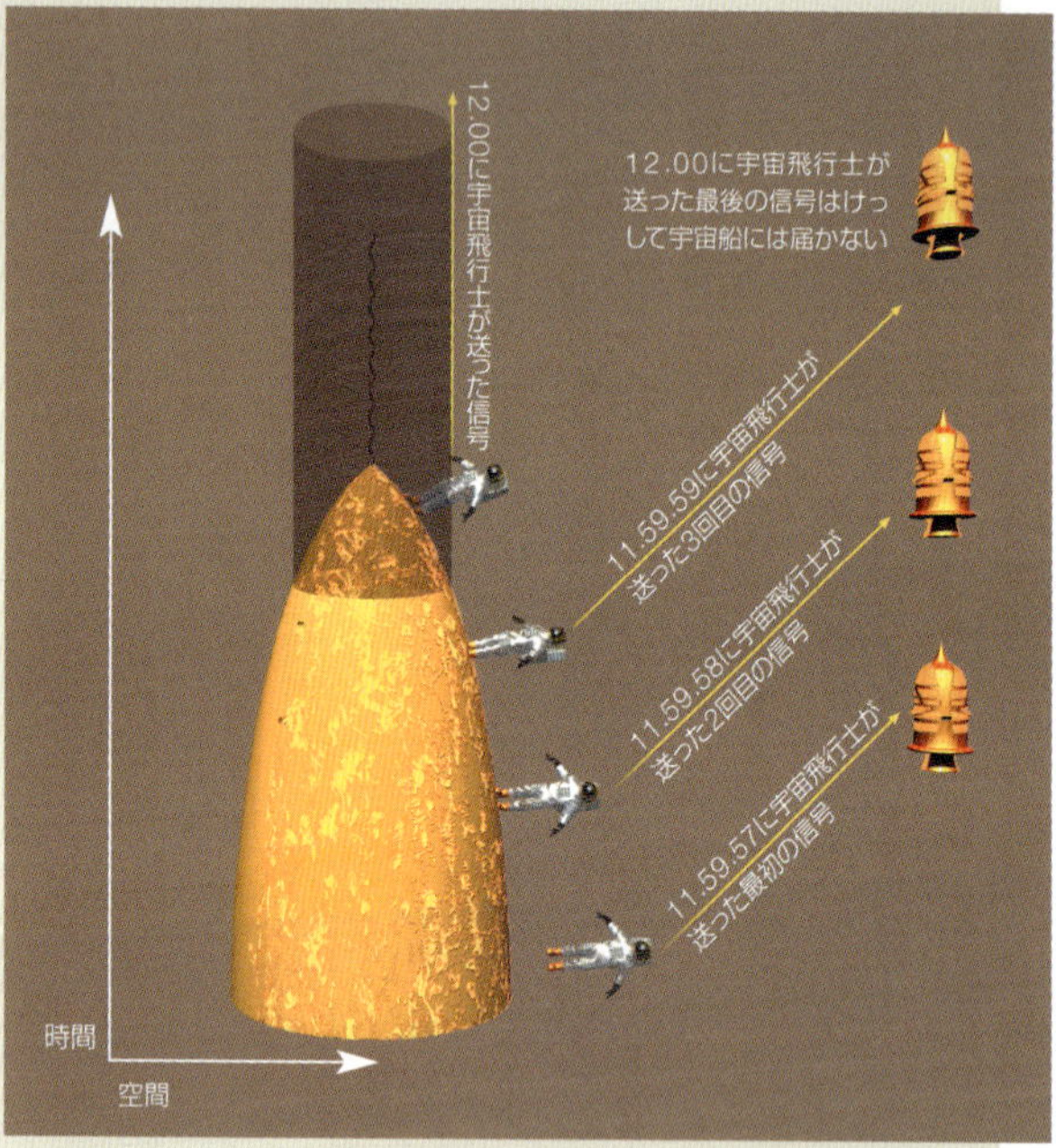

上に描かれているイラストは11.59.57に崩壊しつつある星に着陸した宇宙飛行士からの信号を描いている。星がどんどん収縮して半径が臨界半径以下になると重力は非常に強くなり、どんな信号も脱出できなくなることを示している。彼は自分の時計に従って一定の時間間隔をおいて、星の周りを軌道を描いて回っている宇宙船へ信号を送る。

遠くから星を観測している人は、その信号が事象の地平面を超えてブラックホールへ入っていくのをけっして見ることはない。そのかわりにその星が臨界半径近くまで収縮してくると、収縮がゆっくりになってきたように見えるだろう。そして星の表面の時計は遅くなりやがて止まってしまったように見える。

て初期条件さえあたえられるなら、波動関数の時間発展を計算できます。つまり、このような時間さえもちいれば、決定論になんの問題も生じませんし、十分機能します。しかしその後の時間で、波動関数の一部が、外部からは観測されないブラックホールの内部に入ってしまっていることを注意しておきましょう。ブラックホールに落ちない程度に分別がある観測者がいて、その人がシュレディンガー方程式を時間をさかのぼって計算し、初期時間における波動関数を求めようとしても、波動関数の情報が欠けているためにできません。それをするためには、ブラックホール内部に入ってしまった波動関数の部分を知る必要があります。これにはそのホールに何が落ちたかの情報がふくまれていますが、非常に多量です。なぜなら、ブラックホールは非常に多数の、異なる性質をもった粒子が凝集してつくられたのですから、それらの性質すべての情報量は膨大なものです。しかし、外か

髪の毛がなくなった

ブラックホール温度

ブラックホールは、あたかも高い温度をもった熱い物体であるかのようにエネルギーを放射する。その温度(T)はブラックホールの質量によって決まっている。正確に言うと、その温度は以下の公式であたえられている。

$$T = \frac{\hbar c^3}{8\pi kGM}$$

この公式で、記号(c)は光速を表わす。

(1)はプランク定数を(G)はニュートン万有引力定数を(k)はボルツマン定数を表わす。
最後に(M)はブラックホールの質量を表わし、そのためブラックホールは小さければ小さいほどその温度は高温なのである。この公式により私たちは、太陽質量の数倍のブラックホールの温度は絶対零度で100万分の1度という極低温であることがわかる。

ら見たブラックホールの性質は、その質量と、自転の速さ（角運動量）というふたつの性質しかもっていません。何からブラックホールが形成されたかは、ブラックホールになった物質の性質にまったくよらないのです。ジョン・ウィーラーはこの結果を「ブラックホールは髪がない」と呼びました。デカルト以来の決定論を信じるフランス人にとってこれは、まったく胡散臭く、疑わしい話でしょう。

私が、決定論に疑惑を感じるようになったのは、ブラックホールが完全にはブラックではないことを発見したときからです。第二章で見たように、量子論はたとえ真空の領域の中でさえ、物質場はけっしてゼロはありえないことを示しています。もしそれらがゼロなら、物質場（粒子の場合はその位置）と、場の変化率（粒子の場合はその運動速度）が両方とも決まっていることになります。これは位置と速度の両方を同時に決めることができないとする不確定性原理に違反します。物質場は全空間で、いわゆる真空ゆらぎとよばれるある値をもたなければなりません（第二章で振り子はゼロ点ゆらぎをもたねばならないことを示しましたが、それと同じことです）。真空ゆらぎは、一見すると違ったようないろいろな方法で解釈されてきましたが、しかしそれらは実は数学的には同等です。私のような実証主義者の視点から言うなら、どんな描像であっても、それが問題としている現象を説明するのにもっとも有用ならば、どれでもいいのです。真空ゆらぎを説明するには、次のような描像がもっとも有用でしょう。時空のいたるところで仮想的な粒子のペアが突

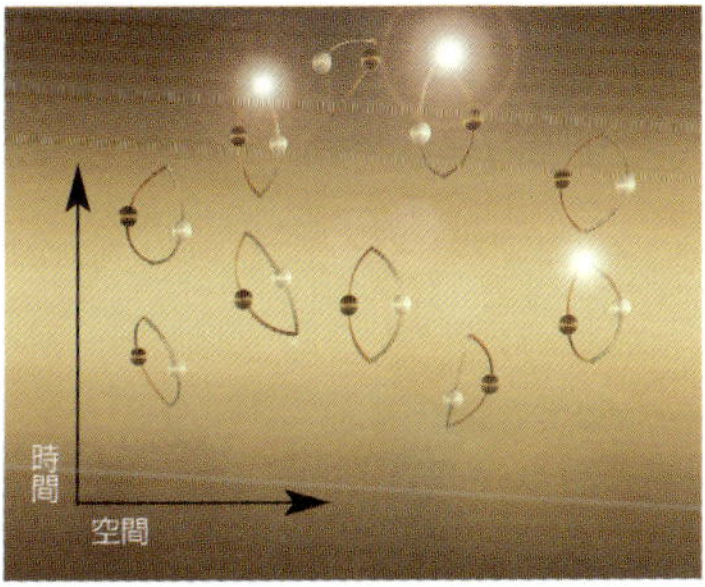

図4-17（上）
仮想粒子はブラックホールの事象の地平面の近くで出現し、また互いに合体して消滅しあう。仮想粒子のペアの片方がブラックホールに落ち、もう片方は自由に脱出する。事象の地平面の外側から見ていると、ブラックホールは脱出する粒子を放出しているかのように見える。

図4-16（右）
からっぽの空間で、粒子のペアが突然現われ、短時間のあいだ存在するが、また互いに合体して消滅する。

然生まれ、互いに少し離れるけれどもしばらくたつとペアは合体して消滅してしまう、これが真空ゆらぎです。〝仮想〟というのはこれら粒子が直接観測できないからですが、間接的な効果は測定できます。そして、理論的予測ときわめて高い精度で一致しています。（**図4-16**）

もしブラックホールが存在しているならば、片方の粒子はブラックホールに落ち、もう一方の粒子は無限遠方へ逃れる場合も生じます（**図4-17**）。ブラックホールから遠く離れた人にとっては、脱出してきた粒子はブラックホールから放射されたように見えます。ブラックホールから放出される粒子のエネルギースペクトルは高い温度をもった物体の表面から放射されるものとぴったり一致します。この温度はブラックホールの地平面での重力の強さに比例しているのです。言い換えると、ブラックホールの温度はその大きさによって決まっているのです。

太陽の数倍の質量のブラックホールの温度は絶対零度で約百万分の一度、それより大きなブラックホールはさらにそれより低い温度です。このように、普通のブラックホールの温度は、極端に低いので、ブラックホールからの量子放射は、ビッグバンの名残である二・七度宇宙背景放射（第二章）によってすっかり隠されてしまうでしょう。はるかに質量の小さなブラックホールがあると、その温度は高いので検出することは可能かもしれませんが、そのようなブラックホールはないか、あってもあまり多くはないようです。残念

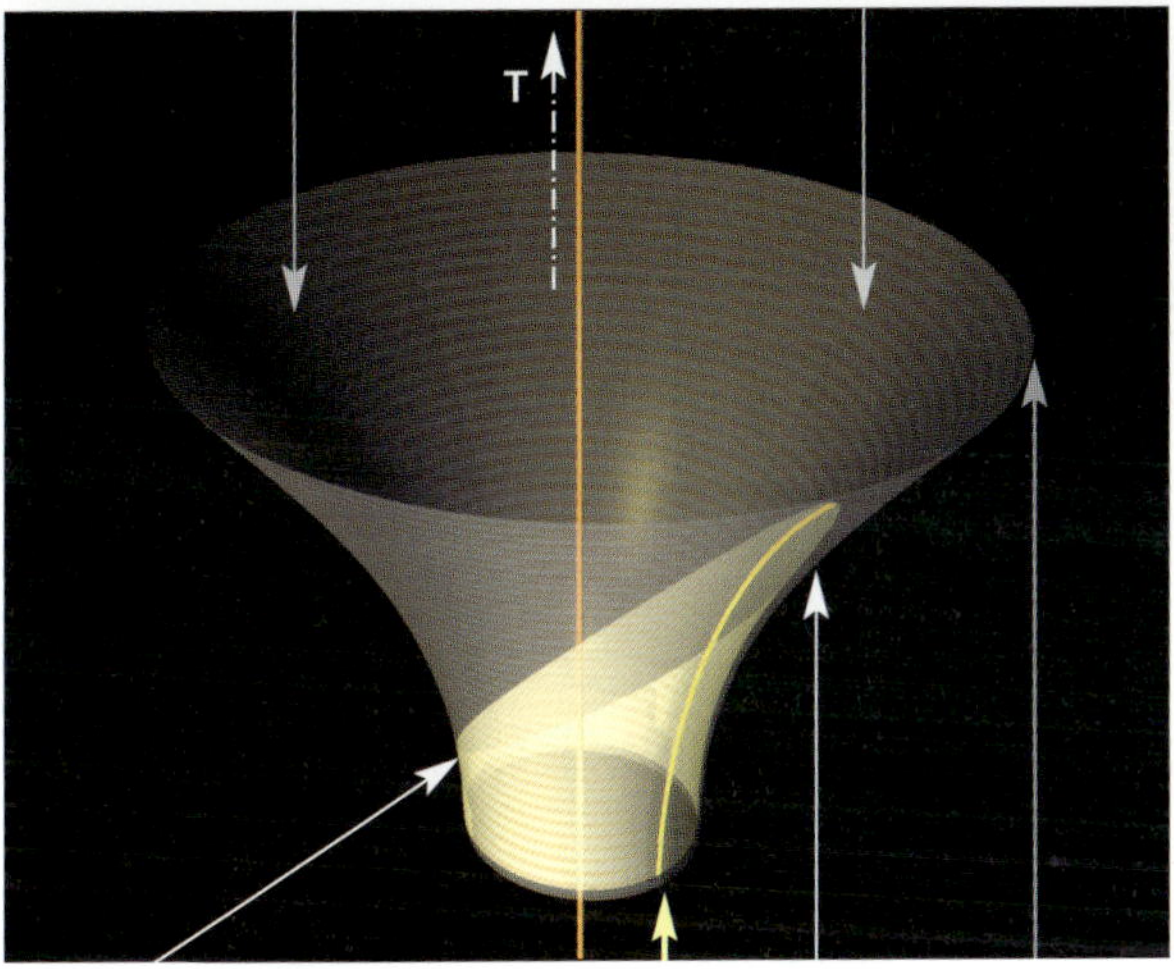

図4-18
一般相対論の場の方程式についてのドシッタ解は、インフレーション的様式で膨張する宇宙を表わしている。図において、時間は上方向き、宇宙の大きさは横方向である。空間距離はあまりにも急激に増加するため、遠くの銀河からの光はけっして我々の所までたどりつかない。そしてブラックホールの場合と同様に観測できない領域の境界面である事象の地平面が存在する。

なことです。もしひとつでも発見されれば、私はノーベル賞をもらえるでしょう。しかし、直接の観測は難しいものの、間接的ですが観測的証拠があります。その証拠は宇宙の初期から来ているのです。第三章で説明したように、宇宙のきわめて初期にインフレーションの時代がありました。つまり、宇宙は誕生まもないころ加速度的な急激な膨張をしていました。この時代での膨張はあまりにも急激だったため、多くの天体はあまりにも遠くに追いやられてしまいました。その天体からの光はまだ私たちにたどりついていません。その光が私たちに向かって進んでいるあいだに、宇宙はあまりにも大きく急激に膨張してしまったのです。したがって宇宙にはブラックホールの地平面と同じような地平面があり、そこが光が私たちに到達することのできる領域と到達することのできない領域の境界です。(図4-18)

宇宙にもブラックホールと同じように地平面があるなら、ブラックホールの地平面から熱放射があるように、宇宙の地平面からも熱放射があるべきでしょう。この放射によって、後で銀河や銀河団に成長する宇宙の密度の凸凹、密度ゆらぎの起源を説明することができます。密度ゆらぎのスペクトル、つまりゆらぎの強さや大きさの統計的な性質も予言できるのです。この放射として宇宙初期に仕込まれたこの密度ゆらぎは、宇宙の膨張と共に引き伸ばされていきます。そのゆらぎの長さのスケールが事象の地平面のサイズを越えたとき、ゆらぎは凍結されます。このゆらぎは、現在初期宇宙からの宇宙背景放射の温度のわずかな変動として観測されることになります。実際、この変動の観測は、上に述べた熱ゆらぎの予言と驚くべき正確さで一致したのです。

この予言と観測の一致は、ブラックホールが蒸発することの証拠としては確かに間接的ですが、この問題に取り組んだことのある人なら誰でも、観測的にテストされた理論と矛盾しないためには、ブラックホールは蒸発しなければならないことに同意するはずです。

ブラックホールの蒸発は決定論にとって、重要な示唆をふくんでいます。ブラックホールからの放射はエネルギーをもちさるのですから、ブラックホールは質量を失い、小さくなります。するとさらに、ブラックホールの温度は上昇し、放射の割合がどんどん速くなっていきます。最終的には、ブラックホールの質量はゼロになるでしょう。この時点で何が起きるかを計算する術を私たちは今の時点では知りませんが、もっとも自然で妥当な考えはブラックホールが完全に消滅するということでしょう。もし完全に蒸発して消えてしまうのなら、ブラックホールの内部にある波動関数の部分にそのとき何が起こるのでしょうか？　またブラックホールへ落ちた物体の波動関数がもつ情報はどうなるのでしょう？　最初に考えられる推測は、この波動関数とそれがもつ情報がブラックホールが最後に消滅したときに、現われでてくるというものでしょう。しかしあなたが電話代の請求書を受け取ったときにわかるように、情報は無償で運ばれるわけではありません。

情報を運ぶにはエネルギーが必要です。しかしブラックホールの最終段階においてはほとんどエネルギーは残されていません。ブラックホール内部の情報が脱出できる唯一のもっともらしい方法は、ブラックホールの最終段階まで待つことなく、放射と共に絶え間な

図4-19
地平面から熱放射によって正のエネルギーが流出するため、ブラックホールの質量は減少する。
質量が減少するにつれて、ブラックホールの温度は上昇し、その放射の割合は増加する。したがってブラックホールはさらに速くその質量を失う。その質量が極端に小さくなると何が起こるかは今もって理解されていない。もっともありそうだと考えられる結果はブラックホールが完全に消失することだろう。

く出ることでしょう。しかし先ほど示した、ブラックホールの蒸発のシナリオ、つまり仮想粒子の片側が脱出し、もう片方の粒子が落下するという描像では、脱出している粒子が落ちつつあるもう片方の粒子と関係をもちつづけるとは考えられませんし、とてもブラックホール内部の情報を一緒に運び去るとは考えられません。そうなると、唯一の答えは、ブラックホール内部の波動関数の部分の情報

図4-20
アインシュタイン-ポドルスキー-ローゼンの思考実験では、片方の粒子のスピンを測定した観測者はもう片方の粒子のスピンの方向も知ることになる。

は消失するというものになりそうです。（**図4-19**）

このような情報の消失は決定論にとって重要な意味があります。まず最初に、すでに前に示したことですが、たとえブラックホールの消滅後に波動関数を知ることができても、シュレディンガー方程式をもちいて時間をさかのぼってブラックホールが形成されるまえの波動関数を計算することはできません。前の状態が何であったかは、ブラックホールの内部で消失した波動関数の部分に部分的に依存します。私たちは過去は原理的に正確に知ることができるものだという考えに慣れてしまっています。しかし、もし情報がブラックホールの内部で消失するなら、この考えは正しくありません。何が起きていたとしてもおかしくないのです。

しかし一般に、占星術師やそういった類の人に相談するような人々は、過去を知ることより未来

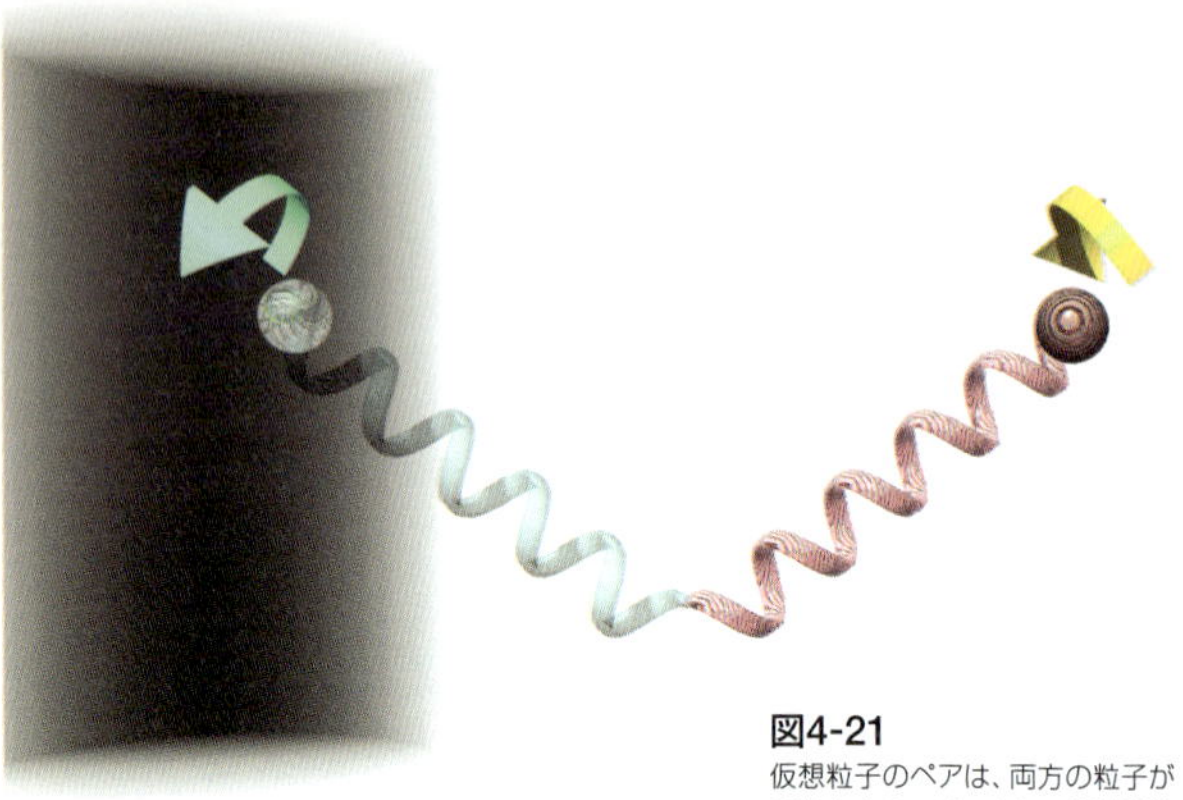

図4-21
仮想粒子のペアは、両方の粒子が反対方向のスピンをもつ波動関数をもっている。しかし、もし片方の粒子がブラックホールへ落ちたなら、残ったほうの粒子のスピンを確実に予測することは不可能である。

を予測することに興味をもっています。一見したところ、ブラックホールの消滅により波動関数の一部が消失したとしても、私たちがブラックホールの外部での波動関数を予測することの障害にはなっていないように思われます。しかしアインシュタインとボリス・ポドルスキーとネイサン・ローゼンにより一九三〇年代に提唱された思考実験からわかるように、この消失は確かにこの予測に関係していることがわかります。

放射性原子が崩壊し、ふたつの粒子が反対方向に反対のスピンをもって飛んでいったと想定してください。ひとつの粒子だけを見ている観測者は、それが右スピンなのか左スピンなのかを予測することはできません。しかし、もしこの観測者がそれが右スピンをもっていると測ったとすると、確信をもってもう片方の粒子は左スピンをもっていると予測することができます。逆もまた同様です（図4-20）。アインシュタインは、このことが量子論はばかげた予言をするものだということの証明になっていると考えたのです。つまり、片方の粒子が今、銀河の反対側にまで飛んでいってしまっていたとしても、瞬時にその粒子がどちらにスピンしているかを知ることができることになってしまうからです。つまり光より速く情報が伝わることになるからです。しかし、ほとんどの科学者のあいだでは、量子論が混乱しているのではなく、混乱しているのはアインシュタインだということで、意見は一致していました。アインシュタイン-ポドルスキー-ローゼン思考実験は光より速く情報を送れることを示したわけではありません。それはばかげたことです。観測者は、右スピンしている粒子を選び出すことはできません。したがって遠くの観測者の測定する粒子が左スピンしているべきだと定めることもできないのです。

事実、この思考実験はまさにブラックホール放射で起こることです。仮想粒子のペアは互いに反対のスピンであることを示す波動関数をもっています（図4-21）。ここで私たちのしたいことは、ブラックホールから蒸発で出てくる粒子のスピンと波動関数を予測することですが、これはブラックホールへ落ちていく粒子の観測ができれば確かに可能です。しかし、その粒子は今やブラックホールの内部にあり、まったくそのスピンや波動関数を外から測定できません。このため放出される粒子のスピンや波動関数を予測することは不可能です。それはさまざまな確率で異なるスピンと異なる波動関数をもつわけで、きまったひとつのスピンや波動関数をもつことはありません。したがって、未来を予測する力はさらに弱められたのです。粒子の位置と速度を両方予測できるとするラプラスの古典的考えは、位置と速度の両方を正確には測定することができないことを不確定性原理が示した時点で、変更されなければなりませんでした。しかし、波動関数を測定してこれを初期条件としてシュレディンガー方程式を解き、未来はどうなっているかを予測することができました。位置と速度は独立には予測できないものの、これによって位置と速度の組み合わせとして予測することができます（ラプラスの考えで予想される予測の半分の正確さで）。粒子が反対のスピンをもつことは確かに予言できますが、片方がブラックホールに落ちたならば残ったほうの粒子については確実な予測を立てることができなくなります。つまりブラックホール外においても確実に予測できる測定値などないのです。つまり、明確な予測を立てる私たちの能力はゼロまで減少するでしょう。このような状況を考えると、未来を予測する点において占星術は科学法則ほど悪くないかもしれません。

多くの物理学者はこの決定論に対する制約を好まず、内部にある情報はどうにかすればブラックホールから抜け出すことができるのではないかと主張しました。長いあいだ、ブラックホールに落ちた情報を救い出すなんらかの方法が見つかるだろうという希望は、いわば信仰のようなものでした。ところが一九九六年にアンドリュー・ストロミンガーとキュムラン・バッハが重要な進歩を成しとげました。彼らはブラックホールを、p-ブレーンと呼ばれる、いわばビルの多くのブロックで造られているものと見なす方法を考えだしました。

p-ブレーンについての考えかたのひとつとして、三次元の時空を通り抜け、また私たちの気づいていない別の七次元空間を通り抜けるシートのようなものであると見なせることを思い出してください（**図4-22**）。ある場合については、p-ブレーンでの波の数はブラックホールがふくんでいると考えられている情報量と同じであることを示すことができます。粒子がp-ブレーンにぶつかると、ブレーンでさらにあらたな波を励起します。同様に、p-ブレーン上で異なる方向に進んでいる波が同じ点に集まるなら、非常に高いピークを造りだすことができます。その結果p-ブレーンの一部が壊れて粒子として離れていきます。したがって、p-ブレーンはブラックホールのように粒子を吸収したり、放出したりすることができるのです。（**図4-23**）

したがって、p-ブレーンをひとつの有効理論として見なすことができます。つまり、実際に小さなシートがたいらな時空内を動いていると考える必要はないものの、ブラックホールはこのようなシートでつくりあげられているかのように振るまうのです。これは、複雑な相互関係をもつ何十億ものH_2O分子から成り立っている水に似ています。水がH_2O

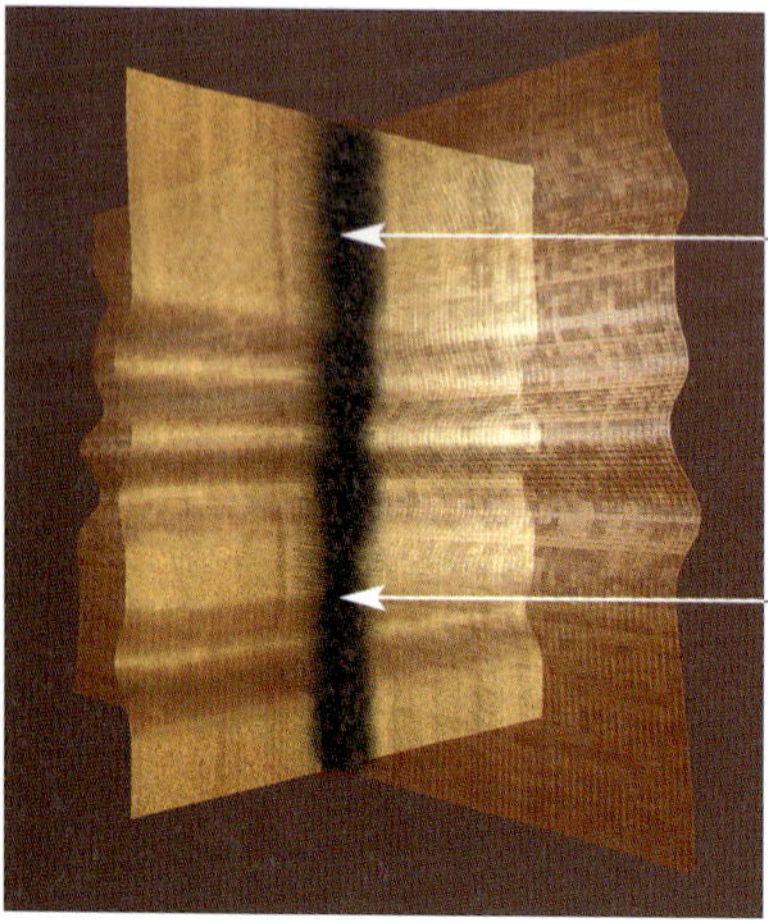

図4-22
ブラックホールは大きな次元をもつ時空でのp-ブレーンの交差として考えることができる。ブラックホールの内部状態についての情報は波としてp-ブレーンに納められる。

分子の凝集したものと知らなくても、なめらかな流体というモデルは非常に有効なモデルなのです。p-ブレーンで成り立っているとするブラックホールの数学的モデルは、前述された仮想粒子のペアの考えかたと似た結果になります。つまり実証主義者の視点から見ると、少なくともある種のブラックホールにおいては両方とも適したモデルなのです。この種のブラックホールについては、p-ブレーンモデルは仮想粒子のペアモデルが予測するものとまったく同じ放出率を予測するのです。しかしひとつ大きな違いがあります。p-ブレーンモデルにおいて、ブラックホールに何が落ちたかの情報はp-ブレーンの波に関する波動関

(1) (2)

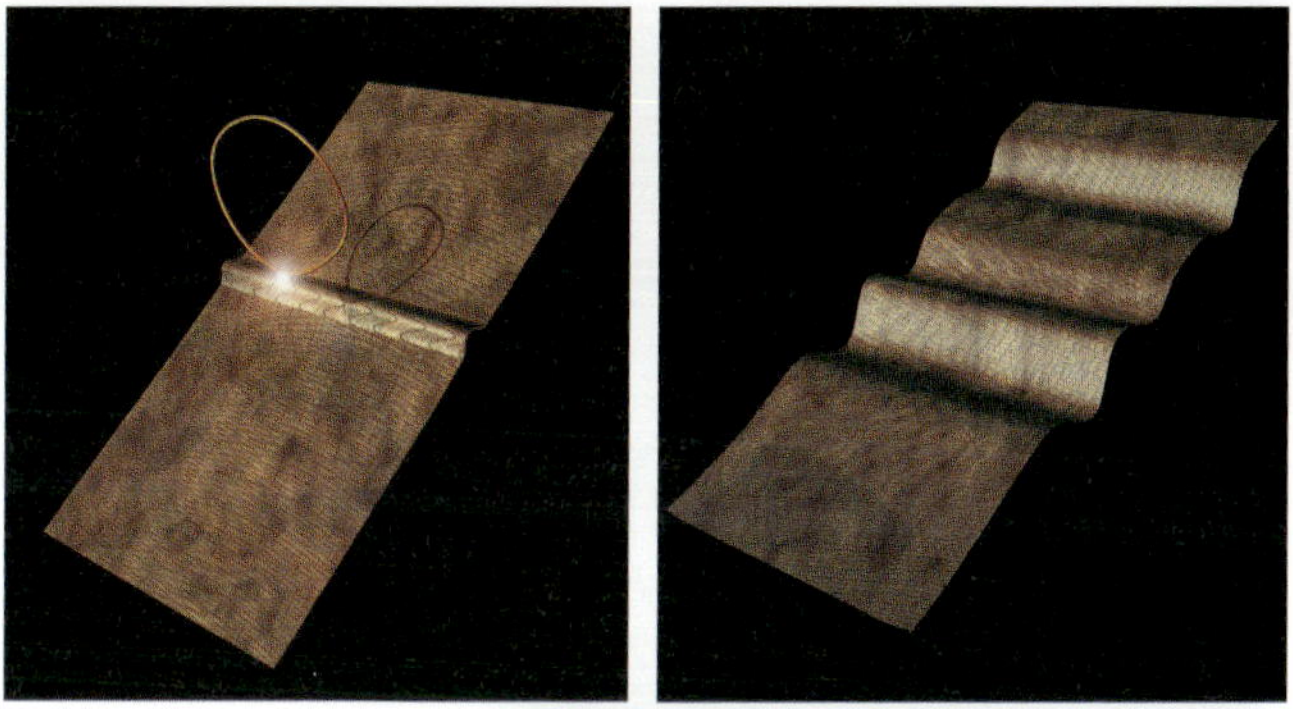

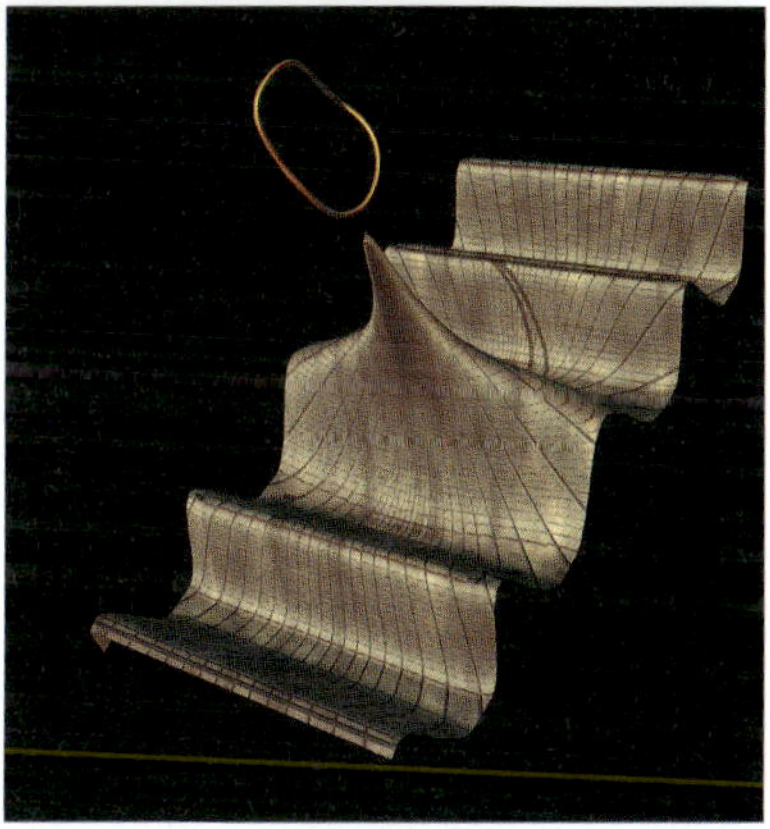

(3)

図4-23
ブラックホールへ落ちつつある粒子は、p-ブレーンにぶつかる閉じたひもとして考えることができる(1)。それがp-ブレーンに波を立たせる(2)。波が集まって、p-ブレーンの一部を閉じたループとして離脱させる(3)。これがブラックホールによって放出される粒子である。

数に書き込まれます。p-ブレーンは平坦な時空内のシートとみなされ、そのため時間はなめらかに前方に流れ、光線の経路は曲がっておらず、波の情報は失われることはありません。かわりにその情報は、ブラックホールのp-ブレーンからの放射で最終的に現われるでしょう。したがって、p-ブレーンモデルに従うと、後の波動関数がどのようであるかを計算するためにシュレディンガー方程式を使用することができます。失われるものは何もな

く、時間もなめらかに進むでしょう。量子論的決定論の立場からすると完全な決定論を得ることになります。

とすると、これらの考えのうちどれが正しいのでしょうか？　波動関数の一部がブラックホールへ失われるのか、それともp-ブレーンモデルが主張するようにすべての情報がふたたび抜け出してくるのでしょうか？　今日の理論物理学において、これはもっとも興味をもたれている課題のひとつです。多くの人は、最近の研究では情報が失われることを示していると信じています。世界は安全で予測できるものであり、予想外のことは起きないと信じたいのですが、しかしそれが明白ではありません。アインシュタインの一般相対論に基づいて厳密に考えると、時空は自身に結び目をつくり、情報はそのしわ構造で、つまりブラックホールで失われる可能性があることを考慮に入れなければならなくなります。宇宙船エンタープライズ号がワームホールへ入ったとき、何か予想だにしなかったことが生じました。私はそれを知ってます。なぜなら私もそれに乗っていたのですから。ニュートンとアインシュタインと一緒にポーカーをしていたのです！　そのとき非常に驚きました。私のひざのところで起きたことをとにかく見てください。マリリン・モンローがいるじゃないですか！

第5章｜過去を守る

時間旅行は可能なのでしょうか?
高度な文明では、過去に戻って
歴史を変えることができるのでしょうか?

スティーヴン・ホーキング（この問題について一般性を要求しなかったために以前の賭けに負けた）は、裸の特異点は異端であり、古典物理学法則によって禁止されるべきだと、いまだにかたく信じている。またジョン・プレスキルとキップ・ソーン（以前の賭けに勝った）は裸の特異点は、地平面によって覆われて隠されることなく全宇宙から見えるように存在している、量子重力的物体と見なしている。

よってホーキングは、下記の賭けを申し出て、プレスキルとソーンはこれを受け入れた。

平坦な時空において、特異点になれない古典的な物体や場がどんな形にせよ、古典的アインシュタイン方程式によって一般相対論と結びつけられているとき、一般的初期状態からの動力学的進化（すなわち初期データの開集合から）はけっして裸の特異点（I^+からの過去の不完全ヌル測地線）を生み出すことはない。敗者は勝者の裸身を覆うための衣服を贈ることとする。

衣服には適切な、心のこもったメッセージが刺繍されていなければならない。

John P. Preskill　Kip S. Thorne

スティーヴン・ホーキング、ジョン・プレスキル＆キップ・ソーン

1997年2月5日カリフォルニア州パサデナ

キップ・ソーン

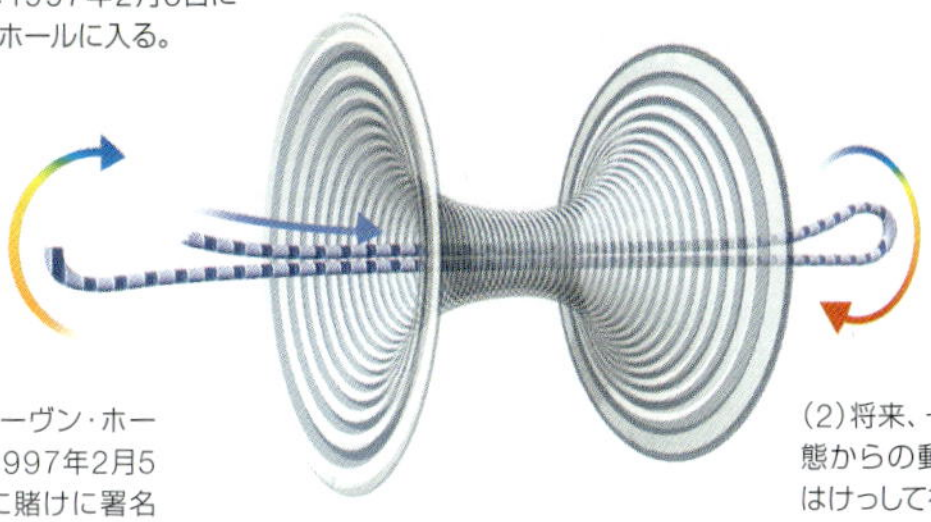
(1)スティーヴン・ホーキングは1997年2月6日にワームホールに入る。
(2)将来、一般的初期状態からの動力学的進化はけっして裸の特異点を生み出すことがないというのが立証されるだろう。
(3)スティーヴン・ホーキングは1997年2月5日に確かに賭けに署名する。

私の友人であり研究仲間でもあるキップ・ソーンとは、これまで何度も賭けをしたこともある親しい間柄ですが（右の賭け書をご覧ください）、彼は、皆がそうだからといって、物理学上の考えを無批判に受け入れるような人物ではありません。多くの科学者は時間旅行、つまりタイムトラベルなどできるはずがないと決めこみ、きちんと考えることをしてきませんでしたが、彼は勇気をもって物理学的に可能かどうか初めて真剣に考えたのです。

時間旅行についてあれこれ考え、それを発表する

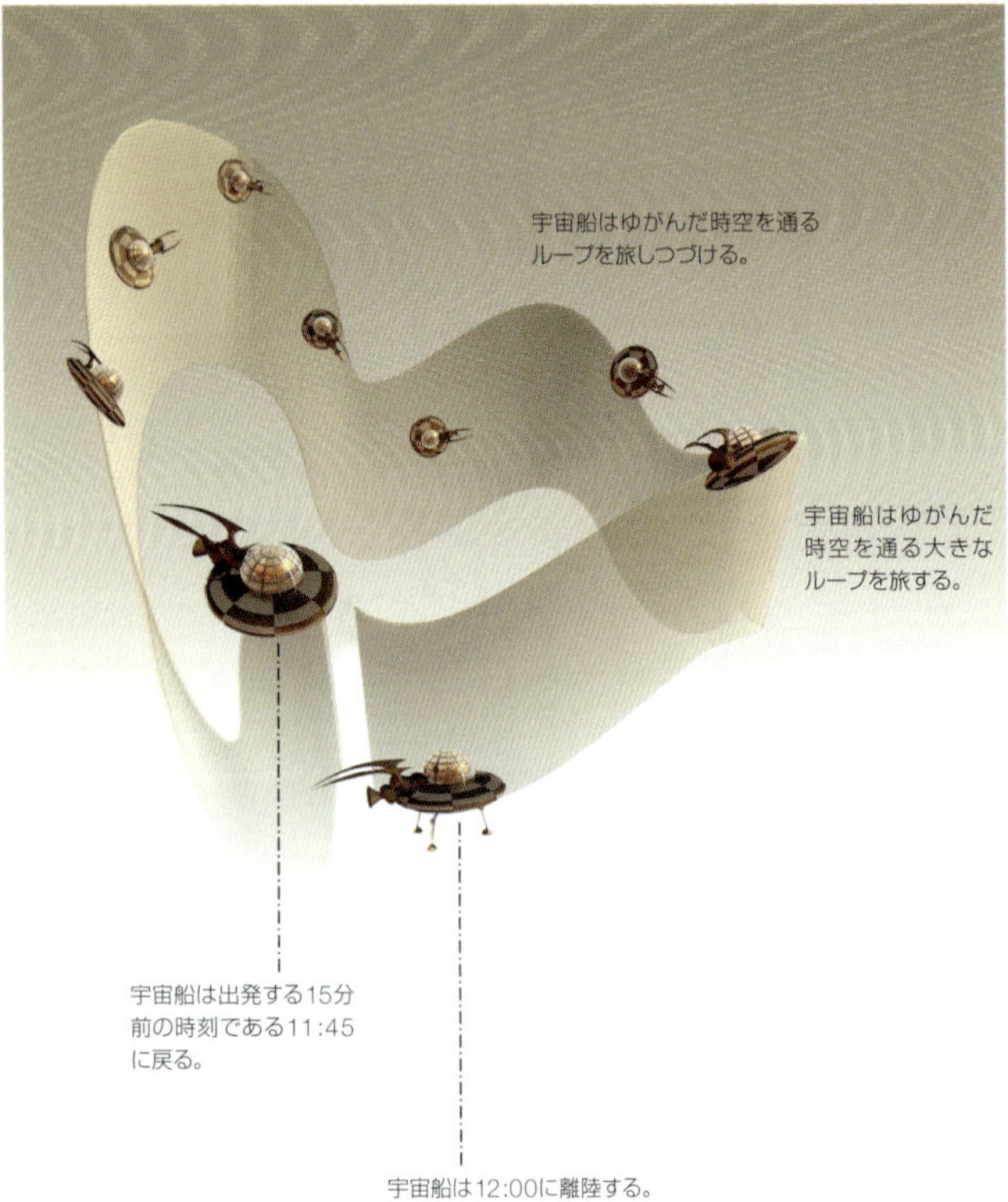
宇宙船はゆがんだ時空を通る
ループを旅しつづける。
宇宙船はゆがんだ
時空を通る大きな
ループを旅する。
宇宙船は出発する15分
前の時刻である11:45
に戻る。
宇宙船は12:00に離陸する。

図5-1

とやっかいなことになります。公共のお金をあまりにもばかげた研究に浪費しているという厳しい抗議を受けたり、軍事研究として機密扱いにするべきだという要求を受けたりします。それではいったい、どうやってタイムマシンをもっている人から自分自身を守ることができるのでしょうか？　彼らは歴史を変えて、世界を支配するかもしれないのです！　物理学者の世界で、このようなテーマに取り組むのは政治的にまったく得策ではありません。無鉄砲にこんなテーマに取り組むのは物理学者のほんの一部だけです。私たちは時間旅行を表わす暗号である専門用語を使うことで、事実を隠しています。

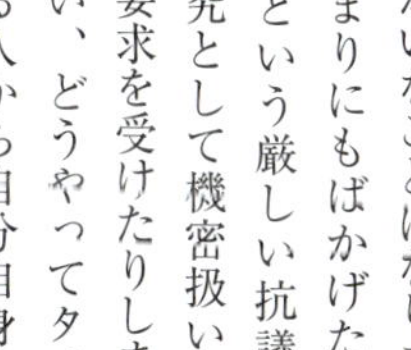

　現代のすべての時間旅行に関する議論の基礎は、アインシュタインの一般相対論です。前述の章で見てきたように、アインシュタイン方程式は、宇宙内

の物質とエネルギーによっていかに空間と時間が曲げられ、ゆがめられたかを描写し、それによって時間や空間を動的なものにしました。一般相対論においても、腕時計で測られるある人の個人的時間は常に増加しており、ニュートンの理論や特殊相対論のたいらな時空の場合と同じです。しかし時空があまりにもゆがめられたりしていると、宇宙船で宇宙旅行に出発、出発するまえの時刻に戻ってくるという可能性が、今やあるのです。（**図5-1**）

過去に戻るためには、ワームホールが存在しなければなりません。これは第四章で説明したように、空間と時間の異なる領域を結びつける時空のチューブと言えるでしょう。この考えかたでは、宇宙船の舵《かじ》を取ってワームホールの片方の口から入ると、異なる場所で異なる時間である、もう片方の口から出てくるのです。（**図5-2**）

ワームホールが存在するならば、空間内でのスピードの限界という問題の解決となるかもしれません。相対論に従うと、光より遅い速さで運行する宇宙船で銀河を横

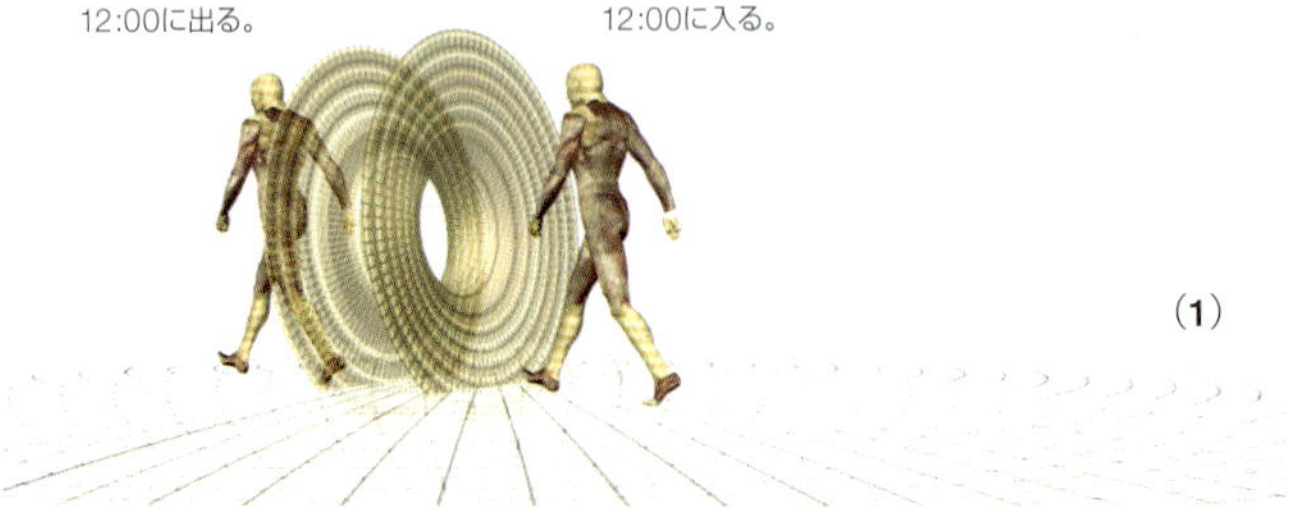

（1）

図5-2
双子パラドックスのふたつめのバリエーション

(1)もし両端が非常に近くにあるワームホールがあるなら、同時にそのワームホールに入ってそして出ることができるだろう。
(2)ワームホールの片方の端は地球に残し、ワームホールのもう片方の端を宇宙船に乗せて長い旅行をするとしよう。
(3)双子パラドックスの効果のため、宇宙船が戻ると、その内部にあるワームホールの片方の端では、地球に残ったもう片方の端より時間が経過していない。これはつまり、地球のほうの端に踏み込むと、以前の時間に宇宙船のもう片方の端から出てくることができると意味する。

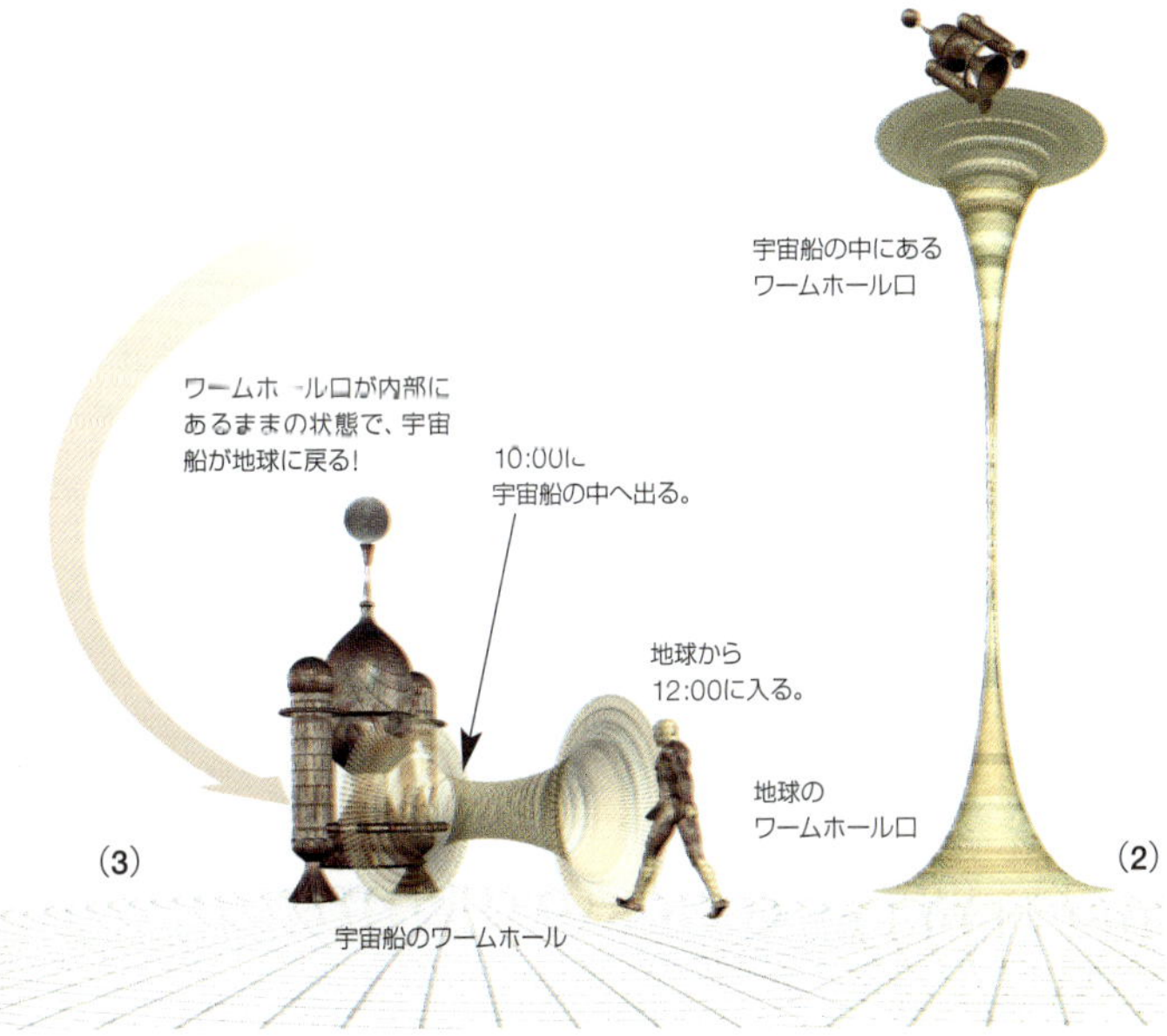

図5-3
ワームホールに撃ち込まれ、以前の時間へ0と飛んだ弾丸は、その弾丸を撃った人に影響を及ぼすだろうか？

宇宙ひも

宇宙ひもは長く、宇宙の初期段階で造られるかもしれない細い、しかし重いひも状の物体である。

一度宇宙ひもが形成されると、宇宙の膨張によってさらに引き伸ばされる。そして今では一本の宇宙ひもが、我々が観測できる宇宙の全領域を横断しているかもしれない。

宇宙ひもの発生は、素粒子の最近の理論によって主張されている。この理論は宇宙のまだ熱い初期状態において物質は対称な位相であったことを示唆している。この対称な状態は離散的構造をもつ氷の結晶とは異なり、すべての方向、すべての位置で同じ状態にある液体にたとえることができる。宇宙がさめたとき、初期位相の対称性は遠くの領域で異なった形式で壊されてきた。その結果宇宙物質は、領域ごとに異なる基底状態で安定するようになった。宇宙ひもは、このような領域のあいだの境の物質から構成されている。したがってこれらの構造は、異なる領域では基底状態が一致しないために不可避的に造られてしまうのである。


断するには、何万年もかかるでしょう。しかしワームホールを通り抜けて銀河のもう片方の端まで行けば、夕食にまにあうよう戻ってこられるかもしれません。ですが、ワームホールが存在するなら、それを使って出発の前にさえ戻ってこられると言うことができます。ですから、ロケットで出発した後に、自分自身の出発を邪魔するために過去に戻り、発射台にあるロケットを爆発させるようなこともできます。これは〝祖父のパラドックス〟の変化したものです。過去に戻ってお祖母さんと結婚するまえのお

祖父さんを殺したらどうなるでしょう？（図5-3）

もちろんこのパラドックスは、過去に戻ったとき、自分の望みどおりにできるという自由意思があると信じている場合にのみ成り立ちます。この本は自由意思についての哲学的な議論には深入りしません。そのかわりに、宇宙船といった巨視的物体が過去に戻れるほど時空がゆがめられることを物理法則が認めるかどうかに的をしぼります。アインシュタインの理論によると、宇宙船は通行しているその場所での光速より遅いスピードでしか飛べませんし、時空上のいわゆる時間的経路にしたがって移動します。専門用語の形で疑問を明確に表わすことにしましょう。時空は閉じた時間的曲線、つまり何度も始めの点に戻ってきてしまう曲線をみとめるのでしょうか？　このような経路を時間ループと呼ぶことにしましょう。

この疑問に答えるには三つのレベルを経なければなりません。第一レベルはアインシュタインの一般相対論であり、宇宙はなんら不確定性のない、きちんと定義された歴史をもっていると想定するものです。この古典理論のおかげで、私たちは時間発展について曖昧さのない完全な描像をもつことができるのです。しかし何度も紹介してきたように、この理論は完全には正しくはありません。なぜなら物質が不確定性と量子ゆらぎをまぬがれないことが観測的にもわかっているからです。

したがって時間旅行について、半古典的理論での第二レベルの疑問を発することができ

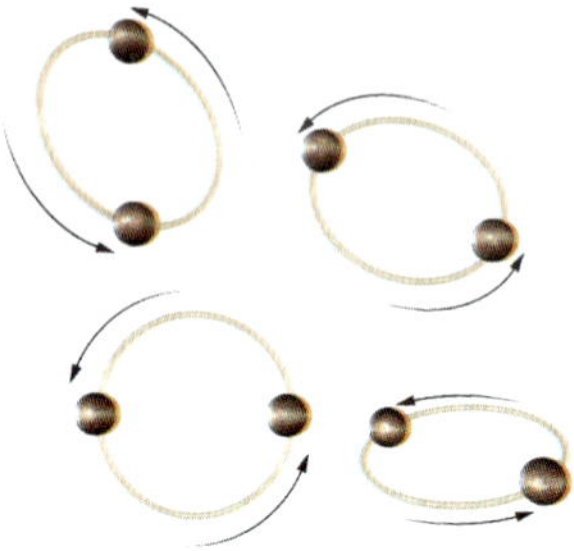

図5-4
時空は、出発点に何度も戻ってくるような閉じた時間的ループの存在を許すのだろうか？

ゲーデルの不完全性定理

1931年に数学者クルト・ゲーデルは数学の本質にかかわる有名な不完全性定理を証明した。この定理によれば、現代数学のような、どんな公理体系でも、その体系を定義する公理を基礎としては、命題はけっして立証されることもなければ否定されることもないのである。言い換えると、ゲーデルはいかなる規則や手順の一式をもってしても解くことのできない問題が存在することを示したのである。
ゲーデルの定理は数学での根本的限界を決めた。それは科学者たちに大きな衝撃をあたえた。なぜなら、それは数学は論理的であり、また理路整然とした土台に基づいた完全な系だという広範囲にわたる信念を覆したからだ。ゲーデルの定理、ハイゼンベルグの不確定性原理、そして決定論的システムであるにもかかわらず時間発展がカオス的になり、実質的に予言ができなくなるという不可能性は、20世紀の半ばになってようやく理解されてきた科学的知識の限界の核心を形成している。

ます。このレベルでは、物質は不確定性と量子ゆらぎという量子論にしたがって振るまうと考えられますが、時空は完全に定義されていて古典的です。歴史についての描象は完全ではありませんが、しかし、少なくともどのように取り組んでいくべきかという考えの道筋はわかります。

最後の第三レベルは未完成な理論で、中身も曖昧ですが、完全な量子重力理論で取り扱うべき最終レベルです。この理論では、物質だけでなく時間と空間自身もまた不確定性とゆらぎをもち、時間旅行が可能かどうかという疑問に対してどのように取り組むべきかさえ明確ではありません。おそらく私たちのできる最善の方法は、不確定性原理を考慮する必要のない、ほとんど古典的時空領域にいる人が見たことや体験することをどのように解釈するのか調べることでしょう。強力な重力と大きな量子ゆらぎのある領域で時間旅行は可能と考えるのでしょうか。

まず初めに古典理論で考えましょう。特殊相対論（重力を考えに入れていない相対論）における平坦な時空では、時空が曲がることすら取り扱うことができないのですから、時間旅行はもちろん許されません。クルト・ゲーデルのゲーデル理論は、アインシュタインにとって大きな衝撃でした。ゲーデルは宇宙を満たしている物質が回転しているような宇宙の時空構造を研究し、時間ループをもつ構造になっていることを発見したのです。（図5-4）

ゲーデルの解では、存在するかしないかわからない宇宙定数が必要でした。しかし後に、

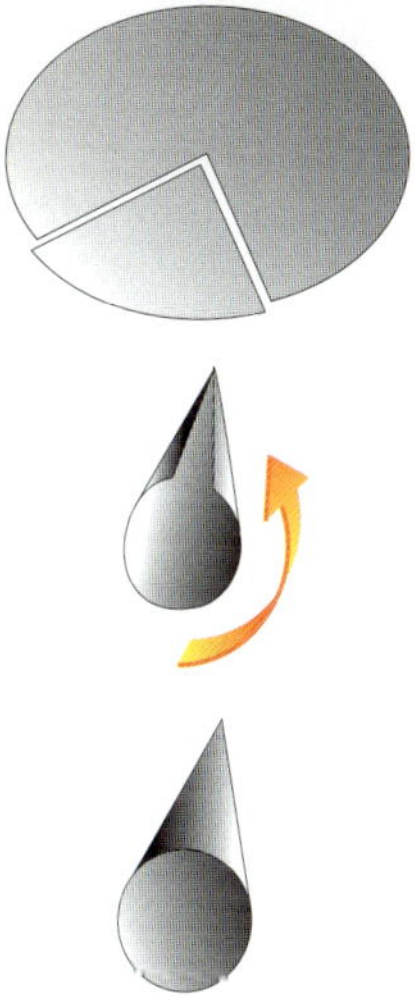

図5-5

宇宙定数を仮定しなくても、時間ループをふくむ他の解が発見されました。とくに興味深いのは、ふたつの宇宙ひもが互いに高速で動く場合です。

宇宙ひもは、前に紹介したひも理論の〝ひも〟と混同してはなりません。まったく無関係と言うわけではありませんが別物です。宇宙ひもは長さをもつ物体ですが、その断面はごく小さいものです。宇宙ひもの存在は、素粒子のいくつかの理論で予言されています。宇宙ひもの周りの時空は平坦です。しかしそれは、ひもの場所に端があるクサビ型の時空が切り取られたような時空で、時空そのものが平坦なのです。つまり円錐のようなものです。紙で大きな円を造り、ピザからスライスを切り出すように、その円からクサビ状の部分を切り出すのです。切り取った紙片は捨て、残ったほうの紙の端を糊でくっつけると、円錐ができあがります。これは宇宙ひもが存在する時空を表わしています。(図5-5)

円錐の表面は最初に円のシートを造ったときの紙そのもの(クサビを除いて)なのですから、頂点をのぞくと〝平坦〟であることに注意してください。円錐の頂点にひずみがあることがわかるでしょう。頂点の周りの円の円周の長さは、元の紙の円の中心から同じ距離に書かれた円の円周よりも短くなっています。言い換えると、頂点の周りの円周は、平坦な空間での同じ半径から予想される円周より、断片的に切り取られている部分があるため短くなっているのです。(図5-6)

同様に、宇宙ひもの場合でも平坦な時空から切り除かれたクサビは、ひも周辺の円周を

図5-6

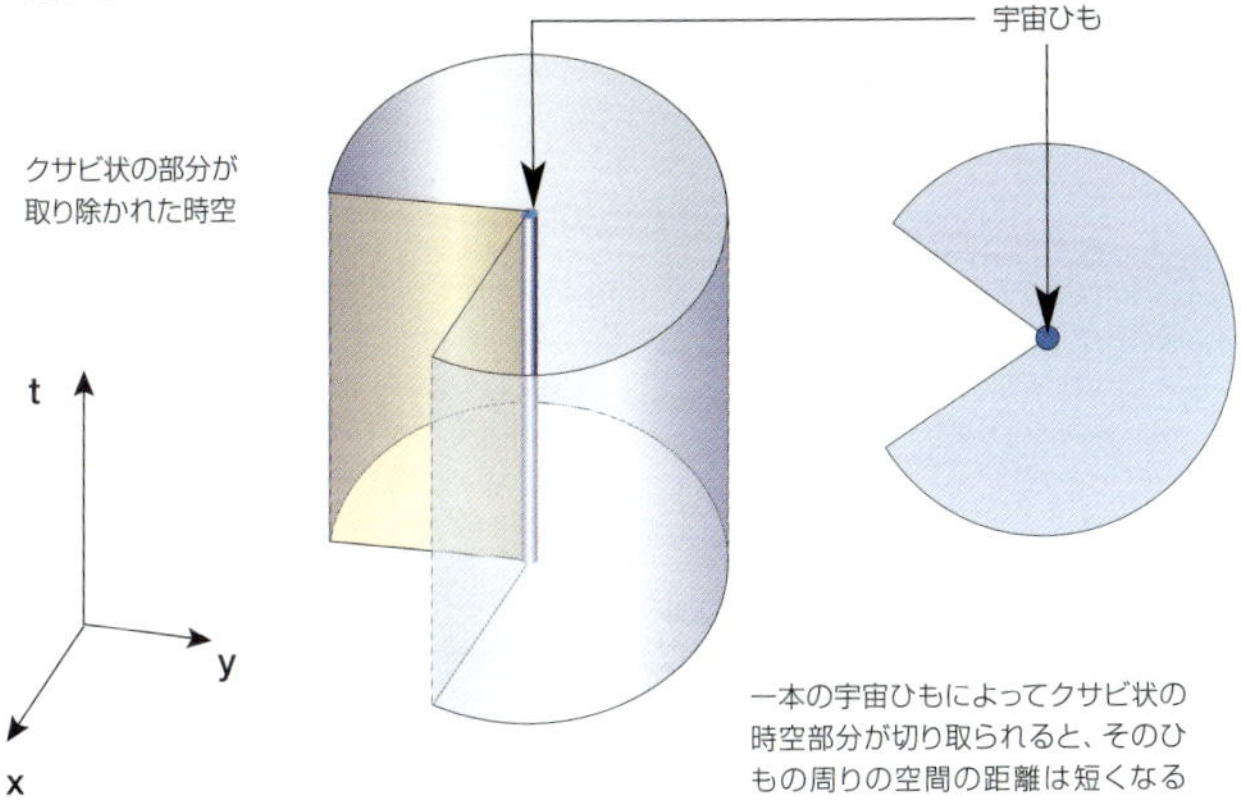

一本の宇宙ひもによってクサビ状の時空部分が切り取られると、そのひもの周りの空間の距離は短くなるが、時間は影響を受けない。

図5-7

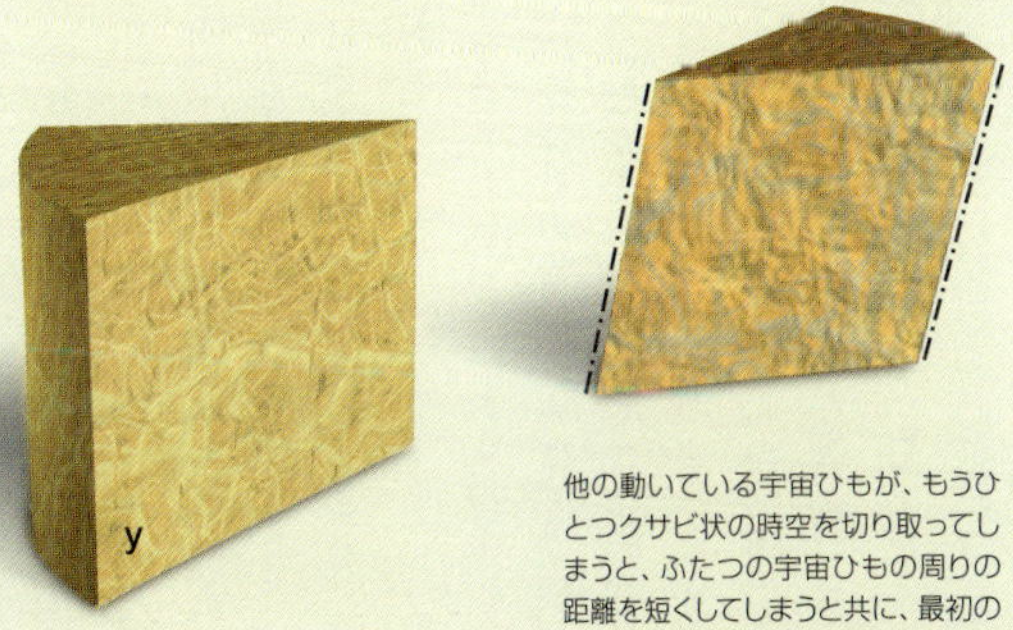

他の動いている宇宙ひもが、もうひとつクサビ状の時空を切り取ってしまうと、ふたつの宇宙ひもの周りの距離を短くしてしまうと共に、最初の宇宙ひもの周りの時間も短くする。

短くしますが、ひもにそった時間や距離に影響はあたえません。つまり一本の宇宙ひも周辺の時空は時間ループをもっておらず、よって過去へ旅することも不可能です。しかし、一本目のひもに対して相対的に運動している二本目の宇宙ひもが存在するなら、その二本目の宇宙ひもの時間軸は一本目の時間と空間とが混じった方向となります。よって二本目のひもによって切り取られたクサビは、一本目のひもと共に移動する人から見ると、空間と時間の間隔距離両方を短くすることになります（図5-7）。二本の宇宙ひもが相対的に光速に近い速さで移動していると、両方のひも周辺の時間はとても〝節約〟されることになり、結果として出発前の時刻に戻ることができるようになるのです。言い換えると、過去へ旅することを可能とする時間ループが存在することになるのです。

宇宙ひもの時空は、正のエネルギー密度をもち、また私たちの知っている物理学に従う普通の物質によって造られています。ところが時間ループを造りだすゆがみは、空間的無限遠方へとずっと広がっており、無限の過去へ戻ることになります。よってこの時空は自身の時間旅行によって造られたということになります。私たちの宇宙がこのようなゆがんだ構造として造りだされたと信じる理由もありませんし、この時空が私たちの宇宙の時空なら、未来からの訪問者がたくさんやってきてもよいはずですが、そういう信頼できる証拠もありません（本当は未来からＵＦＯが来ていて、政府がそれを隠しているのだという隠蔽説がありますが、私はまったく信用していません。そういった記録の隠蔽はできるも

図5-8　**有限の大きさで生成された時間旅行地平面**

非常に発展した文明でも、有限の大きさの領域内でしか時空をゆがめることはできないだろう。過去への旅行が可能である時空の周りの境界である時間旅行地平面は、有限領域から現われる光線によって形成されるだろう。

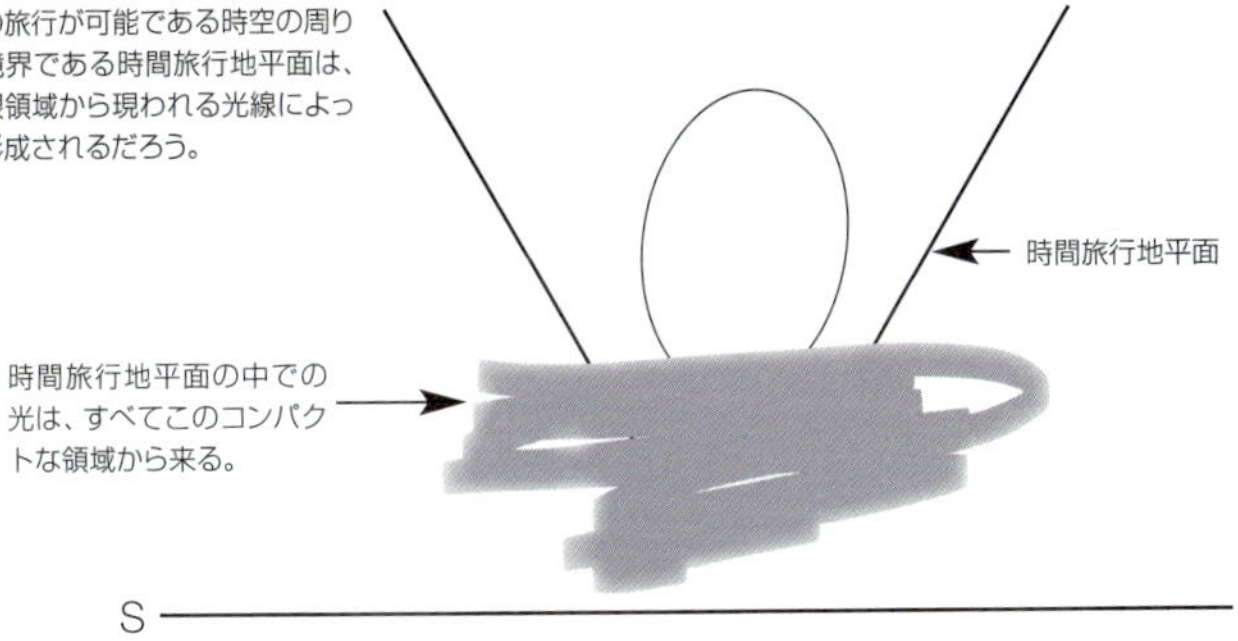
時間旅行地平面
時間旅行地平面の中での光は、すべてこのコンパクトな領域から来る。
S

のではありません)。私はそういうことで、遠い過去、もう少し正確に言うと私がSと呼ぶことにしているある時空上の面での過去には時間ループなど存在しないと想定します。そこで「高度な文明ではタイムマシンを造ることができるのだろうか?」という問題を考えてみましょう。すなわち、高度な文明をもつ未来人は、時空を未来のS(上図において面Sの上)へと変えることができ、その結果、時間ループが有限な領域内に現われるのでしょうか? 私が有限領域というのは、文明がいかに進歩しても、おそらく宇宙の限られた場所のみしか制御できないだろうからです。

　科学では問題に対して正しい定式を見つけることが、しばしば解決の鍵となります。これがまさにいい例なのです。有限のタイムマ

問題は
「なんらかの高度な文明ではタイムマシンを造ることができるのだろうか?」
ということである。

シンの意味することを定義するために、私は昔のある研究に立ちかえり考えました。時間旅行は時間ループのある時空領域では可能です。この時間ループは光速よりは遅く動く経路ですが、それにもかかわらず、時空のゆがみのおかげで出発した場所と時間になんとか戻ることができるのです。私は遠い昔には時間ループは存在しなかったと想定しているため、私が〝時間旅行の地平面〟と呼ぶものがなければならないのです。この〝地平面〟は時間ループのある領域と無い領域を分けへだてる境界です。（図5-8）

時間旅行地平面はブラックホールの地平面にむしろ似ています。ブラックホールの地平面はブラックホールへ落ちてしまった光線によって形成されているのですが、時間旅行地平面は自分自身に出くわす境界にある光線で形成されています。それから私は、有限に生成された地平面、すなわち有界領域から現われる光線のみから形成された地平面をタイムマシンの判定基準としてもちいます。つまり、それら光線は無限や特異点から来るわけではなく、私たちの発展した文明がいずれ創造するであろう時間ループをふくむ有限領域から生ずるのです。

　この定義をタイムマシンの定義として採用する際に、ロジャー・ペンローズと私が特異点とブラックホールを研究するために開発した方法を利用できるという利点があります。アインシュタイン方程式を使わないでも、一般的に有限に生成された地平面が、実際に自分自身と出くわす光線（つまりこの光線は何度も何度も同じ点に戻ってきます）をふくむことを示すことができます。光が来るたびにその光はより青方偏移し、結果としてその像はより青くなります。光のパルスのピーク同士は互いに近づき、光はより短い時間間隔で回るでしょう。事実、たとえ光の粒子が有限領域を飛び回って曲率の特異点にぶつからないとしても、それ自身の系での時間において有限の歴史しかもっていません。

　もちろん光の粒子が有限時間で自分の歴史を終えても、気にかけることはありません。しかしまた私は、有限の存続期間しかない光の速さよりは遅く動く経路が存在することを証明することができます。これは地平面の前の有限領域でトラップされた観測者の歴史でしょう。この観測者はどんどん回るにつれ、速度はどんどん速くなり有限の時間で速度は光速に達するでしょう。もし空飛ぶ円盤にのった美しいエイリアンが、彼女のタイムマシンにあなたを招待したなら、気をつけてください。有限の存続期間しかない歴史がただ繰

図5-9 時間旅行の危険

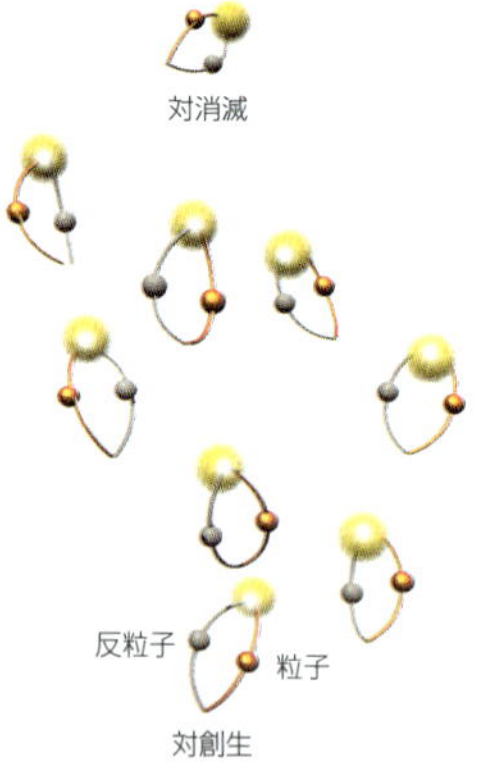

図5-10
ブラックホールが放射して質量を失うという予言は、量子論は負のエネルギーを地平面を横切ってブラックホールへ流れ込ませていることを示唆している。ブラックホールが収縮するためには、地平面でのエネルギー密度は負でなければならない。これはタイムマシンを造るのに必要とされる条件を示唆している。

り返すだけの時空に落っこちるかもしれないのです。（図5-9）

この結果はアインシュタイン方程式に依存しませんが、有限領域において時間ループを生み出すための時空のゆがみかたには依存するでしょう。さて、次に高度の文明をもった未来人に、有限サイズのタイムマシンを造るために時空を曲げるにはどのような物質をもちいなければならないか尋ねることにしましょう。前述した宇宙ひも時空のように、いたるところ正のエネルギー密度の物質でタイムマシンは造れるのでしょうか？　宇宙ひもの時空は、有限領域で時間ループが出現するという私の要求を満たしませんでした。しかし、これは宇宙ひもが単に無限に長いためだと考えることができます。そして宇宙ひもの有限のループを使うことで有限のタイムマシンを造り、いたるところで正エネルギー密度を得ることができると想像するかもしれません。過去に戻りたいと願っているキップ・ソーン

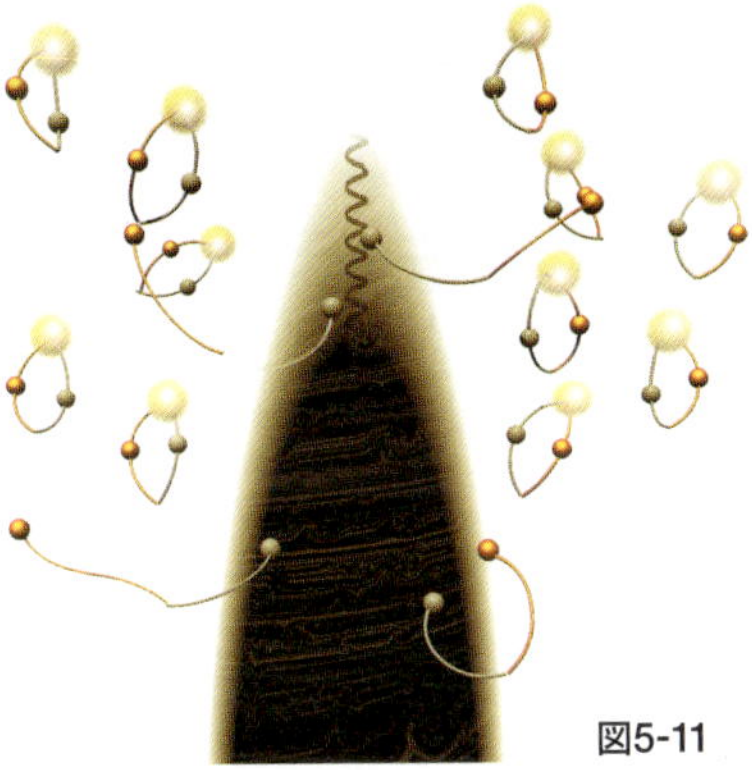

図5-11

のような人々を失望させるのは残念ですが、いたるところに正エネルギー密度がある状況ではタイムマシンは不可能です。有限の大きさのタイムマシンを造るには、負エネルギーが必要だということを証明することができます。

古典理論ではエネルギー密度は常に正であり、そのため有限サイズのタイムマシンはこの段階で除外されます。ところが半古典理論では状況が異なります。この理論では物質は量子論にしたがって振るまいますが、時空はよく定義されており、古典的なままと考えられています。私たちが見てきたとおり、量子論での不確定性原理によると、明らかに中に何もない空間においてさえ、場は常にゆらいでおり無限のエネルギー密度をもつことになっています。したがって、私たちが宇宙で観測する有限エネルギー密度を得るためには、無限量を差し引くことをしなければならないのです。この差し引きは少なくとも局所的にしろ、負のエネルギー密度を残すことができるでしょう。たとえたいらな空間でも、総エネルギーが正であっても、局所的にエネルギー密度が負である量子状態を見つけることはできます。負のエネルギーは本当に有限のタイムマシンを造るのに適した手口で空間をゆがめるのかと疑うかもしれませんが、しかしどうやら負のエネルギー状態がなければならないようです。第四章でみたように量子ゆらぎは、たとえ明らかに中が空の空間でも多くの仮想粒子のペアで満たされていることを意味します。この仮想粒子のペアは、一緒に現われ、離れるように動き、ふたたび一緒になり、そして互いに消滅します（図5-10）。仮想粒子のペアの片方は正エネルギーを、もう一方は負エネルギーをもちます。ブラックホールが存在すると、負エネルギーをもつほうの粒子がそこへ落ち、正エネルギーをもつ粒子は無限へと脱出することができます。そのためブラックホールからの放射は正エネルギーをもっているように見えます。負エネルギーの粒子がブラックホールに落ちることで地平面のサイズが収縮し、ブラックホールの質量は失われて徐々に蒸発していきます。（図5-11）

正エネルギー密度をもった通常の物体は、引き寄せる重力効果をもち、時空を曲げて二本の光線が互いに向かうように時空を曲げます。これは第二章のゴムシートの上に置いたボールと同じであり、常に小さいほうのボールが大きなボールに向かうように曲げるのです。

これはブラックホールの地平面の領域が、時間と共に増加はできるが収縮することはけっしてないと示しています。ブラックホールの地平面のサイズが収縮するには、地平面上のエネルギー密度は負でなければなりません。また光線を互いに離れさせるように時空をゆがめなければなりません。これは私の娘が生まれた直後のころ、ベッドに入ったときにふと気づいたことでした。それがどれほど昔であったかは言うつもりはありませんが、今では私に孫息子がいます。

ブラックホールの蒸発は、量子レベルでエネルギー密度が時として負であることを示唆していると言えますので、タイムマシンを造るのに必要とされる方向へ時空を曲げることができることも示唆していると言えるでしょう。未来の高度な文明は、物質をいろいろアレンジすることで、負のエネルギー密度をもった空間的に大きな領域を造ることができるようになるかもしれません。これによって宇宙船として使用できるようなタイムマシンを造ることができる可能性もあります。しかし半径が同じ場所をぐるぐる回る光線から形成されているブラックホールの地平面と、時空の同じ点を繰り返して通りながら回りつづける閉じた光線をふくむタイムマシンの地平面には、重要な相違点があります。このような閉じた経路で仮想粒子は、同じ場所に繰り返し基底状態のエネルギーをもちこむことになります。よってタイムマシンの境界であり過去へ旅することのできる領域でもある地平面では、エネルギー密度が無限だと考えられます。これは、厳密な計算をするのに必要な単

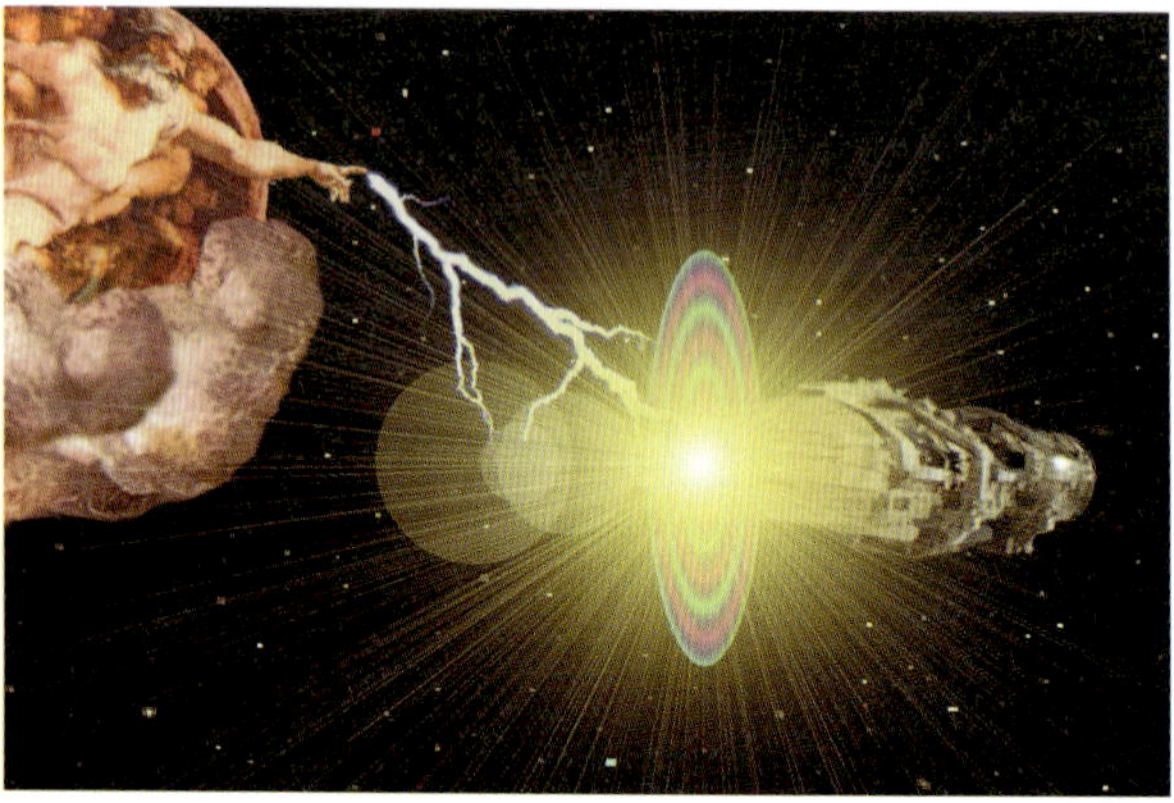

図5-12
時間旅行地平面を横断しようとするとき、放射の稲妻によって掃き出されてしまうかもしれない。

私の孫息子
ウィリアム・マッケンジー・スミス

純な基礎的知識があれば、明快に計算によって示すことができます。もしこのように、地平面のエネルギー密度が無限であるなら、タイムマシンにのりこもうと地平面を越えようとする人や宇宙探査機は、無限大のエネルギーをもつ放射の稲妻に打たれることになり、そこから吹き飛ばされてしまいます（**図5-12**）。結局、将来的にタイムマシンはできるのでしょうか、できないのでしょうか？

物質のエネルギー密度は、その物質がおかれた周りの状態に依存します。したがって、高度文明では閉じたループ内をぐるぐると回りつづけている仮想粒子を〝凍りつかせる〟か仮想粒子を取り除くことで、タイムマシンの境界でのエネルギー密度を有限にすることができるかもしれません。しかしこのようなタイムマシンが安定したものかどうかははっきりとしていません。最小の撹乱でさえ、たとえば、タイムマシンに入るために地平面を横断しようとするような時空に対する小さな錯乱によってすら、仮想粒子の循環を引き起こして稲妻の引き金となるかもしれません。ここで議論していることは、実際なんの役に立たないとしても重要なことです。物理学者がじつにつまらないことを議論していると嘲り笑ってはいけません。たとえ時間旅行が不可能と判明しても、どうしてそれが不可能であるかを理解することは重要なのです。

最終的にこの疑問に答えるためには、物質場の量子ゆらぎだけでなく時空自身での量子ゆらぎを考慮する必要があります。そうなると、光線の経路や時間順序の概念を曖昧なものにするのではないかと考えるかもしれません。時空の量子ゆらぎがあるということは地平面が量子論的には厳密に定義されていないことを意味するため、ブラックホールからの放射が漏れ出ているのではないかと考えることもできるでしょう。量子重力に関する完全な理論はいまだに得られていないため、時空のゆらぎの影響はかくあるべきだと述べることは困難です。それにもかかわらず、私たちは第三章で説明されたたくさんの可能性のある歴史の中でファインマンの経歴総和法からなんらかの指針を得るのではないかと期待し

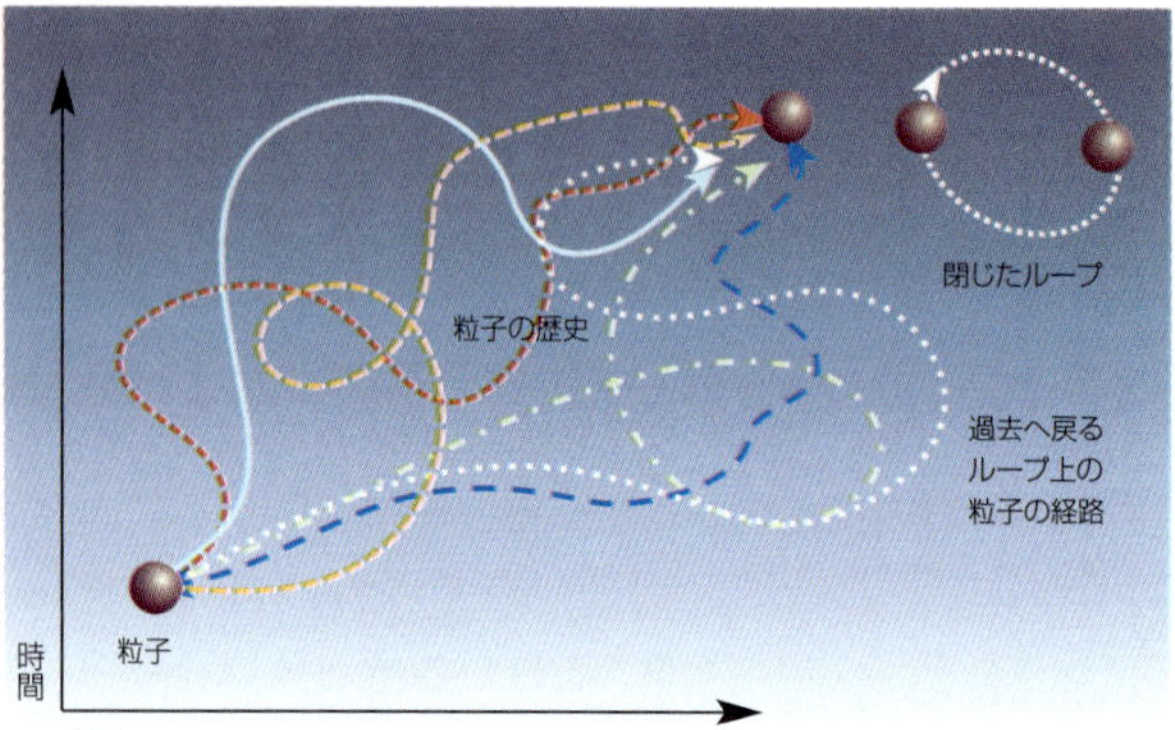

図5-13
ファインマンの経歴総和法では、粒子が過去へ行ったり未来へ行ったりする経歴をふくむことはもちろん、時間的に閉じたループである経歴もふくまなければならない。

ています。

このそれぞれの歴史は物質場をふくんだ曲がった時空です。可能性のある歴史をすべて総和する場合、方程式を満たす歴史だけではなく、過去へと旅することができるほどゆがめられた時空もふくまれるべきと考えられます（**図5-13**）。では、どうして時間旅行がどこでも起きていないのでしょう？　時間旅行は確かに微視的スケールでは起こるが、それに私たちは気づいていないのだ、というのがその答えです。もしファインマンの経歴総和法を粒子にあてはめると、光より速く動いて時間内に戻ってくる粒子もふくむはずです。とくに粒子がぐるぐると時空内の閉じたループを回る歴史もあるでしょう。これは映画《恋はデジャ・ブ》に似ているでしょう。この映画ではレポーターは何度も何度も繰り返して同じ日を生きつづけなければならないのです。（図5-14）

粒子検出器でこのような直接閉じたループの歴史をもつ粒子を観測することはできません。しかしそれらの間接的効果は、多くの実験で測定されてきました。閉じたループ内を動く電子によって引き起こされるのですが、水素原子によって出される光がわずかにシフトするのです。ほかにも平行な金属板のあいだで小さな力が働きますが、これは非常にわずかな閉じたループの歴史が存在する事実によって引き起こされています。この閉じたループの歴史は外部の領域と同じように金属板間にもあるのですが、板のあいだでは、その距離に合うようなものしかないので、数が少ないのです。そのため外のエネルギーが大きく板は外から押されるのです。これはカシミア効果と呼ばれている効果の、もうひとつの同等な解釈です。よって閉じたループの歴史の存在は実験によって確認されていると言えるでしょう。（図5-15）

閉じたループでの粒子の歴史は固定された背景時空、たとえば平坦な空間でさえ生じるので、こういった歴史は時空のゆがみになんらかの関係があるのではないかと議論する人もいるでしょう。物理学における現象はしばしば、別々の二通りの仕方で説明できる場合

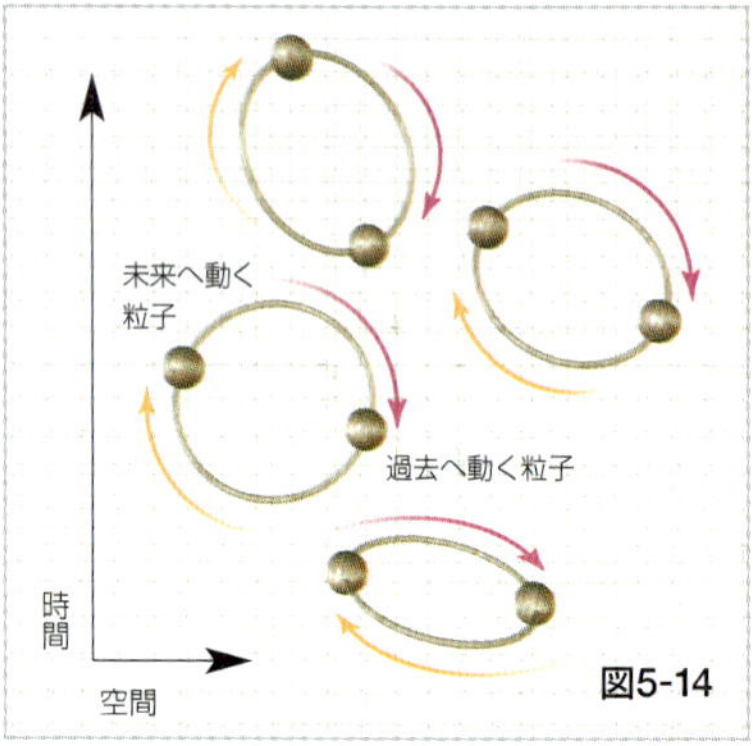

図5-14

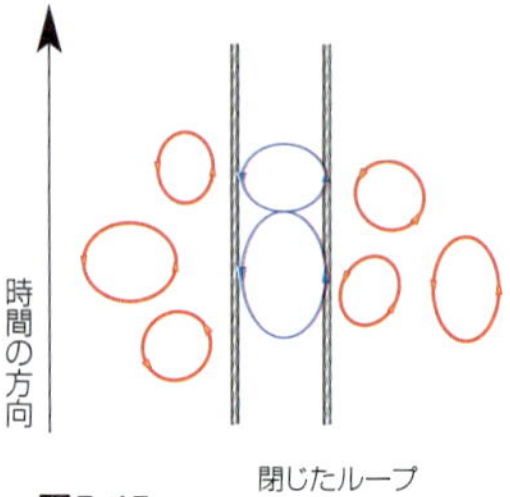

図5-15

があります。つまり同じくらい有効な説明の仕方がいくつかあるのです。粒子が、固定された背景時空の中で閉じたループの上を動くとも言えるし、同等に、粒子は動きはせず固定されており、空間と時間がそのまわりでゆらいでいるとも言えるのです。それは最初に粒子経路での総和を取り、それから曲がった時空の総和を取るのか、それともその順番を逆にするかという違いにすぎないのです。

そのため、量子論は微視的スケールでは時間旅行を許しているのです。しかし、これは過去に戻って祖父を殺すといったようなSFに使うにはあまり役に立ちません。したがって、問題は歴史の総和の確率分布は、巨視的な時間ループのある時空周辺で最大限に達することはありえるのか？ということになります。

この疑問は時間ループを少しずつ認めてきてい

る一連の背景時空での物質場の歴史を総和する研究することで調べることができます。時間ループが最初に現われたとき何か劇的なことが起こるでしょうか？　私が学生のマイケル・キャシディと共同研究した簡単な例で考えていくことにしましょう。

私たちが系統的に研究した背景時空は、アインシュタインの宇宙と密接な関係をもっています。アインシュタインの宇宙とは、宇宙は静的で時間によらず不変であり、膨張も収縮もしていない宇宙モデルで、彼がそう信じていたころ提案した時空のことです（第一章参照）。アインシュタインの宇宙での時間は、無限の過去から無限の未来へと流れていきます。しかし空間の向きは有限であり、地球の表面のように互いに近接しています（ただし地球の表面より一次元多い）。この時空を、時間方向である長い軸と空間の三次元方向である断面をもつ円筒としてとらえることができます。（図5-16）

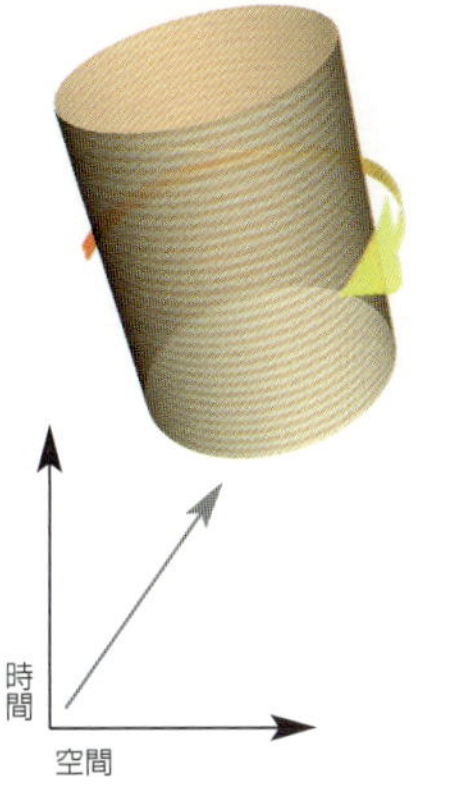

図5-16 時間・空間
アインシュタインの宇宙は円筒に似ている。空間は有限であり、時間的に変化しない。この宇宙の大きさが有限であるおかげで、宇宙のどこにおいても光速より遅い速さで回転するようにすることができる。

時間順序保護仮説

物理学法則は巨視的物体がタイムトラベルをすることを禁止しているはずだという仮説。

平坦な空間での回転

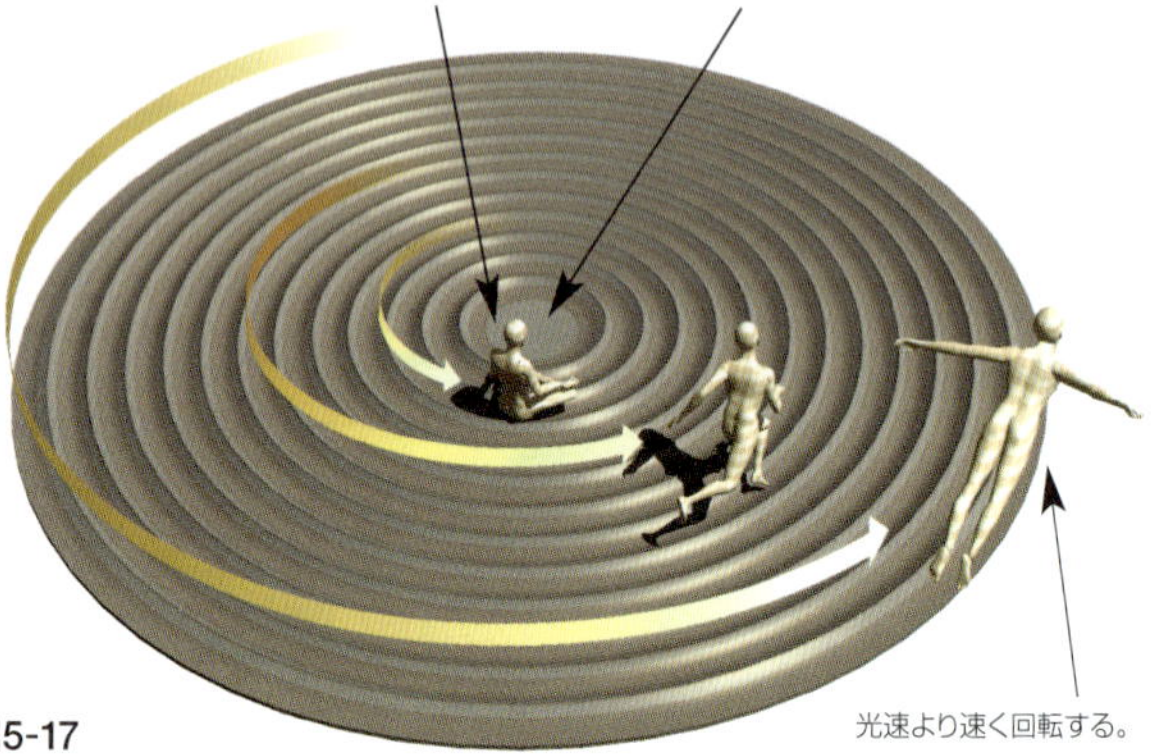

図5-17
平坦な空間での剛体回転においては、軸から遠くなると光速より速く運動することになる。

アインシュタインの宇宙は膨張していないため、私たちの住む宇宙を表わしてはいません。しかしながら、時間旅行を論じるときにはこの宇宙は都合がいい背景時空となります。なぜなら単純な時空なので簡単に歴史の総和を取ることができるからです。ここでしばらく時間旅行を横において、ある軸の周りを回っているアインシュタイン宇宙内の物質を考えてみましょう。この軸の上にいれば、子供の遊び道具である回転木馬の中心に立っているときと同様に空間の同じ点にいつづけることができます。軸の上にいなければ、軸のまわりをぐるぐる回ることになります。軸から遠くに離れれば離れるほど、速く動くことになるのです（図5-17）。したがって、空間的に宇宙が無

図5-18 閉じた時間的曲線の背景時空

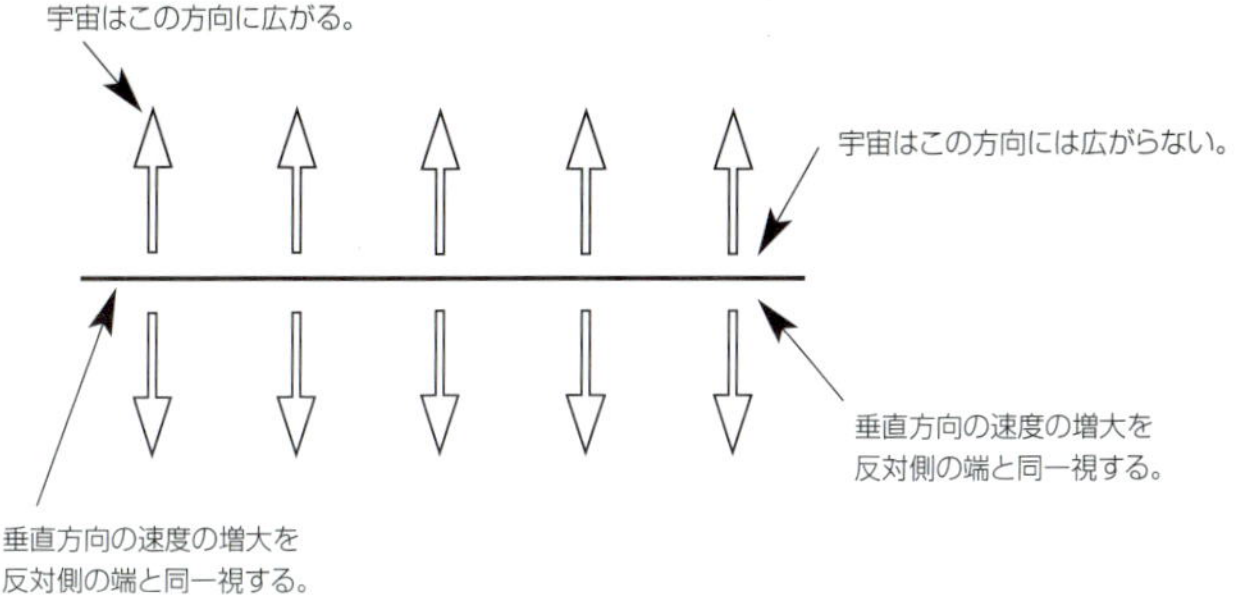
宇宙はこの方向に広がる。
宇宙はこの方向には広がらない。
垂直方向の速度の増大を
反対側の端と同一視する。
垂直方向の速度の増大を
反対側の端と同一視する。

限なら、軸から十分に遠く離れた場所では光より速く回転していなければならないでしょう。けれども、アインシュタインの宇宙では空間は有限であるため、宇宙のどの場所も光より速く回転してはいないという臨界回転率が存在します。

さて今度は、回転しているアインシュタインの宇宙での粒子の歴史の総和を考えましょう。回転が遅ければ、あたえられた量のエネルギーの許す範囲で粒子の取ることのできる経路はたくさんあります。ですからこの背景時空での粒子すべての歴史の総和には、大きな振幅を生じます。つまりこの背景時空の確率は、曲がった時空すべての総和の中では高いものとなるのです。よって、より確率の高い歴史のひとつということです。しかしアインシュタイン宇宙の回転率がある臨界値に近づくにつれ、そしてその外側の動く速さが光速に近づくと、外側ではただひとつの粒子の道すじし

か存在しなくなります。つまり古典的に認められる限界の速度、光速での運動だけになってくるからです。このことは粒子の歴史の総和が小さくなることを意味します。よって、この背景時空の確率は、曲がった時空すべての歴史の総和の中では小さくなるでしょう。つまり、それらはもっとも起こりそうになくなるのです。

すると回転するアインシュタインの宇宙は、時間旅行と時間ループとどういった関係になるのでしょうか？　その答えは、時間ループを認める他のある背景時空と数学的に同値だということです。ここで他の背景時空とは、二方向に向かって膨張している宇宙であり、その宇宙では、残りの一次元の方向には膨張していません。周期的構造をもっているため、この方向へ向かってある一定の距離を進むと出発した場所へ戻ることになります。しかしその第三番目の次元方向への周回をするたび、残りのふたつの次元方向の速さは増大します。（**図5-18**）

この増加が小さければ、どんな時間ループも存在しません。ただこの速度の押し上げを増加するような一連の背景時空を考えてください。この押し上げがある臨界値を越えると、時間ループが出現するのです。当然ながらこの押し上げの臨界値は、アインシュタインの

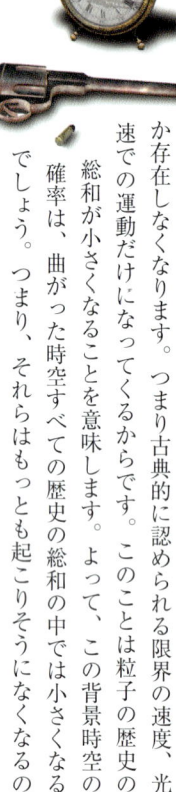

宇宙の臨界回転率に対応しています。この経歴総和法計算は数学的に同値ですので、時間ループが生じるのに必要なほどに回転を速くしていくと、そのような背景時空の確率はゼロになってしまうと結論できます。言い換えると、タイムマシンを造るために十分なゆがみを造れる確率はゼロだということです。この結論は、第二章の終わりでも触れたように私が時間順序保護仮説と呼んでいる仮説を支持しています。つまり、量子論や相対論などの物理法則は巨視的物体が時間旅行をすることを妨げるように共謀しているのです。

時間ループは歴史の総和法では許容されていますが、その確率は極端に小さいのです。キップ・ソーンが過去に戻って彼の祖父を殺すことができる確率は一兆分の一兆分の一兆分の一兆分の一よりまだ小さな確率だと私は見積もっています。

これはかなり小さな確率です。しかし次頁のキップ・ソーンの写真をよく見ると、後ろに何か妙なものが写ってはいませんか？　これは、未来から隠し子がやってきてそのお祖父さんを殺すというわずかな確率に対応しています。実際そこに、そのような子がいるわけではありませんが。

もしそのようなことが起こるかどうか賭けるとすると、ギャンブル好きの男として、キップと私は確率の小さいほうに賭けるでしょう。しかし困ったことに、今回は私たちふたりとも同じ考えなので、賭けることができないのです。また、タイムマシンが造れるかどうかということについては、私はだれとも賭けはしないでしょう。その相手が未来から来ていて、時間旅行は可能だと知っているかもしれないからです。

ひょっとしたらあなたは、この章は政府による時間旅行の隠蔽工作ではないかと、思うかもしれません。

それはもしかすると正しいかもしれませんよ。

第6章｜私たちの未来は?

私たちの未来は《スタートレック》に
描かれているようになるのでしょうか?
生物学的生命や電子的生命は、今後どのように
その複雑性を発達させていくのでしょう?

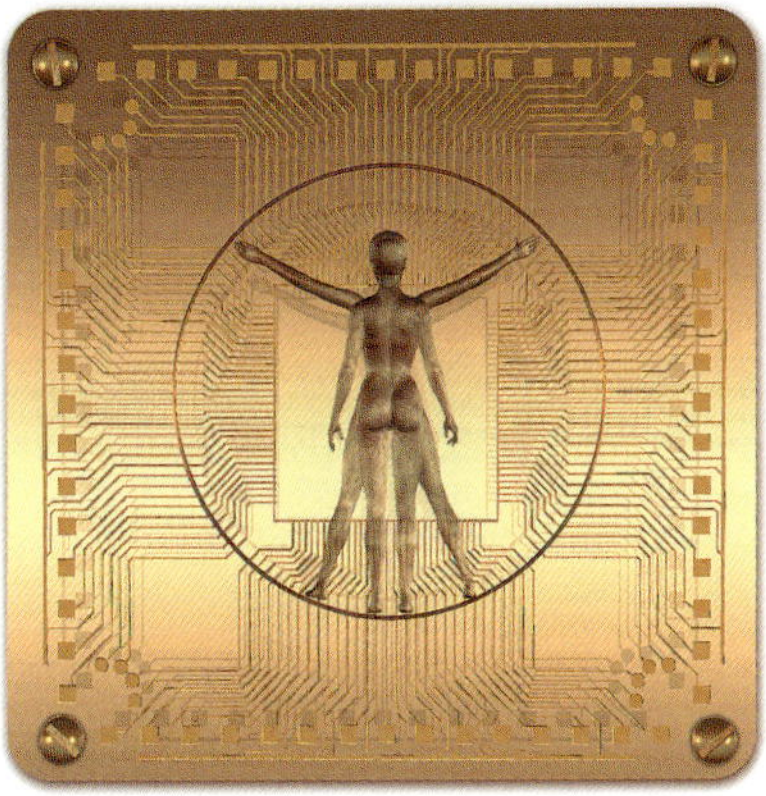

スタートレックがこれほど人気のある理由は、未来が大筋では私たちに夢と希望をもたせるようにドラマが展開しているからでしょう。私自身も実は《スタートレック》のささやかなファンです。ですから、ニュートン、アインシュタインそしてデータ中佐とポーカーをするというエピソードに加わるよう頼まれたときに、いともやすやすと出演を説得されてしまいました。私は全員に勝ちましたが、不運にも緊急非常事態が発生したため、勝ちぶんを集めることはできませんでした。

《スタートレック》は、科学、技術、そして政治組織において私たちのそれよりはるかに進んだ社会を見せてくれます（最後の政治の方は、それほど難しいことではないかもしれません）。現在から《スタートレック》の時代にいたるまでのあいだには大きな変化があったわけで、それに伴って厳しい緊張関係や気の転倒するような出来事もあったにちがいありません。しかしその結果、《スタートレック》の時代では、科学、技術、そして社会

《スタートレック》の一場面より。ポーカーをしているニュートン、アインシュタイン、データ中佐、そして私自身

図6-1 人口の増加

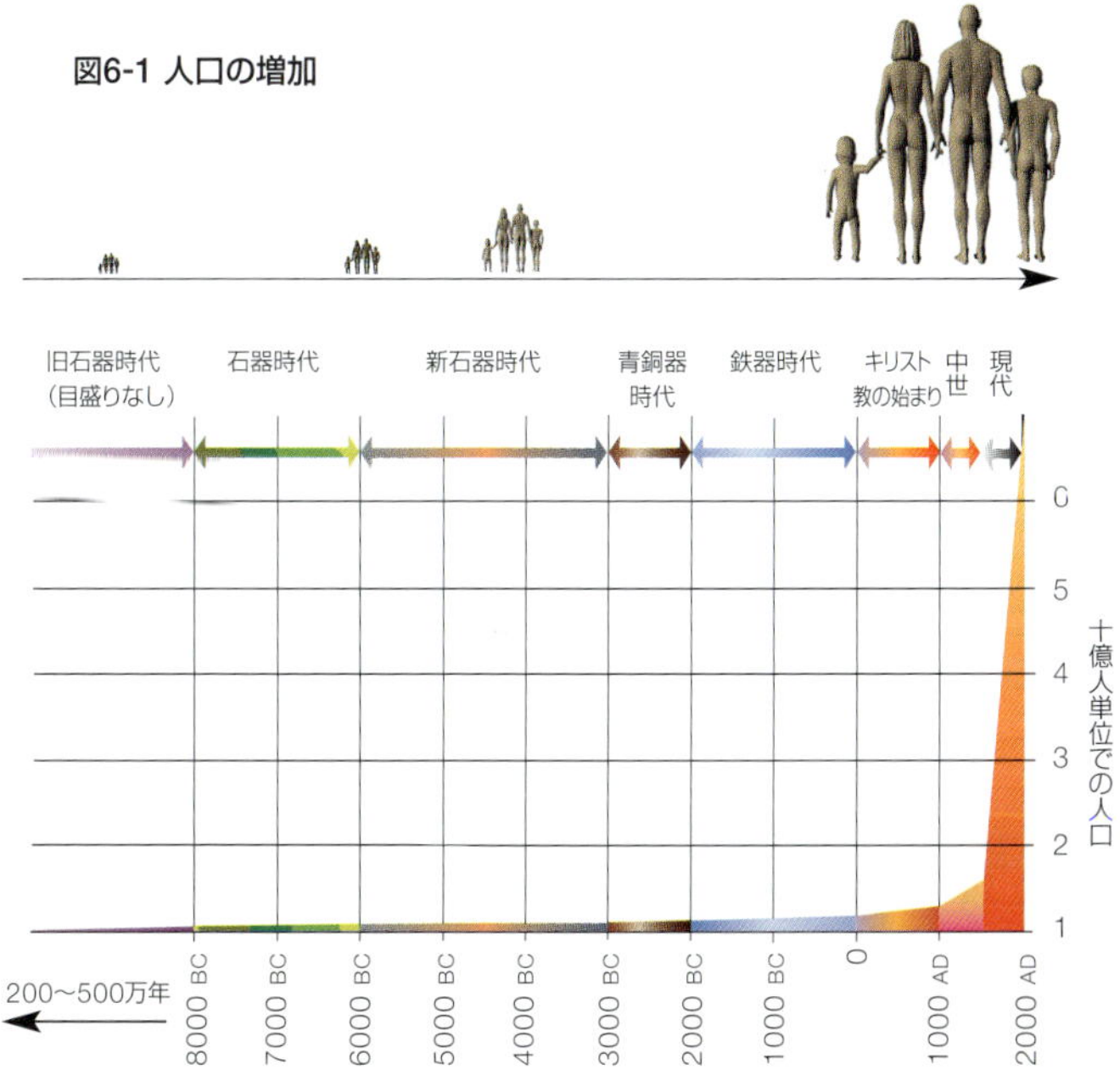

組織はほとんど完璧に近いレベルにまで達していることになっています。
この構図に私は疑問をもっています。つまり、私たちはいつか科学技術において最終的な定常状態にいたるのでしょうか？　一万年前、すなわち最後の氷河時代以降いかなるときにおいても、一定不変の知識と固定された技術のままの状態に人類がいたことはありませんでした。確かに、ローマ帝国の崩壊後の暗黒時代のようなわずかな後退の時期はありましたが。世界の人口の増加は生命を守り、また飢えさせないようにする技術力の目安でもありますが、黒死病のようないくつかの一時的な減少はあったものの着実に増えつづけています。（図6-1）
ここ二百年間で、人口増加は指数関数的になりました。すなわち、人口は毎年同じ割合で増加しているのです。現在、その増加の割合は一年で約一・九%です。それほど大きくないように思われるかもしれませんが、これは四十年ごとに人口が倍増することを意味しているのです。（図6-2）
また近年の技術進歩の他の目安は、電気消費量と科学論文数です。これらもまた指数関数的増加を見せ、四十年以下の時間で倍増しています。したがって近い将来、科学技術の発展が減速して止まるという兆候はまったくありません（少なくとも、それほど遠い未来ではない設定になっている《スタートレック》の時代までは）。しかし、人口増加と電気消費量の増加が近年の割合で続いたなら、二六〇〇年までに世界の人々は肩をぶつけあう

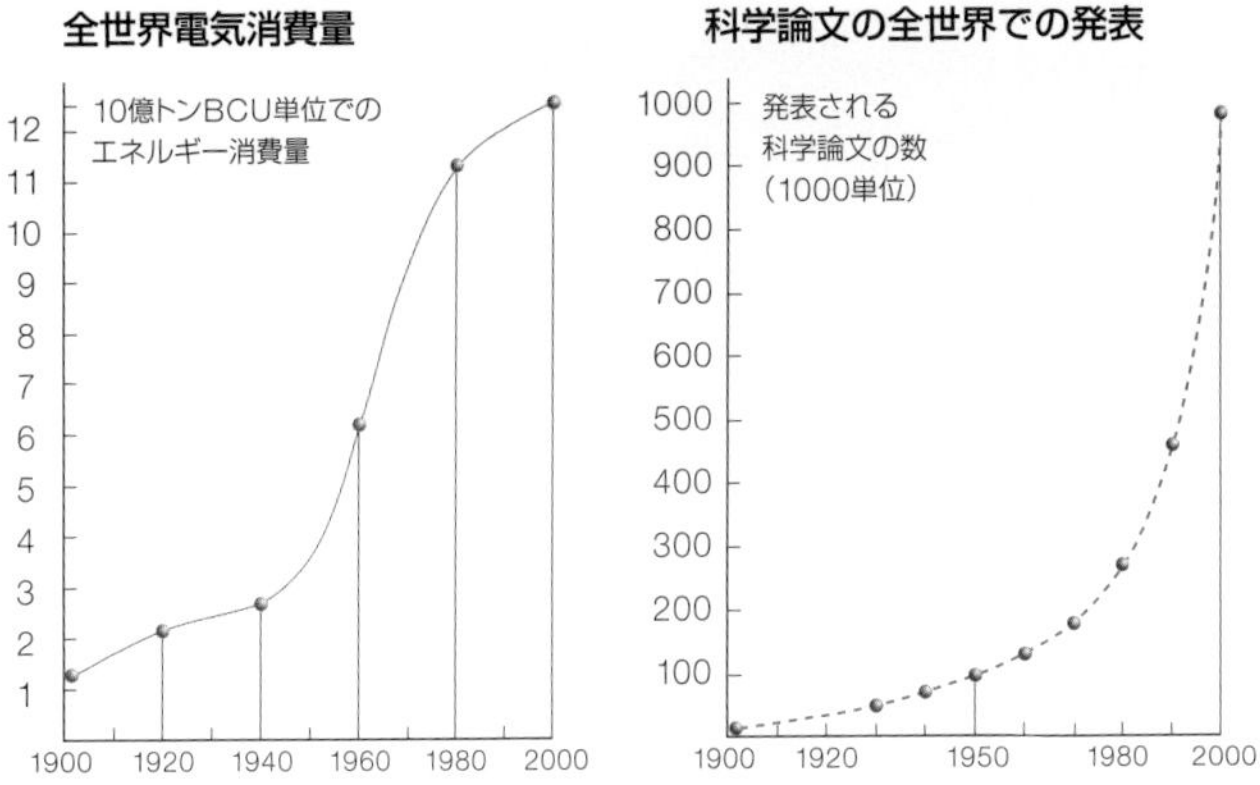

図6-2

左:
10億トンBCU単位の全世界総エネルギー使用量（1トンBCUとは瀝青炭1トンを燃やしたときに出るエネルギーのこと。8.13メガワットに相当する）

右:
毎年発表される科学論文の数。縦軸は1000単位。1900年は9000の論文が発表された。1950年までには9万編になり、2000年までには90万編になった。

ほどの状態で立っていなければならなくなりますし、電気の使用により地球は灼熱化してしまうでしょう（次頁のイラストをごらんください）。

もし、新しく出版された本を順に並べていくと、その本の列の端が伸びるのに遅れないようついていくためには、時速九十マイルで動かなければならないでしょう。もちろん、二六〇〇年までに新しい芸術や科学の作品や研究は、物理的な本や紙というよりは電子的な形態で発表されるでしょうけれど。

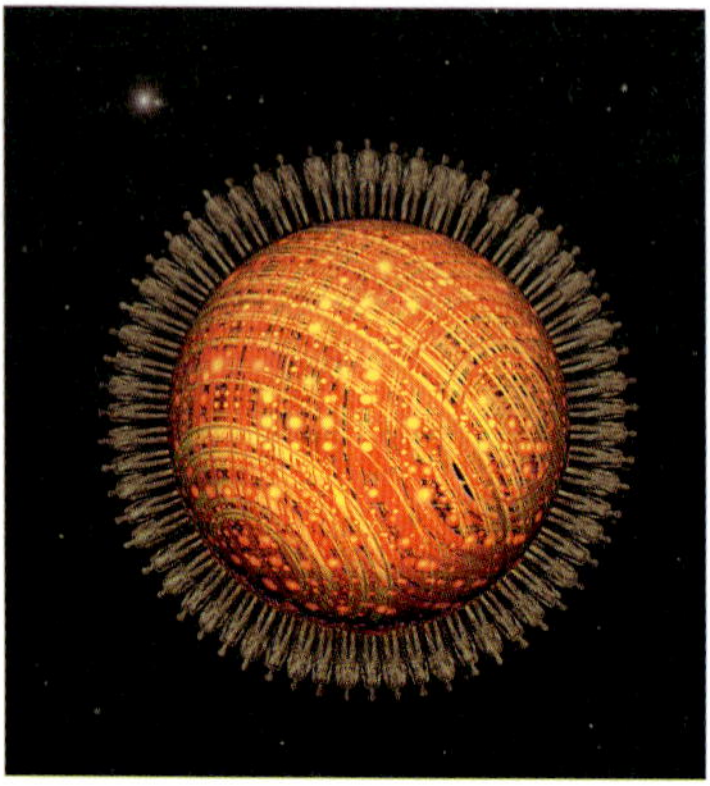

2600年までには、世界人口は人々が肩をぶつけるほどの状態で立っていなければならなくなるほどに増加し、消費される電気によって地球は灼熱化することになる。

しかし、指数関数的増加が続けば、私が扱う理論物理学での分野で一秒間に十の論文が発表されることになり、それらを読む時間などありません。明らかに、現在の指数関数的増加は無期限に続くことはできないのです。それでは、いったいどうなるのでしょう？　可能性のひとつは、核戦争のようななんらかの災害によって私たちが一掃されてしまうことでしょう。人類が今まで宇宙人の接触を受けてこなかった理由は、文明というものは私たちの段階まで発展すると不安定になり、文明じたいを破壊してしまうからである、という悲観的なジョークもあります。けれども私は楽天家です。人類がここまで発展してきたのは、何か興味あるものに出くわしたとき、犬のようにクンクンとにおいをかぎまわるためだけではないと信じています。発展を成し遂げ、本質的に静的な段階にある

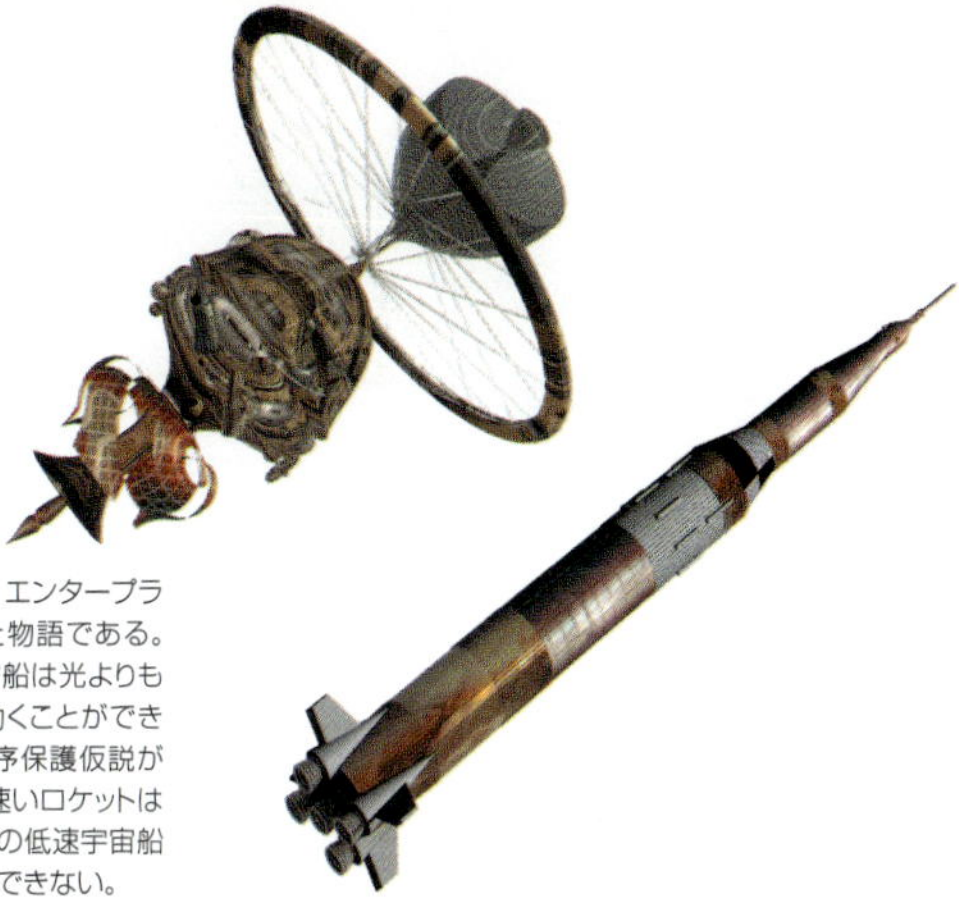

図6-3
《スタートレック》は、エンタープライズ号を舞台とした物語である。この絵のような宇宙船は光よりも速いワープ速度で動くことができる。しかし、時間順序保護仮説が正しければ、光より速いロケットは存在せず、光速以下の低速宇宙船でしか銀河内を探検できない。

という《スタートレック》の将来像は、宇宙を支配する基本法則についての私たちの知識という点からは可能性があります。次の章で説明するつもりですが、それほど遠くない将来、私たちが発見するであろう究極の理論が存在するかもしれません。もし存在するなら、この究極の理論は《スタートレック》のようにワープで移動という夢が実現できるかどうかはっきりさせるでしょう。現在の時点では、光より遅い宇宙船でゆっくりと退屈な方法でしか銀河系を探検することしかできないようです。しかし完全な統一理論をまだ得ていませんので、ワープによる移動は不可能と完全に否定することはできません。（図6-3）

一方、ほとんどどのような場合でも、きわめて極端な状況においてでさえも成立する物理法則を私たちはすでに知っています。エンタープ

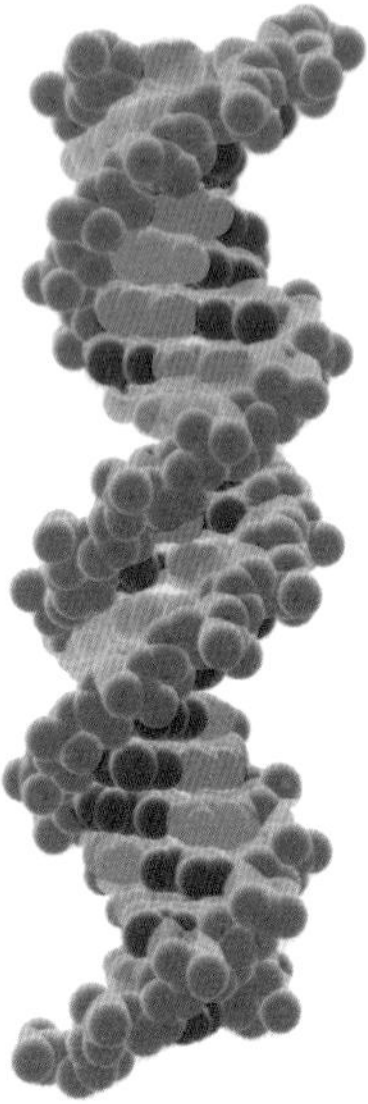

ライズ号自身はもちろん、その乗組員たちも支配する法則を。しかし、この法則を駆使して利用することにおいても、またこの法則から造り出せる高度で複雑なシステムを造りあげることにおいても、これ以上発展がないというような定常状態にはとてもいたってはいません。この章の後半では、この高度で複雑なシステムについて話しましょう。

私たちの知っているものの中で、もっともずばぬけて複雑なシステムは、実は私たちの体自身です。生命は四十億年前に地球を覆っていた原始海洋から生まれたとされています。生命がどのように誕生したのか、私たちの知るところではありません。しかし、たぶん、原子同士のランダムな衝突により、自分自身を複製することが可能で、また互いに集まることでさらに複雑な構造へと発展することができる巨大分子が、まず造られたのではないでしょうか。私たちに確実にわかっているのは、三十五億年前までに非常に複雑な構造をもつＤＮＡ分子がすでに現われていたということです。

DNAは、地球上のすべての生命のよりどころとなっている分子です。DNAはらせん階段のように二重らせん構造をもちますが、これは一九五三年にケンブリッジ大学〈キャベンディッシュ研究所〉でフランシス・クリックとジェームズ・ワトソンによって発見されました。二重らせんの二本の鎖は、らせん階段での踏み板のように核酸のペアによってつながっています。核酸は四種類あり、シトシン、グアニン、チロシン、そしてアデノシンと呼ばれています。らせん階段にそった、異なる核酸の順序が遺伝情報をもっており、これにより、DNA分子は周辺に有機体を組み立てて自分自身を複写することができます。DNAは自分自身のコピーを造るとき、らせんにそった核酸の順序をときどき間違ってコピーしてしまいます。たいていの場合、この誤りによってDNAは自分自身を複写できなくなるか、もしくはしにくくなります。そのため、このような遺伝子の誤り（突然変異と呼ばれています）は死に絶えるのです。けれどときどき、この誤り、すなわち突然変異によってDNAが生き残り複写を造る機会が増加する場合もあります。このような遺伝情報の変化は歓迎されるでしょう。これが核酸配列にふくまれる情報が少しずつ進化し、複雑さを増した仕組みです。（図6-4）

生物学的進化は、基本的に可能性のある遺伝子変化内でのランダムウォークなので、その進化は非常にゆっくりです。DNAでコード化された複雑さ、すなわちビットによる情報は、おおよそ分子内の核酸の数にあたります。最初のおよそ二十億年間ほどの複雑さの

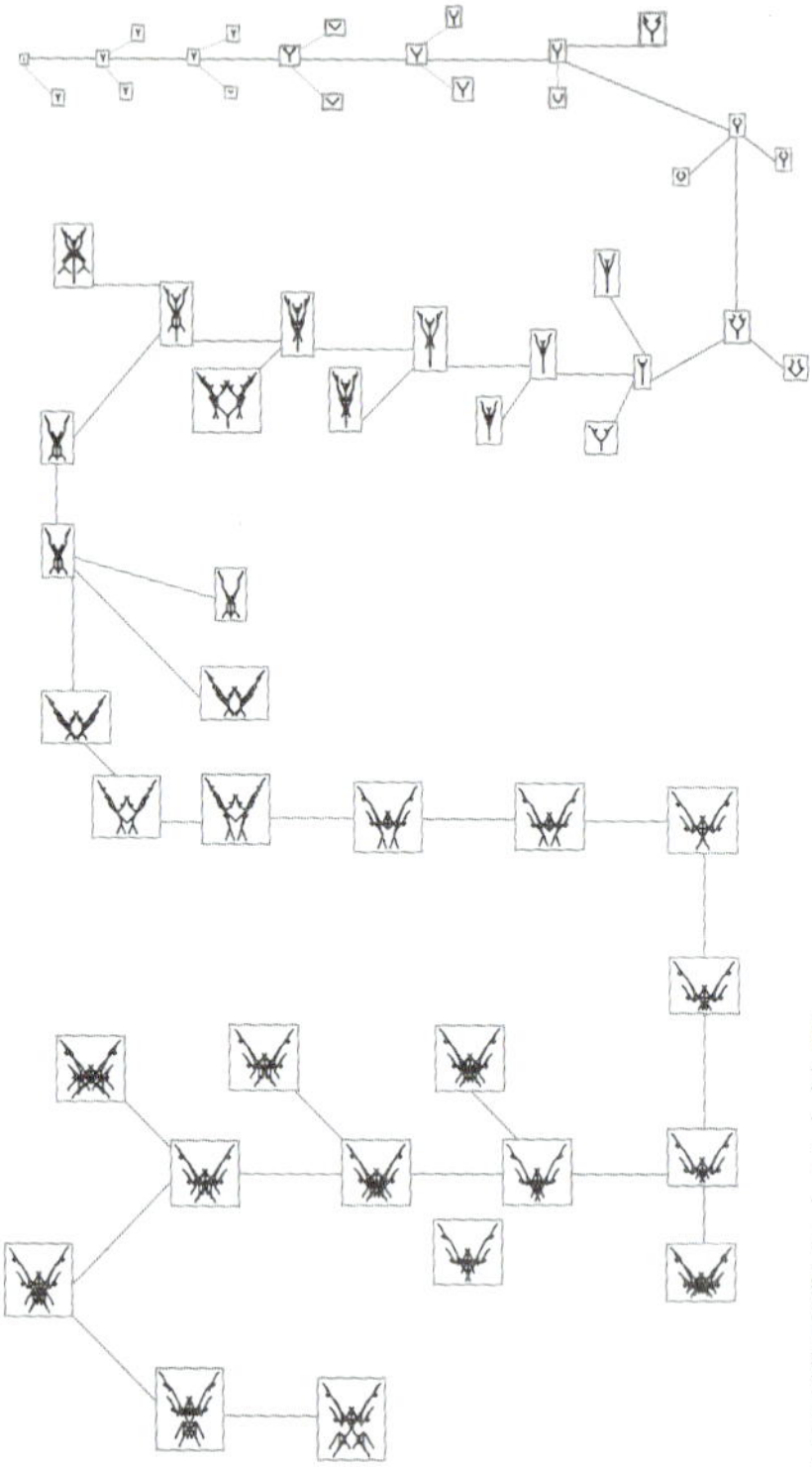

図6-4 進化の描像

左の図は、生物学者リチャード・ドーキンスによって考え出された、プログラム内で進化するコンピュータで生み出されたバイオモルフ（生物形態素）である。

特定の家系が生き延びるかどうかは、面白い形をしているか、変な形か、または昆虫に似ているかといった単純な性質で決定されるようにプログラムされている。ひとつのピクセルから始まり、初期のランダムな世代は自然淘汰と同様の過程を経て進化していく。ドーキンスは、29世代目で昆虫のような形態にまでに進化させることができた（進化の段階で進化の袋小路に迷い込んでしまった多くの系列もあったが）。

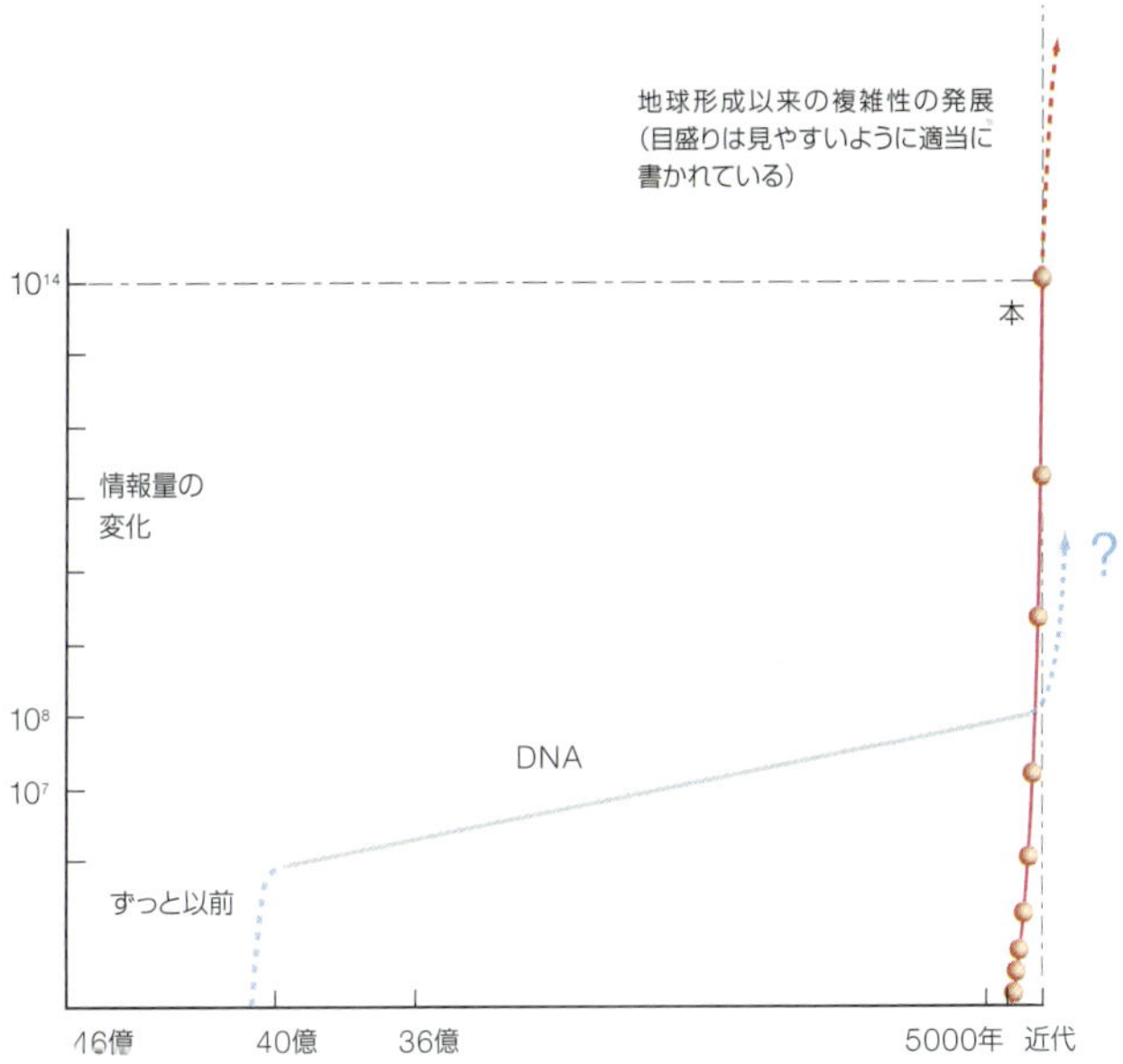

図6-5

増加率は、百年あたり一ビットといったオーダーだったにちがいありません。しかし、DNAの複雑さの増加率は、ここ数百万年のあいだに一年あたり約一ビットずつ増えていきました。そして六千年から八千年前のころに、人類にとってきわめて重大な新しい発展が起こりました。文字を発明したのです。すなわち、ランダムな突然

人体外で胎児を育てることにより、もっと大きな脳と優れた知性が可能となる。

変異の非常にゆっくりとしたプロセスやDNA配列へコード化する自然淘汰を待つことなく、情報はある世代から次の世代へと伝えられるようになったのです。複雑さの度合いは途方もなく増加しました。ロマンス小説のペーパーバック一冊はサルとヒトのDNAの違いと同じくらいの情報量に対応します。また三十巻におよぶ百科事典の情報量は、ヒトの全DNA配列の情報量に相当します。

さらに重要なことは、本の情報は急速に更新することができるということです。ヒトDNAが生物学的進化によって更新されている現在の割合は、一年で一ビットです。しかし、毎年二十万冊もの新しい本が出版されており、その新情報量は一秒あたり百万ビット以上です。もちろん、情報の大部分がゴミですが、たとえ百万のうち、たったひとつだけでも役に立つなら、それはそれでもなお生物学的進化の場合よりも十万倍も速いのです。(図6-5)

この外部へのデータの伝達という非生物学的手段により、人類は世界を支配し、人口は指数関数的に増加するようになったのです。しかし私たちは今新しい時代の始まりにいます。生物学的進化というゆっくりとしたプロセスを待つ必要もなく、DNAという私たち自身の内部記録の複雑さを増加させることができるようになってきました。過去一万年のあいだ、ヒトDNAについては重要な変化は起きていませんが、これからの千年で私たちはDNAを完全に再設計することができるようになりそうです。当然、多くの人はヒトの遺伝子工学は禁止されるべきであると言うでしょう。しかし私たちがそれを阻止することができるとは思われません。植物や動物の遺伝子工学は経済的理由から許されるでしょうし、きっと誰かがヒトで試すでしょう。

私たちが全体主義的世界規律をもたなければ、誰かがどこかで改良されたヒトを設計するでしょう。改良されたヒトを造りだすことは、明らかに、改良されていないヒトの点から多くの社会的政治的な問題を生み出すでしょう。私の言いたいことは、望ましい発展のためにヒトの遺伝子工学を許可すべきだということではなく、私たちが望む望まないにかかわらず、いずれヒトの遺伝子工学は始まるだろうということです。だからこそ、私は《スタートレック》のようなSFを信じないのです。そこでの人々は、四百年後でも本質的に現在の私たちと同じ形態をしています。人類とそのDNAは、急激に複雑さを増していくと私は考えています。それが起こりそうであると認めてから、私たちはどう扱うつも

現在の時点では、我々の使うコンピュータは、ミミズのみすぼらしい脳にさえ処理能力で劣っている。

図6-6

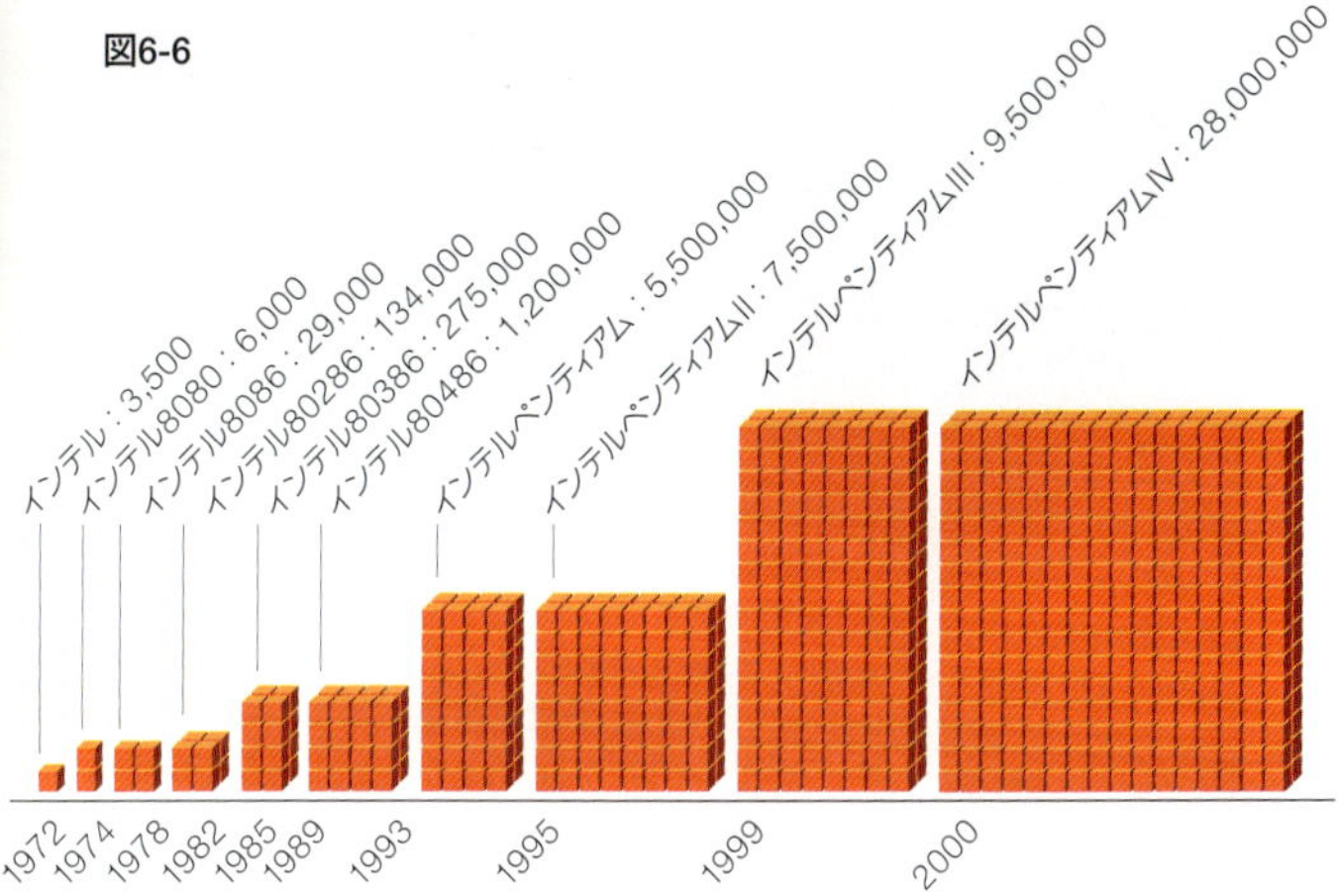

あるCPUメーカーによるコンピュータ能力の指数関数的増加（期間1972年から2007年まで、ただし2007年の値は低めの予想値）。チップのあとの数字は、1秒あたりの演算数を表わす。

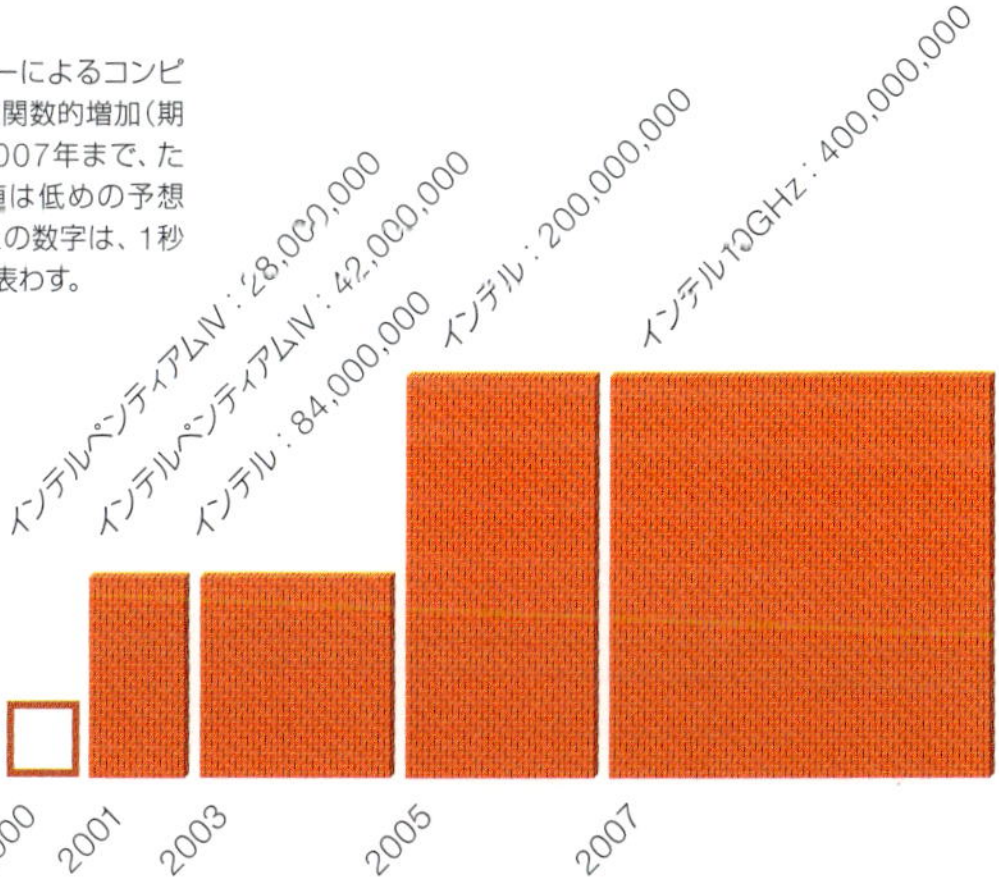

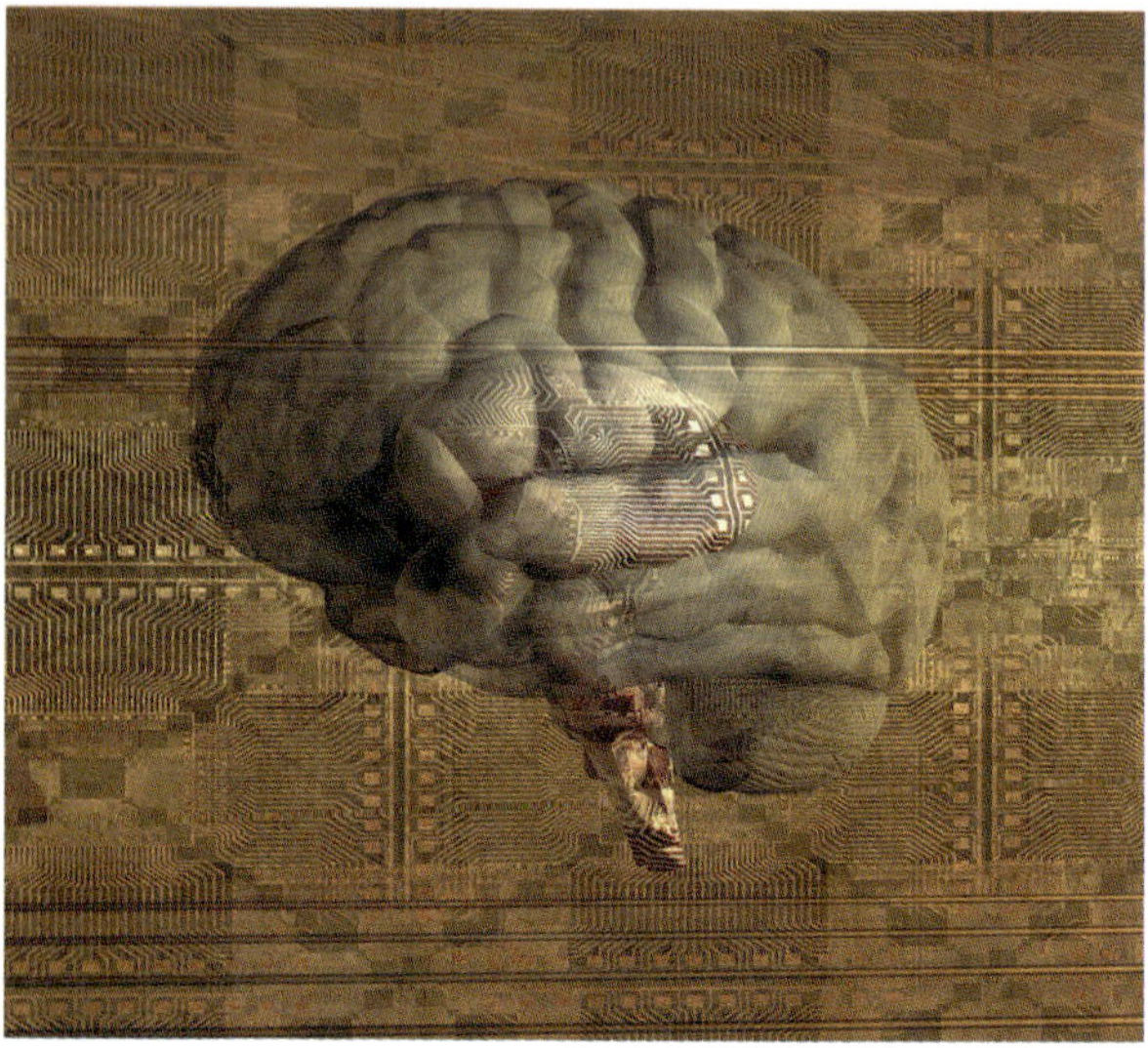

脳神経系に電子デバイスを移植することによって、全言語やこの本の内容(数分間で学習できるようになる)といった完全な情報パッケージや増強型メモリーを人は得ることができるだろう。このような増強型人間は、我々自身とほとんど類似性をもたないだろう。

りであるかを考えるべきです。

ひとつの考えかたとして、急激に複雑さを増している人間世界に対処できる能力を得たいと思うなら、また宇宙旅行のような新しい挑戦に向かうつもりなら、人類は自分たちの精神と肉体的な質を改良する必要があるでしょう。また生物学的システムを電子的システムより先がけて高度な複雑系へと発展させたいならば、人類はみずからの遺伝情報を高度な複雑系へと発展させる必要があるでしょう。今のところ、コンピュータは人の脳に比べて速さの点では優位ですが、知能を獲得しているという、どんなきざしも見せてはいません。これは驚くべきことではありません。なぜなら、私たちの現在のコンピュータは、知的能力がほとんどあるようには思われないミミズの脳よりも複雑さにおいて劣るからです。

しかし、コンピュータはムーアの法則として知られるものにしたがって急速に進歩しています。コンピュータの速さと複雑さは十八カ月ごとに倍増しています（図6-6）。これは、明らかに無期限に続くことはできない指数関数的増加のひとつです。しかしこの増加は、おそらくコンピュータが人間の脳の複雑さと同じくらいになるまで続くでしょう。コンピュータは、けっして本当の知能を示すことはできないと言う人もいるでしょう。しかし、非常に複雑な化学分子によって人間が知能を獲得しているのなら、同様に複雑な電子回路によってコンピュータが知的に振るまうことができるようになるのは当然だと私は考えます。そしてそのような知能を獲得したコンピュータが生まれたなら、自分よりずっとはるかに高度な複雑さと知能をもつコンピュータを設計することができるでしょう。

このような生物学的または電子的複雑さの増加は永遠に続くのでしょうか？　それとも本来の限界があるのでしょうか？　生物学的側面から考えると、これまでの人類の知的限界は、産道を通ることができる脳のサイズによって限定されてきました。私は三人の子供が生まれてくる場に立ち会いましたので、頭が出るのはどれほど難しいかをよく知っています。ですが百年以内に、赤ん坊を体外で生み育てることができるようになり、この限界は取り除かれるであろうと私は予想しています。けれど、遺伝子工学によって脳サイズを増加させたとしても、私たちの精神活動を担っている体内の化学的伝達物質の運動がきわめて遅いという問題に直面することになるでしょう。つまり、脳を大きくして複雑さをさらに増加させるには、速さを犠牲にするしかないということです。頭の回転が速い人間になるか、きわめて高い知性の人間になることはできますが、同時にふたつをもった人間にはなれません。それでも《スタートレック》の登場人物より、ずっと知的になれるでしょう。

電子回路も人間の脳と同様、複雑さと速さという対立する問題をもっています。けれども、信号は化学的でなく電子的でずっと速く、ほとんど光速で動きます。光速と言うと、もう十分速いと思われるかもしれませんが、実は現在でも高速度のコンピュータを設計するとき、光より速く信号を送れないことがコンピュータを高速にできない原因になっているのです。この状況は、電子回路を小さくすることで改良することができますが、回路を原子の大きさより短くすることはできませんから、これによって設定される限界があるでしょう。もっとも、この限界に達するまえに、他にまだまだ発展させなければならないことがあります。

電子回路がその複雑さを増やしつつ、速さを維持するためのもうひとつの方法は、人間の脳をコピーすることです。脳は次々とそれぞれの命令を処理する単一のCPU（中央演算素子）をもっていません。むしろ同時に機能する何百万という数のプロセッサーをもっています。このような大規模な並列処理もまた電子知性にとっての将来となるでしょう。私たちが自滅することがないとすると、まず百年以内に太陽系内の惑星へと生存圏を広げ、やがては近くの星にまで達することができそうです。

そうはいっても、《スタートレック》や《バビロン5》といったようなSFで描かれているように、訪れたほとんどの恒星系で人類に近い新しい種に出会うというわけではないでしょう。ビッグバンから現在の時刻までおよそ百五十億年の時間が経っていますが、そのうち人類が現在の姿で現われたのはわずかに二百万年前です。（図6-7）

たとえ他の恒星系で生命が発展しても、私たちが人類と見分けがつく段階は、宇宙の時間の長さから考えるときわめて短いあいだだけで、偶然その段階の知的生命体と出会うチャンスはほとんどないでしょう。私たちが遭遇するどんな異星人の生活も、私たちよりずっと原始的かずっと進歩しているかのどちらかになりそうです。もしずっと進歩しているなら、どうして銀河中に広がり、地球にやってこないのでしょうか？　もし異星人が地球にやってくれば、その異星人は《ＥＴ》よりも《インデペンデンス・デイ》での異星人のほうに似ているにちがいありません。

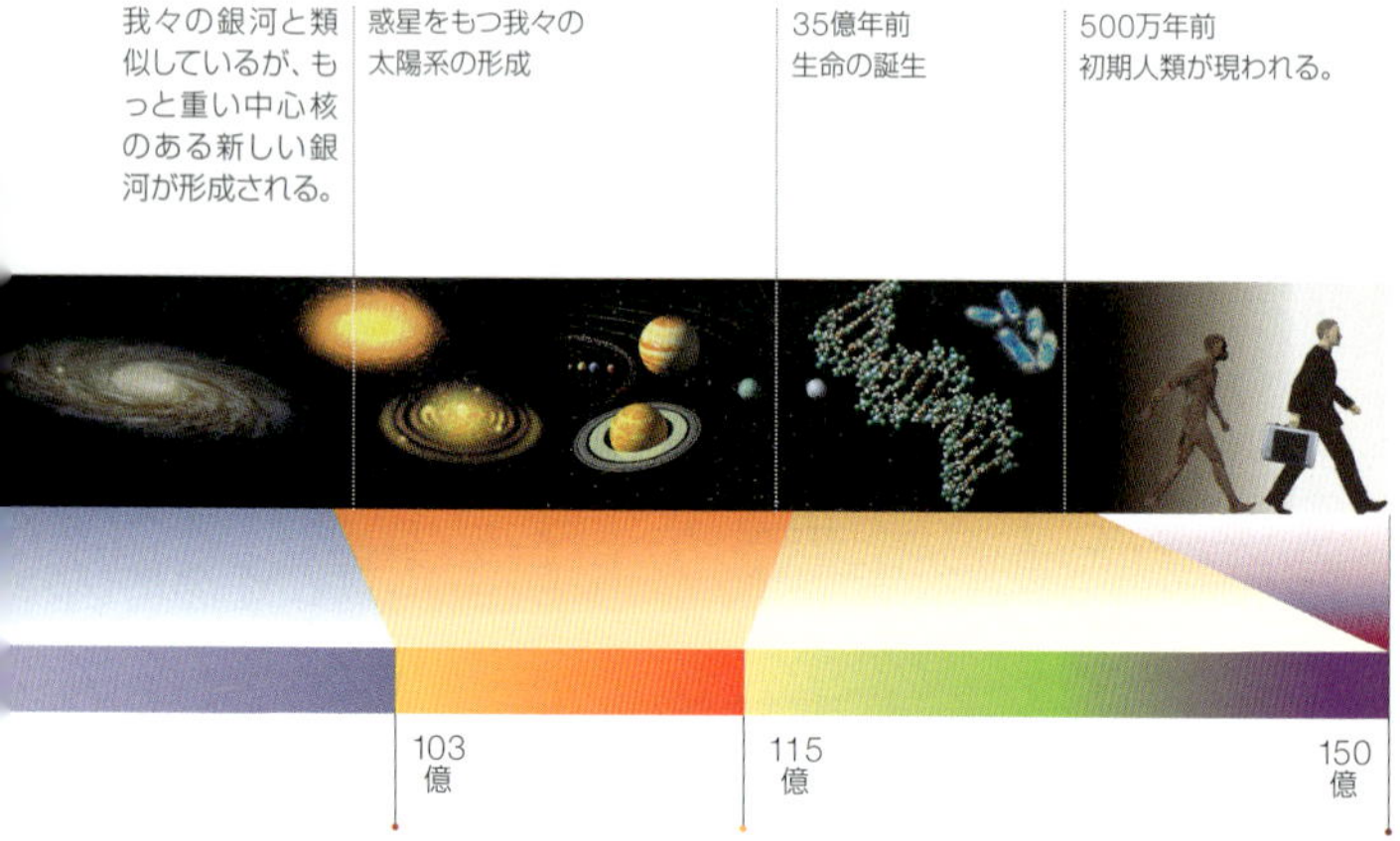
我々の銀河と類似しているが、もっと重い中心核のある新しい銀河が形成される。
惑星をもつ我々の太陽系の形成
35億年前
生命の誕生
500万年前
初期人類が現われる。
103億
115億
150億

図6-7
人類が誕生してからの時間は宇宙の歴史から見ると、ほんのわずかな瞬間にしかすぎない（この宇宙史を描いた帯の長さを、実際の時間の長さに比例するようにしよう。人類が生まれてからの時間を7cmとすると、宇宙の全歴史の長さは1km以上にもなる）。我々がいつか地球外生命体に出会うとしたら、その生命体は我々よりはるかに原始的な生命体か、逆にきわめて高度に発達した生命体かのどちらかであり、人に似ていることはないだろう。

では、地球外からの訪問者がいないことをどう説明すれば良いでしょうか？　はるかに高度な種族が遠くにいて私たちの存在に気づいているものの、原始的な生活の中に放っておいてくれているのかもしれません。しかしこの仮説では、下等生物への思いやりがあまりにもあるように思われます。いったいどれだけの人が、どれぐらいの昆虫やミミズを足で踏みつぶしてしまったかということに心を悩ませているでしょ

宇宙の歴史の概略

出来事（尺度は見やすいように適当にとってある）

30万年 ビッグバンとそれに続くインフレーションの時代 火の玉宇宙では、光は直進できないので不透明な時代である。	物質と放射の結合が切れる。宇宙は晴れあがる。	10億年 物質が固まり、銀河団を形成 原始銀河は重い原子核、つまり重い元素を合成する。	30億年 ハッブル宇宙望遠鏡が撮影した、宇宙初期の銀河や、銀河となるブロック

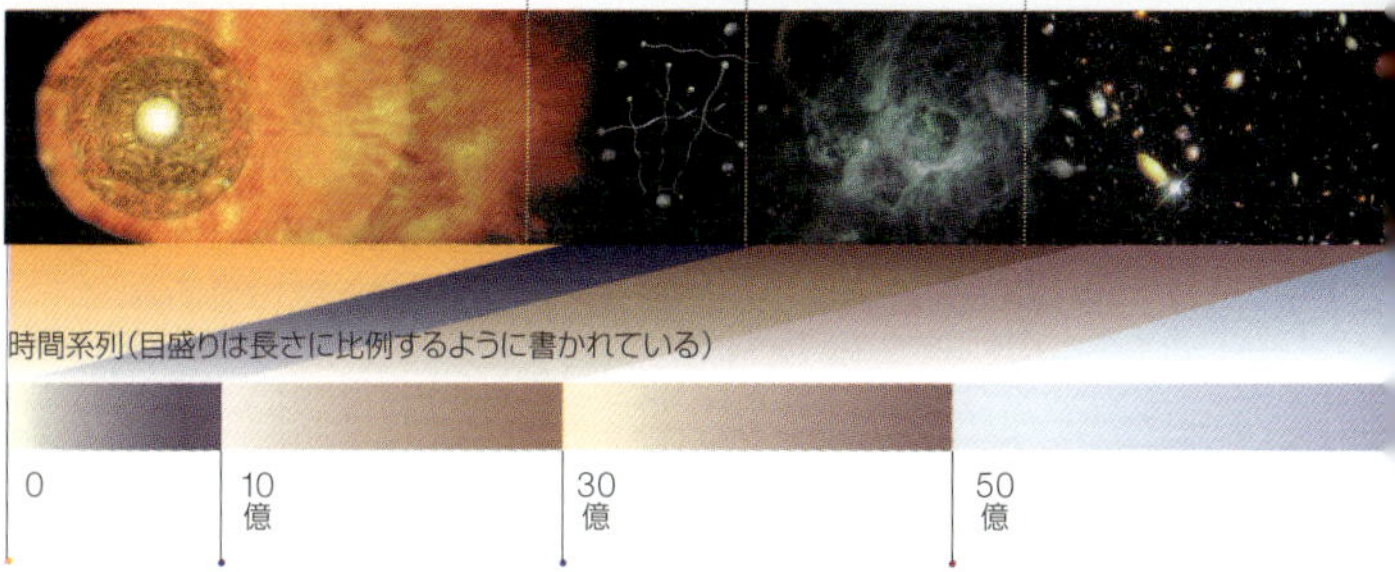

うか？　よりもっともらしい説明は、他の惑星で生命が生まれたり、その生命が知的生命体になる確率はきわめて小さいのではないかということです。あまり根拠もないまま、私たちは自分が知的だと思い込んでいるので、知的生命体への進化は進化の必然的な結果と見がちです。しかしそれには疑問点があります。知性に大きな生存価値があるかどうかは明らかではありません。もし私たち、知的生命体と自称している人類が、核戦争で自分たち自身を地上から一掃したとしても、細菌は知性がなくてもうまくやっていき、私たちが自滅した後も生き残るでしょう。こう考えると、私たちが銀河内を探検したと

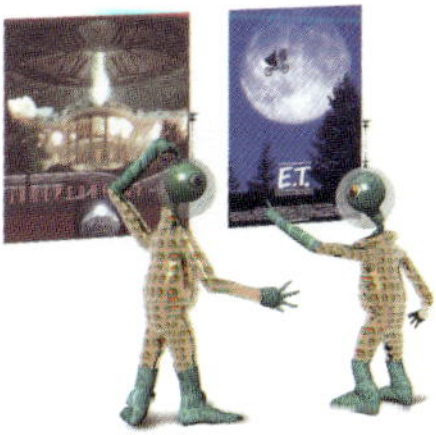

生物学的デバイスと電子的デバイスのインターフェイス

20年以内に、人間の脳と同じくらい複雑高度なコンピュータの値段が10万円程度になるかもしれない。並列型プロセッサーは、我々の脳の機能を模倣することで、知的で意識があるかのように作動するようになるのだろうか？

電子的デバイスの脳神経系への移植により、脳とコンピュータのあいだで高速インターフェイスが可能となるかもしれず、生物学的知性と電子的知性とのあいだの距離は解消するかもしれない。

近い将来、ほとんどのビジネス上の取引はワールド・ワイド・ウェブを通してサイバー・パーソナリティー間、つまり仮想人格同士で行なわれるようになるだろう。

10年以内に、多くの人々はネット上でサイバー親交を深めながら、またサイバー関係を広げながら仮想的存在として生きることを選ぶようになるかもしれない。

ヒトゲノムを解読することにより、医学はすばらしい進歩を遂げるだろう。さらにそれによって、人類はヒトDNA構造の複雑性を著しく高度化し、増大させることも可能だろう。これから数百年のあいだに、ヒト遺伝子工学は生物学的進化に取って代わるかもしれない。人類は自己設計によって進化するようになるが、これは新しい倫理的問題を引き起こすことになる。

我々の太陽系を超えた宇宙旅行には、どうやら遺伝子工学を施された人間か、乗組員のいないコンピュータ制御された宇宙探査機のどちらかが必要だろう。

き原始生命を発見するかもしれませんが、私たちと似た生物に出会うことはまずありえないでしょう。

科学の将来は《スタートレック》で描かれているようなものではないようです。《スタートレック》では、宇宙には地球人に似た多くの者が住んでおり、その科学と技術は高度でありながら本質的に発展を終えて静的な状況にあるものです。そうではなく、人類は自分たちだけで生物学的にそして電子的に高度の複雑さを急速に発展させていくのではないかと私は考えています。今確実に予測できることは、これからの百年でこういったことがすべて起きるわけではないということです。しかしこれからの千年では——それまで存続しているとすれば——私たちの未来は、《スタートレック》のそれとは根本的に異なるものになるにちがいないでしょう。

知的生命体には、長期にわたって生きつづけるほどの価値が本当にあるのだろうか？

第7章｜ブレーン新世界

**私たちはブレーンの中に住んでいるのでしょうか、
それともただのホログラムにすぎないのでしょうか？**

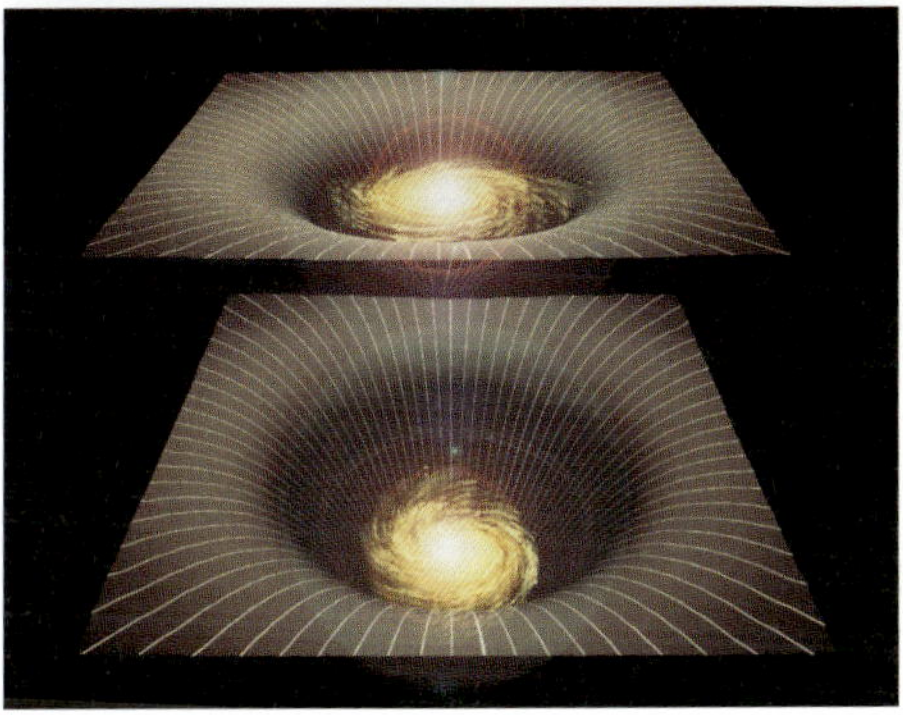

図7-1
M理論はジグソーパズルに似ている。周辺のピースをはめるのは容易だが、中央で何が起こっているかほとんど推測できない。中央ではなんらかの物理量が小さくて近似計算をすることもできない。

これから将来、私たちの発見の旅はどのように続いていくのでしょう？　宇宙とその内部のすべてを支配する、完全な統一理論への探求は成功するのでしょうか？　実際、第二章で説明したように、私たちはM理論という万物の理論Theory of Everything（ToE）をすでに見つけているのかもしれません。この理論は、少なくとも私たちの知るかぎりにおいて、ひとつの公式をもっているわけではありません。そのかわり、見かけ上は互いに異なる理論ではあるけれど、それぞれ異なる場合の極限で、同じ基本理論の近似となる理論のネットワークを発見しました。これはニュートンの万有引力の法則が、重力場の弱い極限ではアインシュタインの一般相対論の近似であるのと同じことです。M理論はジグソーパズルに似ています。ジグソーパズルは端っこにあるピースを固定してからはめていくのが、もっとも簡単です。そこはM理論の限界であり、なんらかの量が小さいのです。今ではこういった端に関して、かなりの知識を得てきました。

図7-2
右:
古典的な分割できない原子
左:
原子、つまり陽子と中性子から構成されている原子核とその周りを回る電子の系

しかしいまだに、M理論のジグソーパズルの中心には大きく口を開けた穴があり、そこで何が起きているか私たちにはわかりません（**図7-1**）。この穴をふさぐまでは、万物理論を見つけたとは主張できないのです。

M理論の中心には何があるのでしょう？　未踏の領土についての古い地図のように、そこでドラゴン（もしくはそれぐらい見慣れないもの）を見つけられるのでしょうか？　過去の経験から、私たちが観測の範囲を小さな尺度までに広げたとき、常に予想外の新しい現象がありました。二十世紀の始めごろ、私たちは古典物理学の尺度で自然の機能を理解していました。この尺度は恒星間距離から一ミリメーターの百分の一までにおいては十分なものでした。古典物理学は、物質を弾性や粘性といった特性をもつ連続媒質と見なしています。しかし、物質はなめらかなものではなく粒状である証拠が現われてきました。つまり、原子と呼ばれる小さなブロックからつくられているのです。原子という単語はギリシャ語から来ており、分割できないという意味です。しかしすぐに原子は、陽子と中性子からなる原子核とその周囲に軌道を描

図7-3

右:

陽子は正電荷$2/3$をもつアップクォークふたつと負電荷$1/3$をもつダウンクォークひとつから成り立っている。

左:

中性子は、負電荷$1/3$をもつダウンクォークふたつと正電荷$2/3$をもつアップクォークひとつから成り立っている。

く電子から成り立つことがわかりました。（図7-2）

二十世紀の最初の三十年間で行なわれた原子物理学の研究により、私たちは一ミリメーターの百万分の一の長さまで、理解することができるようになりました。そして陽子と中性子がクォークと呼ばれる、さらに小さな粒子でつくられていることを発見しました。（図7-3）

今では、原子核物理学と高エネルギー物理学の近年の研究により、さらに十億倍も小さい長さのスケールにまで到達しています。まるで永遠に、より小さな長さのスケールの構造を発見しつづけられるかのように。しかしこれにはロシア人形、マトリョーシカの中の人形の数に限界があるのと同じように限界があります。（図7-4）

その結果、もっとも小さな人形に行きついて、それ以上は分離できなくなります。物理学では、もっとも小さな人形はプランク長と呼ばれています。そしてより短い距離を調査するには、ブラックホールの内部にあるような高エネルギーの粒子を必要とします。M理論において根本的なプランク長が正確にどの程度である

図7-4
それぞれの人形が、自然界をどこまで小さなスケールで理論的に理解しているかを表わしている。それぞれの人形の中に、より小さな人形が入れこまれており、それがより小さなスケールで自然を説明する理論に相当する。しかし、物理学では、最短の根本的長さであるプランク長が存在している。この長さの特徴はM理論で説明できるかもしれない。

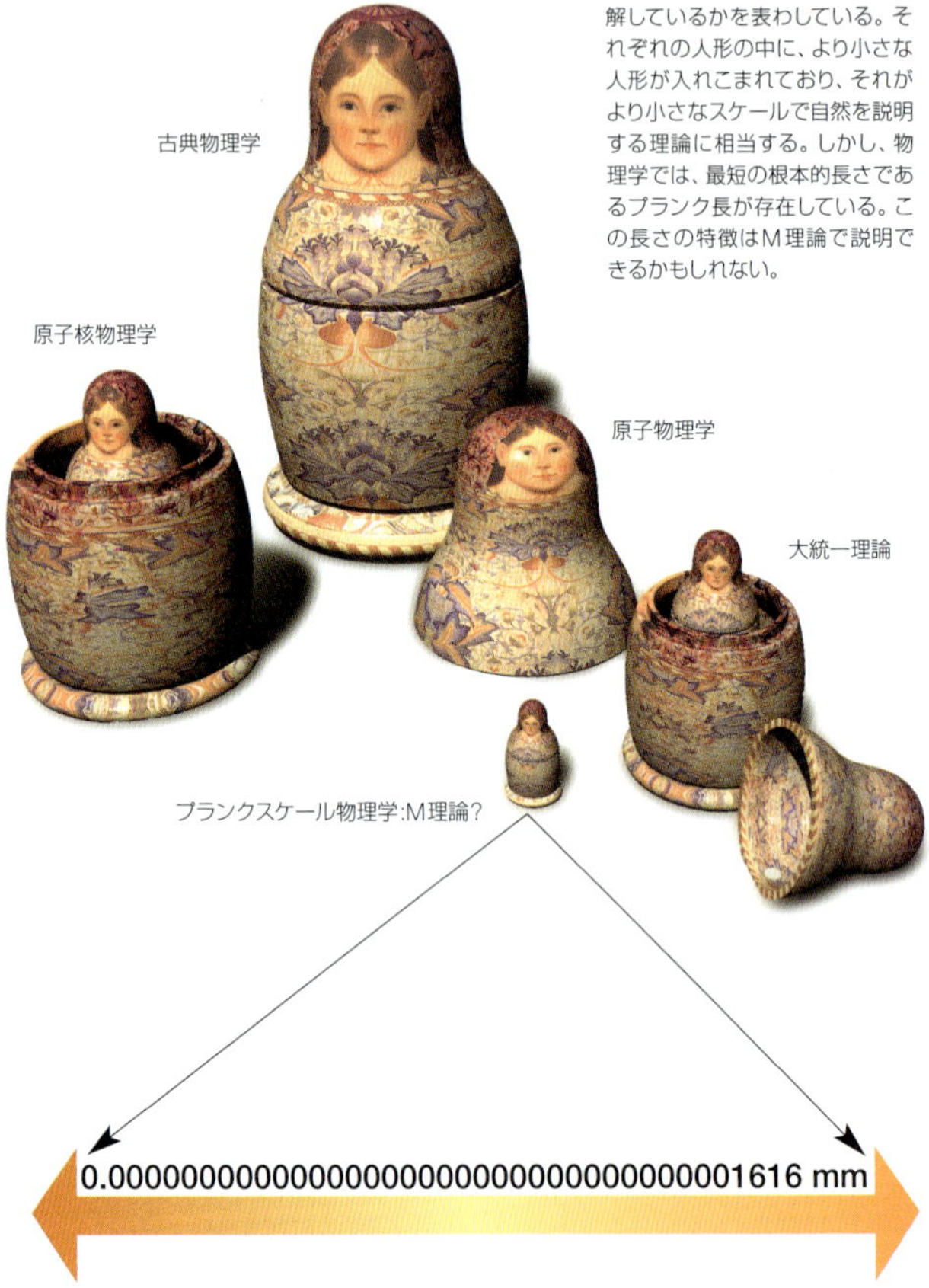

図7-5

プランク長くらい短い距離を調べるのに必要とされる加速器は、太陽系の直径より大きいものになるだろう。

かは知りませんが、それは一ミリを百兆の十億倍の十億倍に分割したくらい小さいものかもしれません。今のところ、これほど小さな距離を厳密に調べられる粒子加速器を組み立てるにはいたっていません。この装置は太陽系よりも大きくなってしまうかもしれませんし、また現在の財政的状態から見ても建設の承認は得られそうにありません。（**図7-5**）

けれども、より簡単に（そして安く）M理論のドラゴンの幾分かを少なくとも発見でききわめて高いエネルギーの粒子をもちいてミクロの世界を探査できれば、時空が本来多次元であることかどうか明らかにできる。

図7-6
肉眼では髪の毛は一本の線にしか見えない。つまり、その唯一の次元は長さだけである。
同様に時空は我々には4次元にみえるが、高エネルギー粒子で探査すれば10ないし11次元に見える。

図7-7 ブレーン世界
電気力はブレーン上に閉じ込められており、原子核の周りで電子が安定軌道をもつように、この電気力は適度な度合いで遠くに行くほど弱くなる。

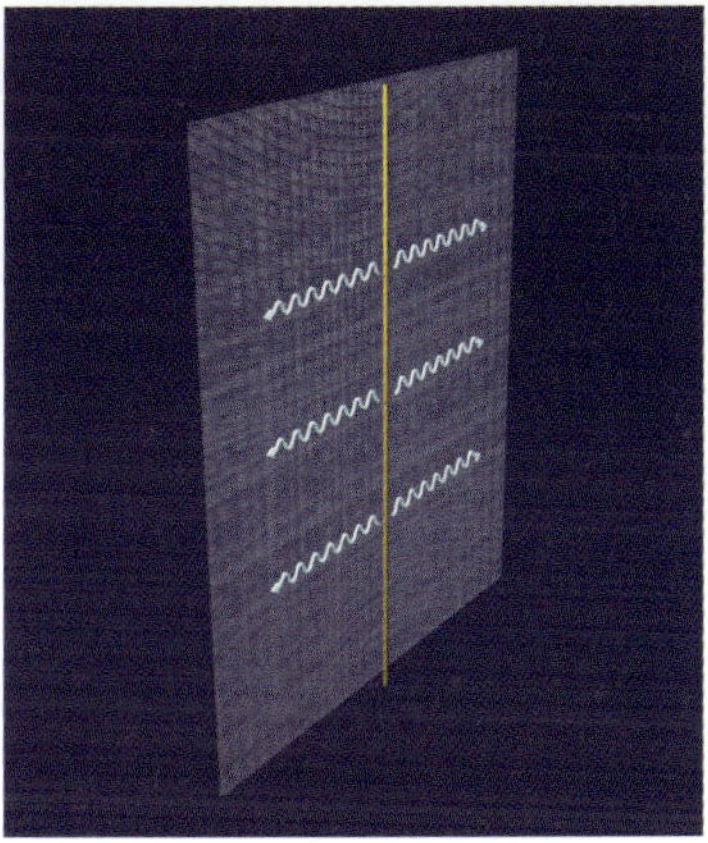

るかもしれない、わくわくするような新しい発展がありました。第二章と第三章で説明したように、M理論の数学的モデルネットワークでは、時空は十か十一の次元をもっています。最近まで、六ないし七つの新たな次元は、非常に小さく丸まっていると考えられてきました。人の髪の毛に似ているでしょう。（図7-6）

虫めがねで髪の毛を見ると、厚みがあることがわかります。しかし肉眼では、長さはあるものの次元がひとつしかない一本の線にすぎません。時空も同じと考えていいでしょう。人間、原子、そして原子物理学的長さのスケールにおいても、時空は四次元でほぼ平坦に見えます。しかし、きわめて高エネルギーの粒子を使って非常に短い距離を調べると、時空は実は十か十一次元であるとわかります。

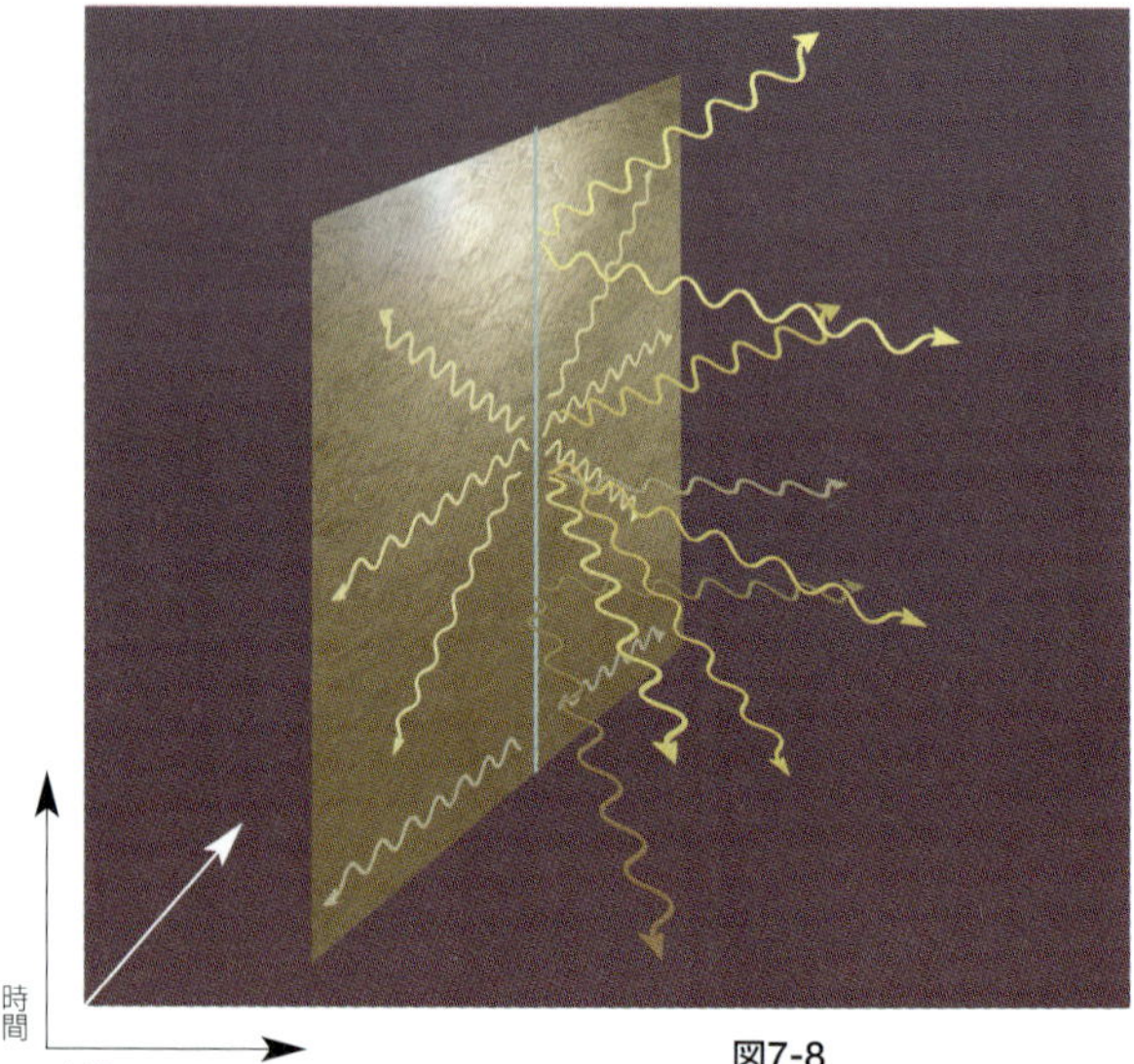

図7-8
重力はブレーン上に作用するのと同様に余次元方向にも広がる。4次元内にあるときよりも急激に距離と共に弱くなる。

これらの余次元がすべて非常に小さいなら、それらを観測するのはとても難しいでしょう。ただ最近、これら新たな次元のうちのひとつかそれ以上の次元は比較的大きく、ひょっとしたら無限に広がっているという理論が提案されています。この考えはかなりの利点があります（少なくとも、私のような実証主義者にとっては)。なぜなら、この理論は次世代の粒子加速器や重力精密短距離測定装置によってテストできるかもしれないからです。このような実験は、その理論をつぶしてしまうかもしれませんが、正しいことを証明して他の次元の存在を確認することができるかもしれません。

追加される新たな次元が大きいということは、私たちが究極のモデルや究極理論を探すに際し、すばらしい発展と言えます。それらは、私たちが四次元平面もしくは高次元時空であるブレーン世界に住んでいることを示唆しているからです。

物質や電気力のような重力以外の基本的力は、ブレーンの中に閉じ込められているでしょう。したがって重力にかかわっていないすべてのものは、時空が四次元であるかのように振るまうことになります。とりわけ、原子核とその周りを回る電子とのあいだの電気力は、距離と共に弱くなっていきますが、この弱くなる度合いがうまく調整されているために、電子が原子核に落下することはなく原子は安定しているのです。(図7-7)

このことは、宇宙が知的生命体にとって都合の良いという人間原理にしたがっているとも言えるでしょう。つまり原子が安定してなければ私たちは存在しないし、宇宙を観測したり、どうして四次元に見えるのかなどと尋ねることもできないでしょう。

しかし、曲がった空間の形態を取る重力は、高次元時空の全体に広がります。すなわち重力は、私たちの経験する他の力とは異なった振るまいを見せるのです。なぜなら重力は

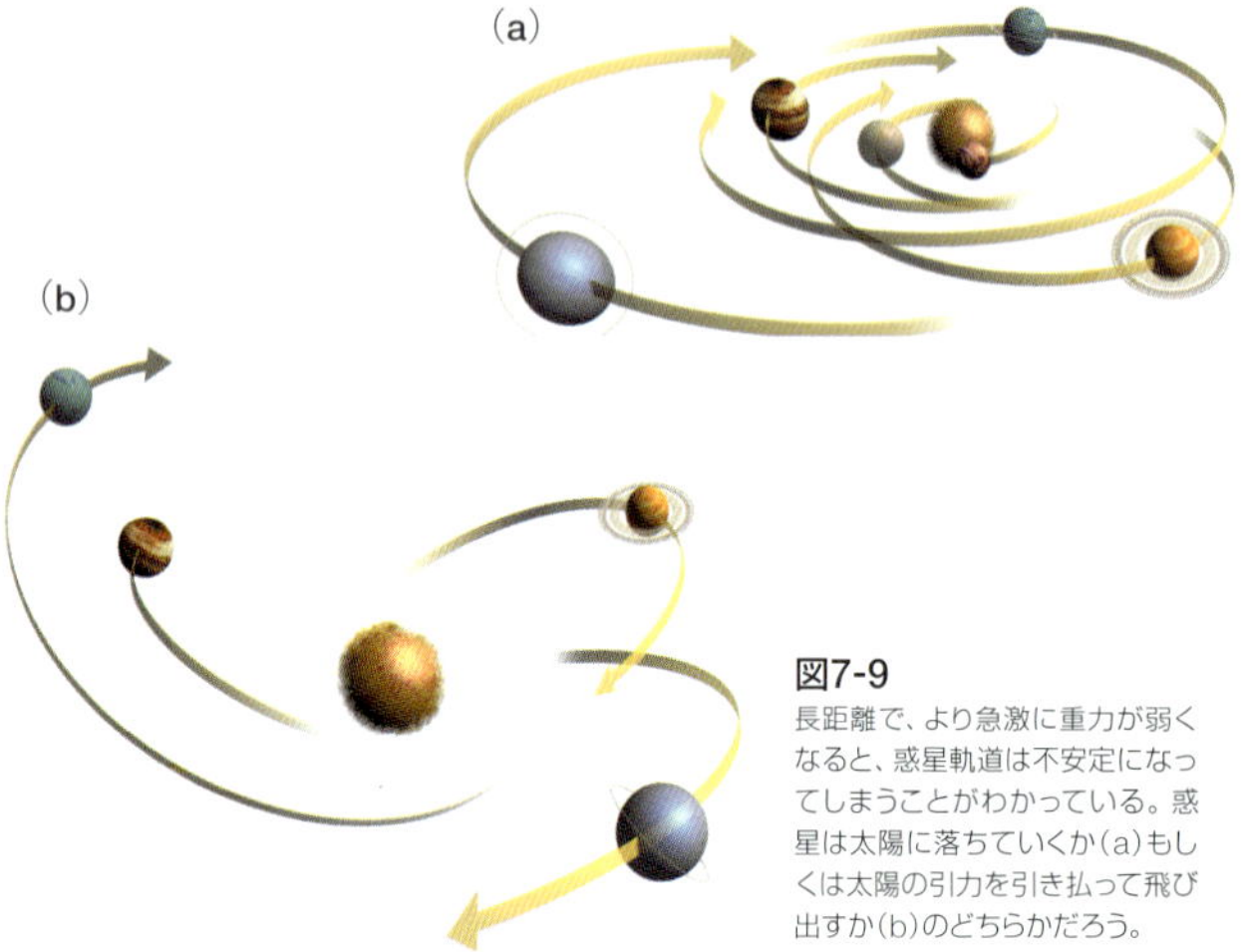

図7-9
長距離で、より急激に重力が弱くなると、惑星軌道は不安定になってしまうことがわかっている。惑星は太陽に落ちていくか(a)もしくは太陽の引力を引き払って飛び出すか(b)のどちらかだろう。

新たな次元にも広がり、距離と共に四次元空間にあるとき以上に急速に衰えるでしょうから。（図7-8）

より急速な重力の衰えが天文学的距離にまで達するなら、その効果は惑星軌道に影響を及ぼしますので、容易に見出すことができるでしょう。事実、第三章で述べたように惑星軌道は不安定になってしまいます。惑星は太陽へ落ちていくか、暗く冷たい星間空間へ飛び出してしまうかするでしょう。（図7-9）

けれど、私たちの住んでいるブレーンからそう遠くない別のブレーンまで行き、そこで新たな次元が終わるとするなら、こういったことが起こる可能性はありません。ブレーン間の距離よ

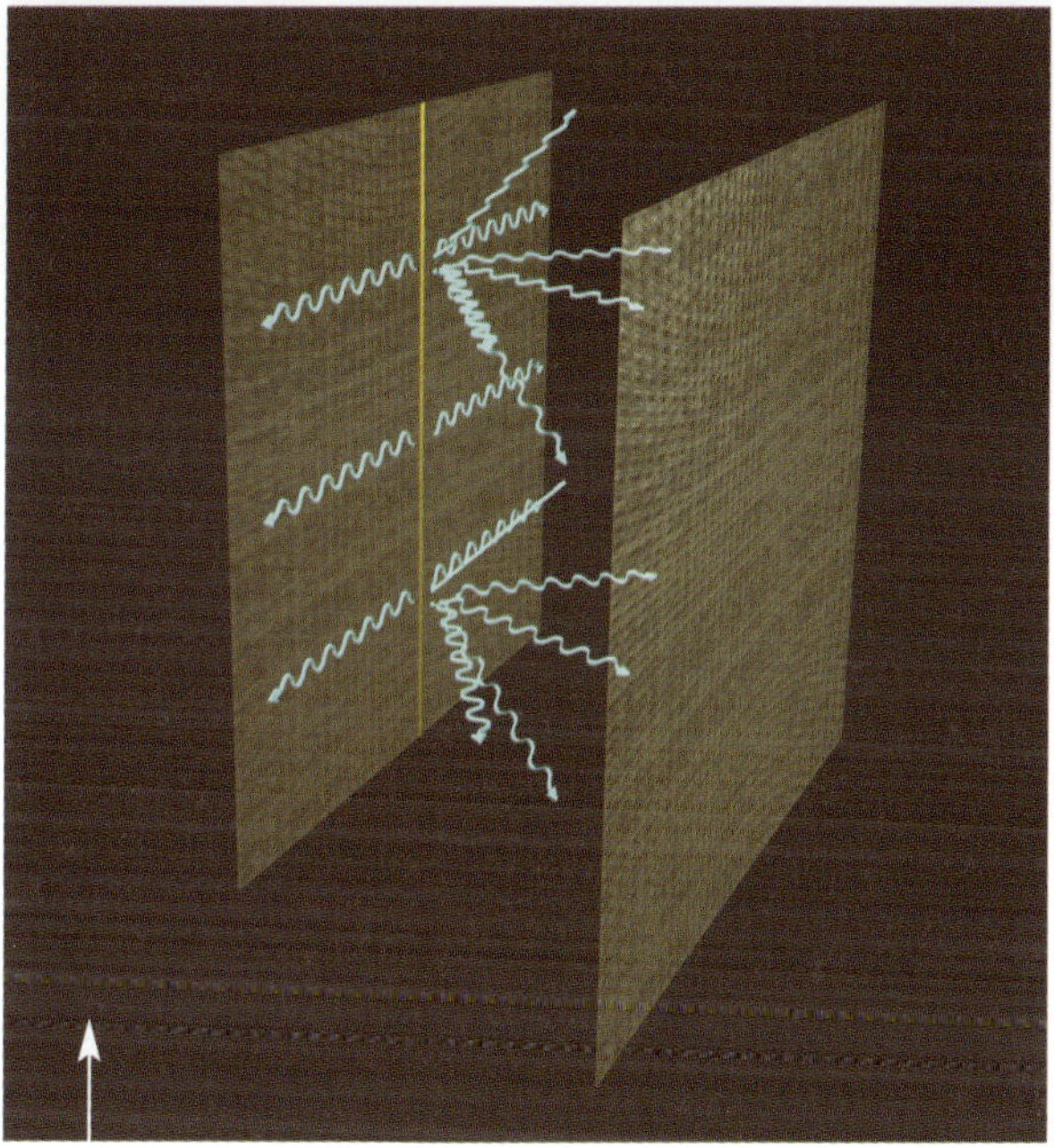

図7-10
我々のブレーン世界の近くにある2番目のブレーンは、重力が余次元方向へと広がるのを妨げる。また2番目のブレーンが存在することによって、ブレーン間の距離よりも長い距離において重力は4次元内で予想される割合で弱くなっていくことになる。

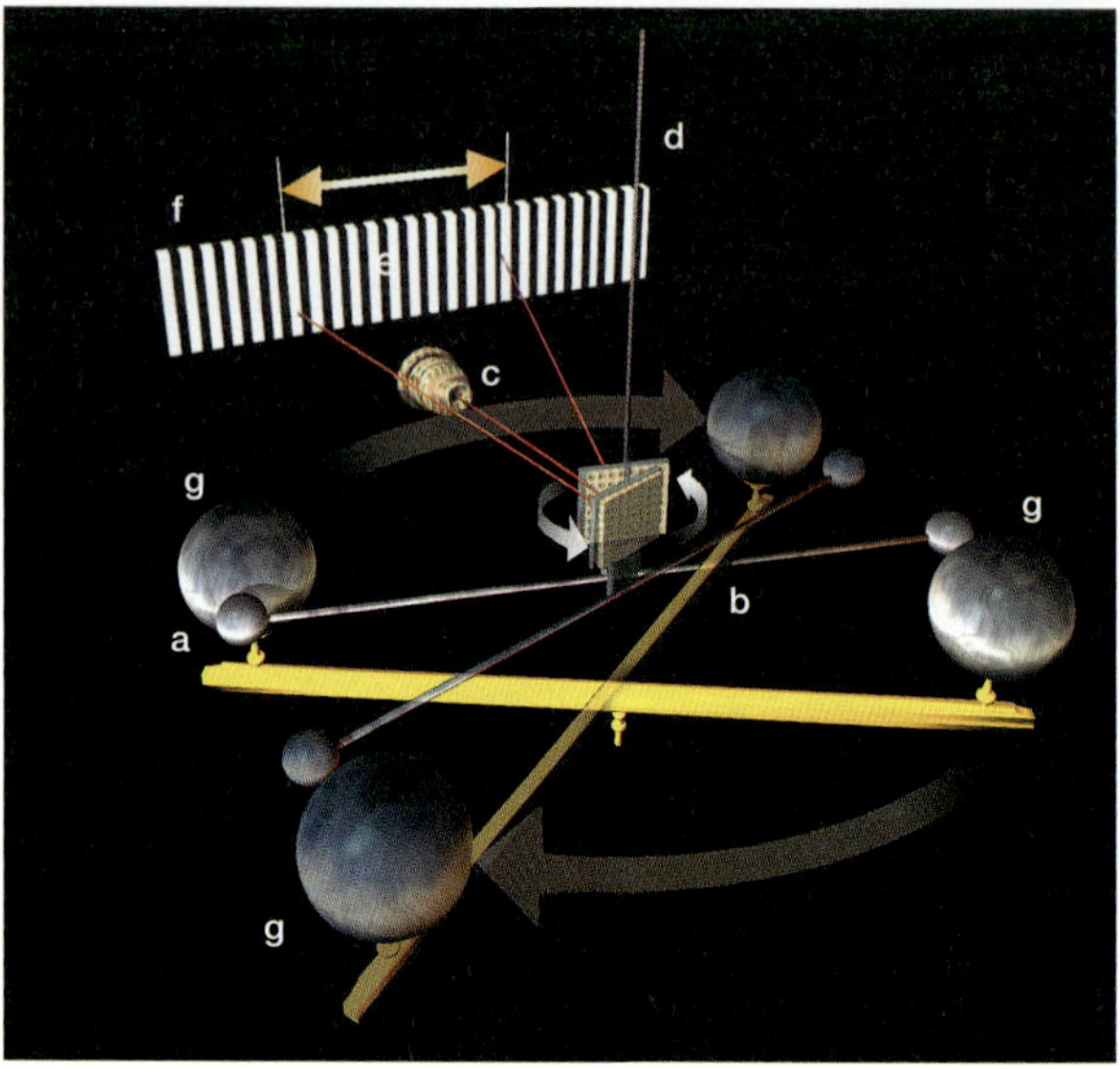

図7-11
キャベンディッシュの実験
レーザー光線(e)が較正された目盛りのあるスクリーン(f)に射影されると、このレーザー光線によりダンベルのわずかなねじれも正確に測定できる。小さな鏡(c)のついたダンベル(b)に取り付けられた二つの小さな鉛球(a)は、糸によって自由につるされている。
ふたつの大きな鉛球(g)はその小さな鉛球の近くで回転する棒の上に置かれている。大きな鉛球が反対の位置に回転すると、ダンベルは振動して新しい位置に落ち着く。

り長い距離では、もはや重力は自由に広がることはできません。電気力のように重力も実質的にはブレーンに閉じ込められ、惑星軌道と一致するようにちょうど適当な割合で距離と共に弱くなっていくからです。(図7-10)

一方、ブレーン間の距離より短い距離の場合は、重力はもっと急速に変化することでしょう。重い物体間

図7-12
ブレーン世界のシナリオでは、重力が余次元へ伝わることにより、惑星はシャドウブレーン上の暗黒物質の重力による軌道に乗るかもしれない。

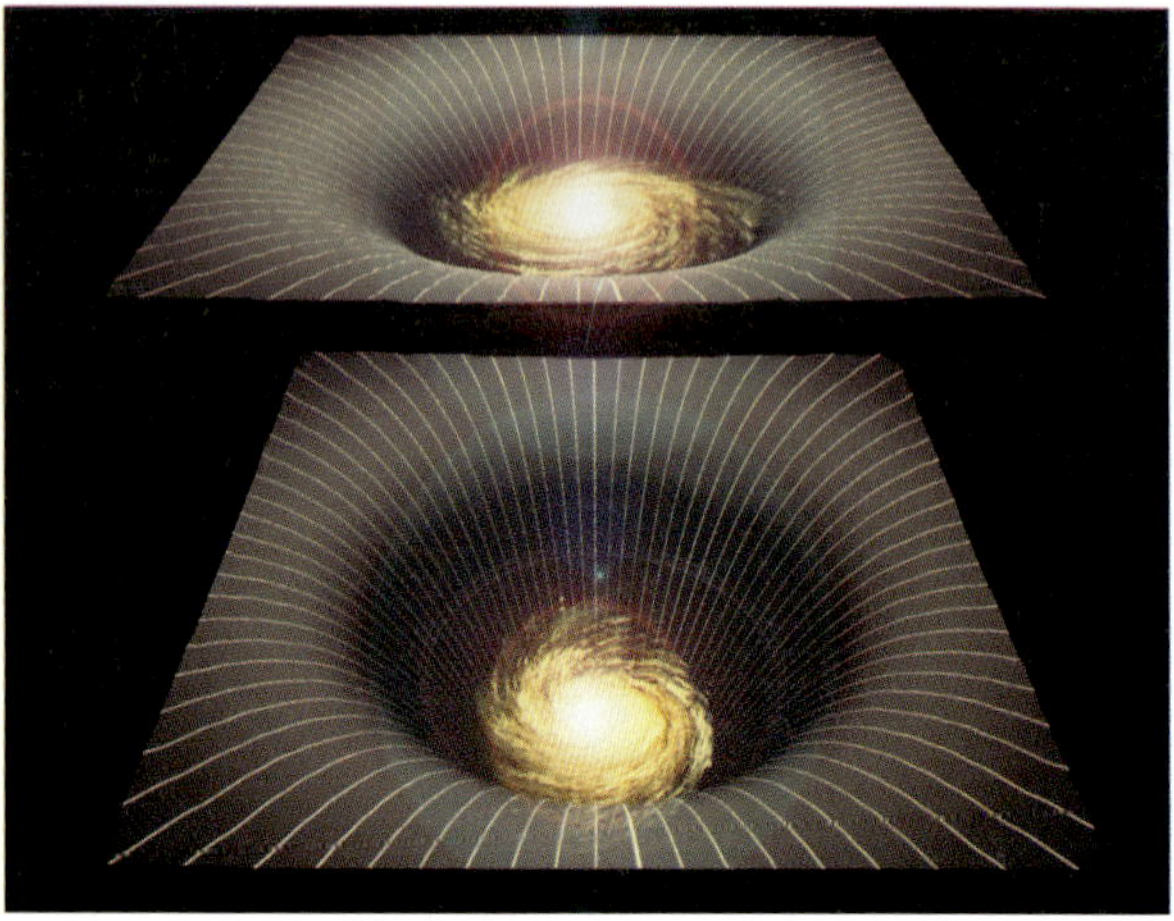

ブレーン間に広がっている余次元方向の無人地帯

図7-13
シャドウブレーン上のシャドウ銀河を我々は眼で見ることはない。なぜなら重力は余次元方向へも伝わることができるが、光は伝わることができないからである。したがって我々の銀河の回転は、見ることのできない暗黒物質によって影響を受けることになる。

の非常に小さな重力は実験的に正確に測定されてきましたが、今のところ、数ミリメートルにも満たない距離しか離れていないブレーン間の効果を検出するような実験は行なわれていません。進んでいるのは、より短い距離間での重力を新しく測定しようとする計画です。（**図7-11**）

このブレーン世界で、私たちはひとつのブレーン上で生活しているよ

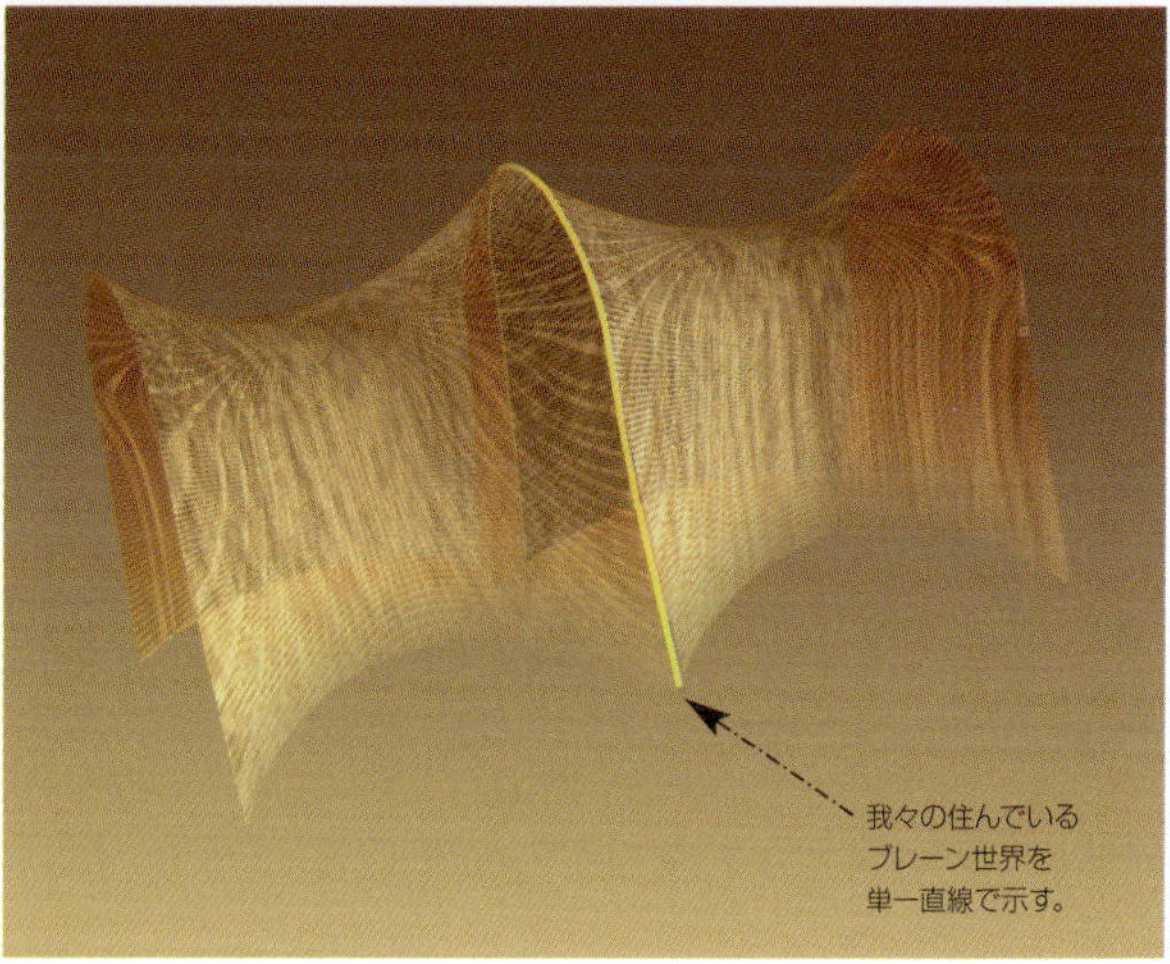
我々の住んでいる
ブレーン世界を
単一直線で示す。

図7-14
ランドル-サンドラム-モデルにおいては、ひとつのブレーンしかない（ここでは1次元だけで示されている）。余次元方向には無限に広がっているが、サドルのように曲がっている。この曲率はブレーン上の物質の重力場が遠くの余次元へと広がっていくのを妨げる。

うに見えますが、近くには別の〝シャドウ〟ブレーンがあるかもしれません。つまり、光はブレーン内に閉じ込められて空間を伝わることができないため、私たちにはシャドウ世界があっても見えないだけなのかもしれません。けれども、シャドウブレーンにある物質による重力は、私たちのブレーンにも影響を及ぼします。私たちの住むブレーン内ではこのような重力は、

暗黒物質の証拠

様々な宇宙論的観測は、我々の銀河や他の銀河内には我々が見ている以上の物質が存在していなければならないことを強く示唆している。これらの観測報告の中でもっとも説得力のあるものは、我々の天の川銀河と同じような渦状銀河のはずれにある星が、我々が観測的に存在を知っているすべての星の重力を合計しても、引き付けることができないほどのスピードで軌道を描いているという事実である。

渦状銀河の外部領域にある星の回転速度(図で点として示されている)と銀河内の目に見える星の分布から、ニュートンの法則にしたがって予想される軌道速度(図で実線の曲線で示されている)のあいだに食い違いがあることは、1970年代から知られてきた。この食い違いは渦状銀河の外部にもっと多くの物質が存在していなければならないことを示している。

渦状銀河NGC 3198の回転曲線

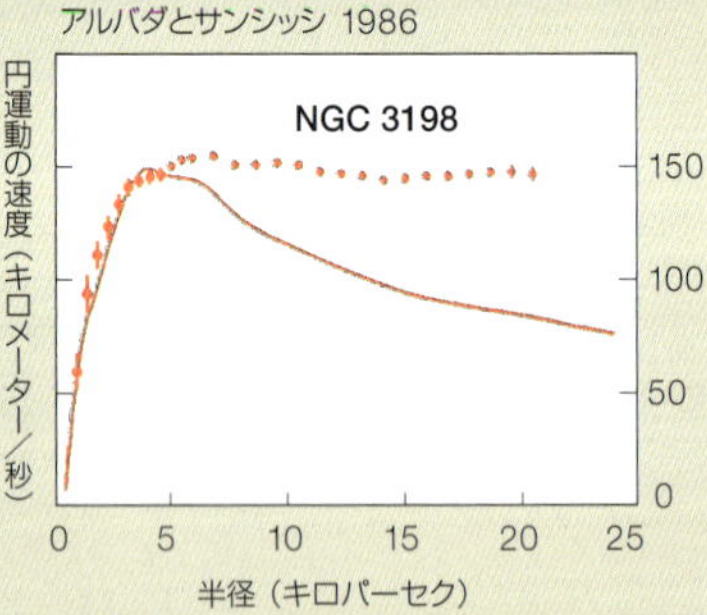

暗黒物質の正体

宇宙論研究者は、渦状銀河の中心部分は主に通常の星から成り立っているが、銀河のはずれは我々が直接見ることのできない暗黒物質によって占められていると信じている。現在、基本的問題のひとつは、これら銀河の外部領域にある暗黒物質の正体を発見することである。1980年代以前は、この暗黒物質も陽子や中性子そして電子から成る通常の物質であるが、容易には検出できない形態をとっているだけと考えられていた。おそらくガス雲とか、白色矮星、中性子星、ブラックホールといったMACHO(massive compact halo objectsの頭文字、つまり銀河ハローにある小さいが重い天体と言う意味。また英語でmachoとは力強い男と言う意味もある)の形態かもしれない。

しかしながら、最近の銀河形成の研究から、宇宙論研究者は、暗黒物質の主要な成分は通常物質とは異なる形態の物質にちがいないと信じるようになった。それはアキシオンやニュートリノといった非常に軽い素粒子のかたまりなのかもしれない。暗黒物質はもしかしたらWIMPs(weakly interacting massive par-ticlesの頭文字、つまり弱い相互作用しかしない有質量粒子の略。また英語でwimpは弱虫意気地なしと言う意味もある)といったもっと風変わりな種類の粒子から成り立っているかもしれない。これらの粒子は素粒子論によって予言されているが、実験的にはまだ見つかっていない粒子である。

互いに相手の近くを近接して周っている中性子星

1975年以降の PSR1913+16連星パルサーのグラフ

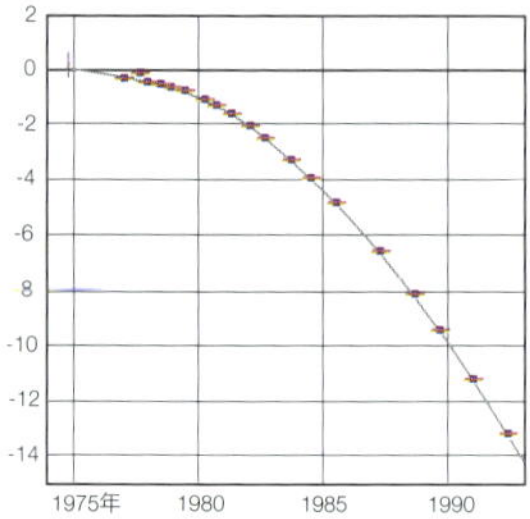

1975年以降の
PSR 1913+16の
軌道周期の変化

連星パルサー

一般相対論は、重力の影響下で動く重い物体は重力波を放出すると予言している。光の波のように、重力波はそれを放出する天体からエネルギーを運び去る。しかし、エネルギーの損失は通常きわめて小さいので、これを観測するのは非常に困難である。たとえば、重力波の放出により地球は徐々に太陽に向かってらせん状に落下しているが、太陽にぶつかるのにあと10の27乗年もかかるだろう!

しかし、1975年にラッセル・ハルスとジョゼフ・テイラーはPSR1913+16連星パルサーを発見した。これは最大で太陽半径しか離れていない近接した軌道を描いているふたつの中性子星から成る連星系であった。一般相対論によると、急速な動きによって強い重力波信号を放出するため、この連星系の軌道周期は急速に短くなっていくことになる。一般相対論によって予言されていた軌道周期の変化はハルスとテイラーによる慎重な軌道要素の観測結果とみごとに一致した。これは1975年以降に周期が10秒以上も短くなってきたことを示している。1993年に彼らは一般相対論の確証をしたとしてノーベル賞を受賞した。

にできるのは、重力を通してのみ探知できるという点から、本当に〝暗黒〟である源から造り出されたかのように感じられるのです（図7-12）。実際、私たちの銀河の中心を周回している星の速さを解釈しようとすると、私たちが観測している物質の総質量以上の質量が、銀河の中心になければならないのです。

この質量の不足は、私たちの世界にあるWIMPs（きわめて弱い相互作用しかしない質量をもった粒子）やアキシオン（非常に軽い素粒子）といった一見変わった粒子の一種によって生じているのかもしれません。けれども、質量の不足は物質をふくむシャドウ世界の存在の証拠として考えることもできます。おそらくそこにはシャドウ人間がいて、シャドウ銀河の中心を回るシャドウ星の軌道から考え、彼らの世界から質量が不足していることに気づき、不思議に思っていることでしょう。（図7-13）

ふたつ目のブレーンで完結する余次元のかわりに、別の可能性として考えられるのは、その次元方向に無限に広がっているけれど、サドルのように非常に曲がっている場合です（図7-14）。リサ・ランドルとラマン・サンドラムは、この種のひずみは、ふたつめのブレーンのように作用することを示しました。ブレーントの物体に対する重力の影響は、そのブレーン近くに限られており、新たな次元へ無限に広がることはないでしょう。シャドウブレーン・モデルでは重力場は距離と共に弱くなり、惑星軌道と実験室での重力測定の結果を共に説明しますが、重力は近距離でより急速に変化します。

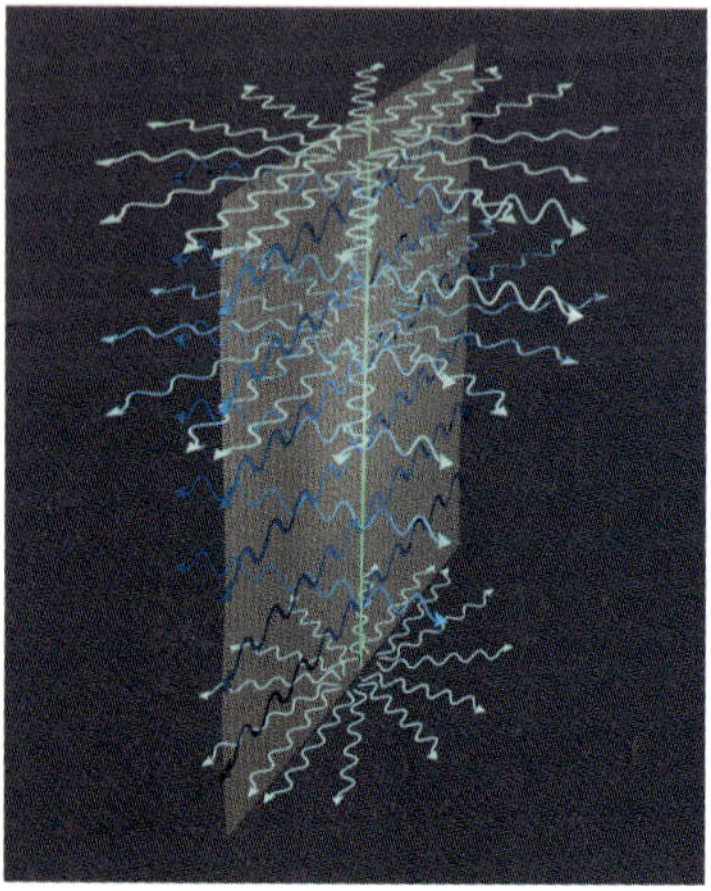

図7-15
ランドル-サンドラム-モデルでは、短い波長の重力波はブレーン上の発生源からエネルギーを余次元方向にも運び去るため、エネルギー保存法則が侵されているように見える。

しかしながら、ランドル-サンドラム-モデルとシャドウブレーン・モデルには重要な相違点があります。重力の影響下で動く物体は、光速で時空を伝播する時空のひずみのさざ波と言える重力波を生み出します。光をふくむ電磁波と同様、重力波はエネルギーを運ぶはずです。これは重力波を放出することによって軌道の周期が変化していると考えられる連星パルサーPSR1913+16の観測によって確認されています。

そして、余次元をもつ時空のブレーンで私たちが本当に生活するなら、ブレーン上を動く物体によって生み出された重力波は他の次元へと伝わるはずです。もしふたつめのシャドウブレーンが存在するなら、その重力波は跳ねかえされてふたつのブレー

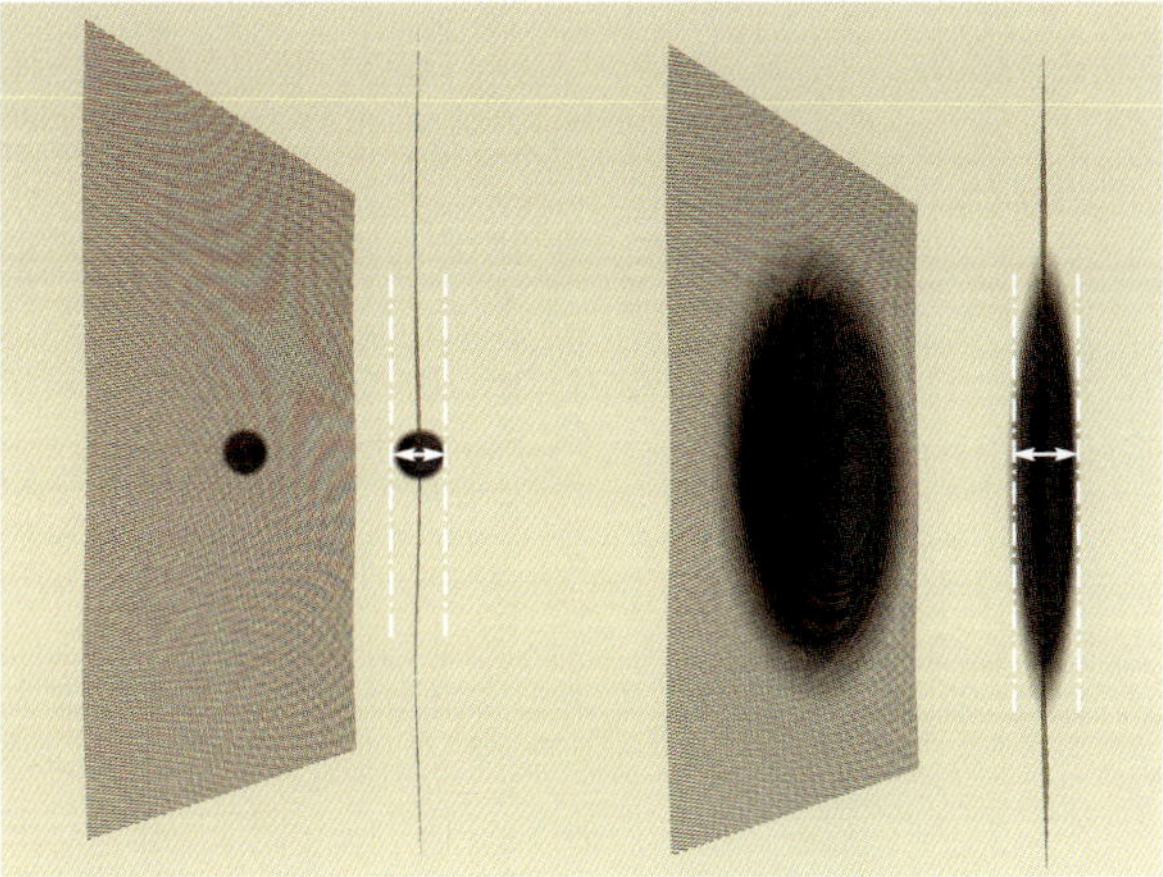

図7-16
ブレーン上の我々の世界で、ブラックホールは余次元方向へも広がる。もしブラックホールが小さければほとんど球形をしているが、ブレーン上で大きければ余次元方向にはパンケーキ型のブラックホールとしてひしゃげて広がる。

ンのあいだにとらえられるでしょう。けれども、もしランドル-サンドラム-モデルのように単 のブレーンしか存在せずに新たな次元が永遠に続くなら、重力波はすべて逃げてしまい、私たちの単一ブレーン世界からエネルギーをもちさってしまいます。（図7-15）

この世界では、物理学のもっとも基本的な原理のひとつである〝エネルギー保存法則〟を侵しているように見えるはずです。

エネルギーの総量は、余次元方向も考えるなら不変です。しかし、起こっている事象に対する私たちの視野が単にブレーン内に制限されているために、法則に違反しているように見えるわけです。新たな次元も見ることができる天使にとっては、エネルギーは不変であり、単に広がっただけにすぎません。

互いの周囲で軌道を描いているふたつの星によって生み出された重力波の波長は、新たな次元でのサドル型曲率の半径よりもずっと長いと考えられます。この場合、これら重力波は〝重力〟と同様に小さなブレーン近傍に閉じ込められる傾向があります。そして新たな次元へあまり広がることもなく、ブレーンから多くのエネルギーをもちだすこともないのです。一方、新たな次元のゆがみのスケールより短い波長をもつ重力波は、ブレーン近傍から容易に逃れることでしょう。

問題になるほどの量の短い重力波を放出する源となりうるのは、ブラックホールだけでしょう。ブレーン上のブラックホールは、新たな次元内のブラックホールへと広がり、ブラックホールが小さければ、ほとんど球状となるでしょう。すなわち、そのブラックホールは、ブレーン上での大きさと同じ距離程度、余次元方向にも伸びていることになります。反対に、ブレーン上で大きなブラックホールは〝ブラックパンケーキ〟のように広がっているでしょう。ブラックホールもブレーン近傍に閉じ込められており、余次元方向の厚みはパンケーキの半径より小さいと言えます。（図7-16）

第四章で説明されたように、量子論によるとブラックホールは完全にブラックではないことになっています。これらブラックホールは、高熱の物体のようにすべての種類の粒子や放射を放出します。粒子と放射、光はブレーンにそって放出されますが、これは物質と電気力の類の非重力的力がブレーン内に閉じ込められているためです。しかし、ブラックホールは重力波を放出します。この重力波はブレーン上に制限されておらず、余次元方向へもブレーン上と同じように伝播していきます。ブラックホールが大きくパンケーキ状であったなら、重力波はブレーン近傍にとどまるでしょう。つまりブラックホールは、四次元空間内のブラックホールと同じ割合でエネルギー（すなわち$E=mc^2$であたえられる質量）を失うのです。このようにして、ブラックホールは徐々に蒸発していき、そのサイズは縮まり、最後にサドル状の余次元の曲率半径より小さくなるのです。この時点で、ブラックホールから放たれた重力波は自由に新たな次元へと逃げ始めます。ブレーン上に人がいるなら、ブラックホール（もしくはマイケルが暗黒星と呼んだもの。第四章参照）は〝暗黒放射〟を放出しているように見えるでしょう。この放射はブレーン上で直接観測することはできませんが、その存在はブラックホールが質量を失っている事実から推測することができます。

これは、蒸発しつつあるブラックホールからの放射の最終的なバーストは、実際のバーストよりは強力には見えないことを意味しています。こういったわけで、死につつあるブ

図7-17
ブレーン世界の創生は、沸騰している湯のなかの蒸気の泡の形成と似ている。

ラックホールの結果と見なすことのできるガンマ線バーストを観測できないのかもしれません。もっとも、宇宙の歴史のあいだに蒸発することができるほど質量の小さいブラックホールはあまりないから観測されないのだという、より平凡な説明もできますが。

ブレーン世界のブラックホールからの放射は、ブレーン上やその離れた部分での粒子の量子ゆらぎから生じますが、宇宙のその他すべてのもの同様、ブレーン自身も量子ゆらぎの効果を当然受けます。この量子ゆらぎによって新たにブレーンが突然現われたり、また消えたりすることが生じます。ブレーンの量子創生は多少、沸騰した水の蒸気の泡沫の形成と似ています。液体の水は何十億ものH_2O分子から成り立っており、それらは互いにもっとも近くの分子同士で結合して詰め込まれています。水が温められると、その分子はより速く動くようになり、互いにぶつかりあいます。時として、その衝突によって一部の分子は非常に速い速度を得ることになり、その結果、これらの集団が結合を壊して自由になると、水に囲まれた蒸気の小さな泡を形成するのです。そして液体から蒸気へ、またはその逆という現象が起き、この泡はランダムに成長するか収縮していくかします。蒸気の小さな泡の大部分はふたたび液体へ戻りますが、ある臨界サイズまで成長すると、そこからその泡はほぼ確実に成長しつづけます。水が沸騰しているときに観測されるのは、この大きな膨張

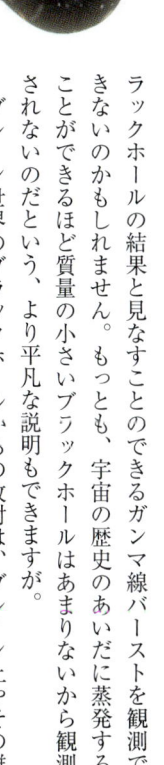

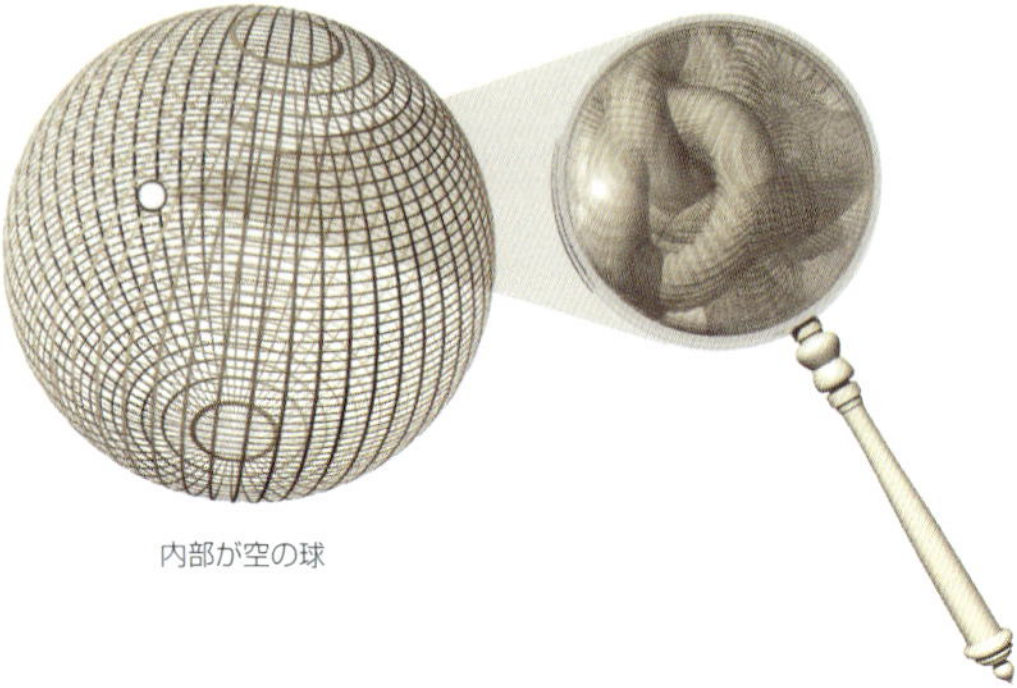

内部が空の球

内部が詰まっている球

図7-18
ブレーン世界モデルでの宇宙創生の描像は、第3章で議論されたものとは異なる。なぜなら、いくらか押しつぶされた4次元の球、すなわちクルミの殻はもはや内部が空ではなく5番目の次元で満たされているのである。

ホログラフィ

ホログラフィは空間領域の情報を1次元少ない平面へとコード化する。これは事象の地平面がブラックホール内部の状態数を表わしているという事実によって示されたように、重力のひとつの特性のように思われる。ブレーン世界モデルでのホログラフィは、我々の4次元世界での状態と高次元での状態のあいだを1対1対応で結び付けている。実証主義者の観点からは、どちらの描写がより根本的かは区別できない。

しつつある泡です。（図7-17）

ブレーン世界の振るまいはこれと同様です。ブレーンでの泡が、泡の表面を形成して内部を高次元空間にすることで、不確定性原理によりブレーン世界は無から創生されます。非常に小さい泡はふたたび無くなってしまいますが、量子ゆらぎによってある臨界サイズを越えて成長した泡は成長しつづけるでしょう。ブレーンの上、つまり泡の表面で生きている私たちのような人々は、宇宙は膨張していると考えるでしょう。風船の表面に銀河を描き、その風船を膨らませたようなものです。銀河は互いに離れていきますが、どの銀河も膨張の中心とは言えません。風船の空気を抜く宇宙ピンがないことを祈りましょう。

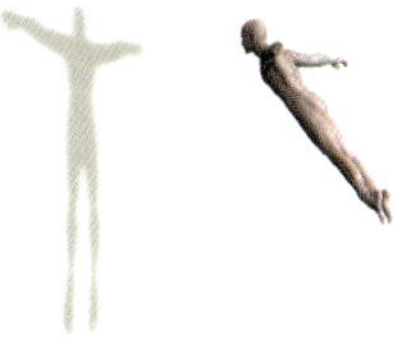

第三章で述べた無境界仮説によると、ブレーン世界の自然発生的創造はクルミの殻と同様に虚時

図7-19

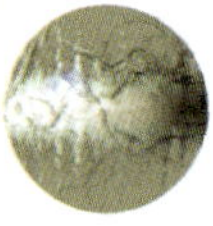

1　高次元空間が内部にあり、外部には何もないブレーン／泡

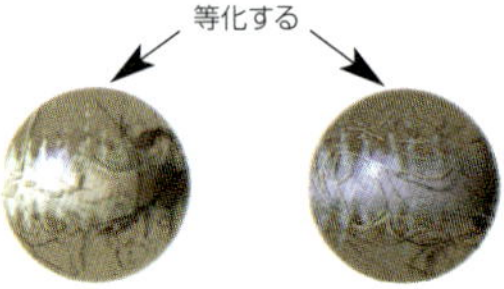

2　ブレーン／泡の外部が別の泡の外部と糊づけされてつながっているひとつの可能性

3　ブレーン／泡がその内部の鏡像ではない空間へ膨張する。別の多くの泡がこのシナリオでは創生され、膨張することができる。

間の歴史をもっています。すなわちブレーン世界は、地球の表面と同様に四次元の球ですが、さらにふたつの次元をもっているのです。重要な違いは、第三章で説明しましたが、クルミの殻は中が空洞であるということです。四次元の球は何の境界ももたず、M理論が予言している六か七の次元をもつ時空は、すべてクルミの殻よりも小さく巻き上げられています。けれども新しいブレーン世界の像においては、クルミの殻は中まで詰まっています。私たちの住むブレーンの虚時間の歴史は四次元の球ですが、これは五次元の泡の境界であり、五か六の非常に小さく巻き上げられた次元をふくみます。（**図7-18**）

虚時間でのブレーンの歴史が実時間の歴史を決定します。実時間のブレーンは第三章で説明されたように加速的な、指数関数的膨張をします。完全になめらかで丸いクルミの殻は、虚時間での泡の中でもっとも起こりそうな歴史です。これは実時間での指数関数的にいつまでも膨張を続けるブレーンに対応するでしょう。このようなブレーン上では銀河は形成されないので知的生命は進化しないでしょう。一方、完全になめらかでなく、丸くもない虚時間の歴史は、幾分起きる確率は低いけれども、最初は加速的指数関数的膨張をするがやがて減速する性質をもつブレーンの、ある実時間での時間発展に対応することができます。この膨張が減速しているあいだに銀河は形成され、知的生命が進化したのかもしれません。よって第三章で述べた人間原理によると、虚時間の歴史は単にわずかにごつごつしたクルミの殻であり、どうして宇宙の起源は完全になめらかではないのだろうか、という疑問をもつ知的生命体によって観測される宇宙となるでしょう。

ブレーンが膨張するにつれて、高次元空間内の体積は増加します。その結果、私たちの住むブレーンで覆われた莫大な泡が出現するでしょう。けれども私たちは本当にこのブレーンの上に住んでいるのでしょうか？ 第二章でふれられたホログラフィの考えによると、時空領域で何が起きているかといった情報は、その境界面上にコード化することができます。よって泡の内部で起きていることが影絵のようにブレーンの上に映し出されるのだとすると、私たちはブレーン上の影絵の俳優と言うことになります。したがって私たちは四次元世界に住んでいるのかもしれません。

しかし、実証主義者の観点からは次のような質問はまったく意味がありません。「ブレーンと泡のどちらが本当なのですか？」両方とも観測結果を説明する数学的モデルなのです。都合の良いほうを、どちらでも自由に選ぶことができます。ブレーンの外側に何があるのでしょうか？　それはいくつかの可能性があります。**（図7-19）**

1　外には何もないかもしれません。蒸気の泡の外は水ですが、これは単に宇宙の起源を視覚的に思い浮かべるための助けとしての類推にすぎません。高次元空間を内部にもっていても、その外部にはいっさい何もない（空の空間すらない）ブレーンについての数学的モデルを思い浮かべるでしょう。そして外部に何があるかと言及することなく、数学的モデルが予測することを計算できるのです。

2　泡の外部は、他の同様な泡の外部と糊《のり》づけされているという数学的モデルも考えられます。このモデルは、上記で議論された泡の外部には何もないという可能性と数学的に同義であり、その差は心理的なものです。人々は時空の端に位置しているより中心に位置しているほうが居心地良いと感じますが、実証主義者にとっては、1という可能性と2という可能性は同じものです。

3　時空へと泡は膨張するかもしれませんが、その時空は泡の内部の鏡像ではありません。この可能性は前述のふたつとは異なり、より沸騰した水の場合と似ています。他の泡が形成して膨張できるのです。もしこれらの泡が私たちの住む泡と衝突して併合したなら、その結果は悲劇的かもしれません。またビッグバン自身さえブレーン間の衝突によって引き起こされたかもしれないという主張さえあります。

このようなブレーン世界モデルは最新の研究課題です。これらはまだ推測の域を出ていませんが、観測で確認できる新しい種類の振るまいを見せてくれます。どうして重力がこれほど弱く見えるかを説明してくれるかもしれません。基礎理論では重力はかなり強力かもしれませんが、新たな次元へと重力が広がることで私たちの住むブレーン上の長距離では弱くなるのかもしれません。

ここで重要なことは、ブラックホールを造りだすことなく測定できる最小の長さのプランク長が、私たちの住む四次元ブレーンでの重力の弱さから予測されるよりずっと長いかもしれないということです。したがって、もっとも小さなロシア人形も所詮はそれほど小さくなく、未来の粒子加速装置の届く範囲内にあるかもしれないのです。実際、もし米国が一九九四年にSSC（超伝導スーパーコライダー）の建設を、すでに半分近く作られていたのに中止してしまうと言うようなことをしなかったならば、私たちはすでにロシア人形、マトリョーシカの最小の人形、つまり根本的なプランク長を見つけていたかもしれません。ジュネーヴ郊外にLHC（大ハドロンコライダー）という、粒子加速器が現在造られつつあります（**図7-20**）。このような加速器や宇宙マイクロ波背景放射などの観測により、私たちは自分がブレーン上に住んでいるかどうかを決められるかもしれません。もし本当にブレーン上に住んでいるなら、それはおそらく人間原理が、M理論が存在を許す多様な宇宙のモデルを展示している巨大な動物園から、ブレーンモデルを選び出したからで

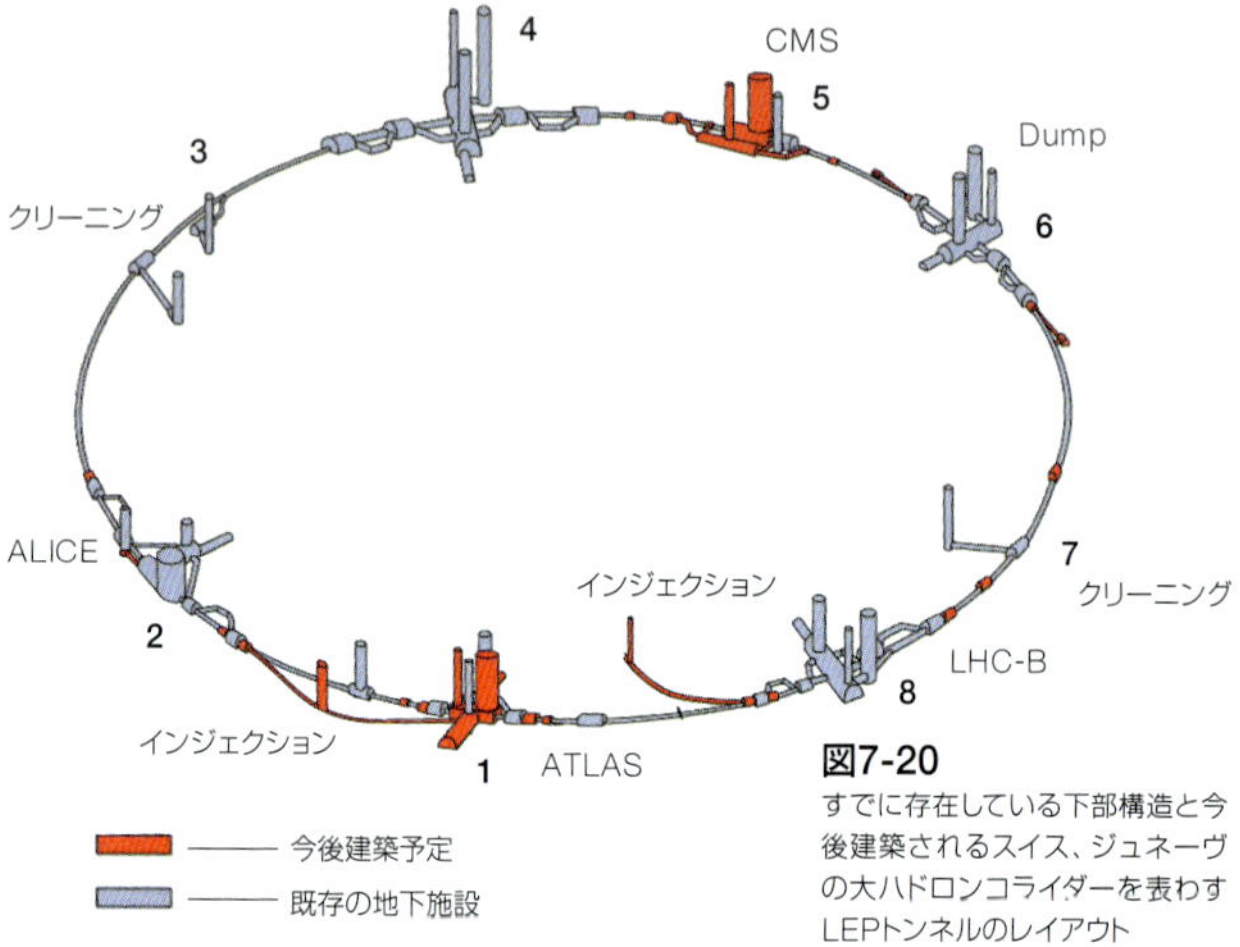

図7-20
すでに存在している下部構造と今後建築されるスイス、ジュネーヴの大ハドロンコライダーを表わすLEPトンネルのレイアウト

しょう。

それでは最後に、シェークスピアの《あらし》より、ミランダの台詞にある〝すばらしき新世界〟(Brave new world)を、〝ブレーン新世界〟(Brane new world)に言い換えて結びとしましょう。

まあ、なんてブレーン新世界はすばらしいところでしょう！　だってこんなにすてきな人が住んでいるのですから、この世界には。

そう、そのとおり、そこはまさにクルミの殻の中の宇宙なのです。

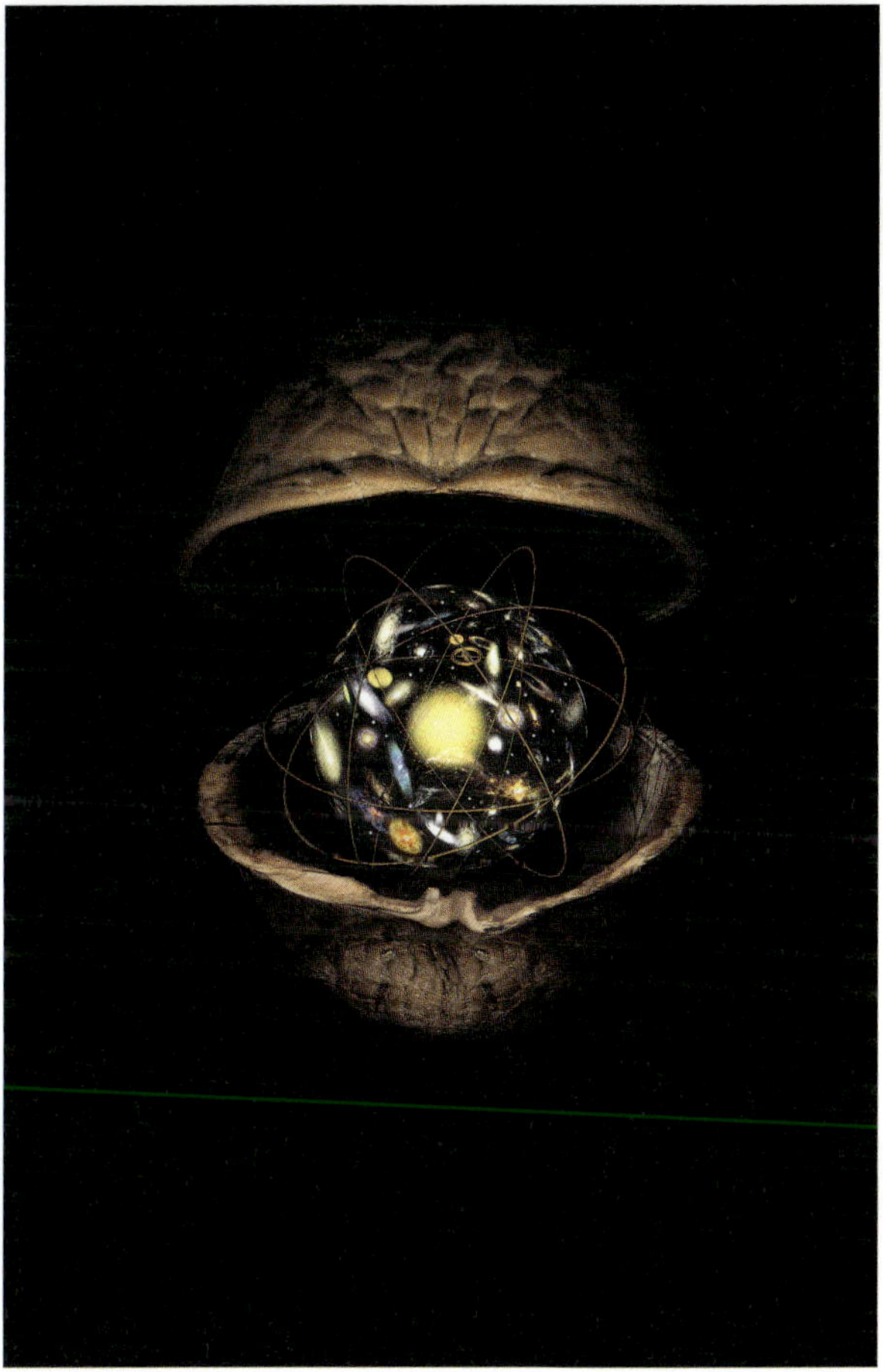

用語集

●**暗黒物質**―直接観測することはできないが、その重力から存在を知ることのできる銀河や銀河団内の正体不明の物質。銀河団の間にも存在していると考えられる。宇宙内の九〇%の物質がこの暗黒物質である。

●**一般相対論**―科学法則はすべての観測者（たとえどんな加速運動をしていても）にとって同じであるべきであるという原理に基づいたアインシュタインの理論。四次元空間の歪みとして重力を説明している。

●**インフレーション**―途方もない速さで宇宙が加速的に膨張した宇宙初期の短い期間を言う。

●**宇宙定数**―アインシュタインが、膨張も収縮もしない宇宙モデルを造るために導入した定数。宇宙を押し広げようとする性質があるので、これと宇宙を収縮させようとする重力をつりあわせて静的モデルを造った。

●**宇宙ひも**―ひも状の長くて重い物体で、宇宙の初期に造られると考えられている。現在の宇宙では、一本のひもが宇宙全体を横断するように伸びている可能性もある。

●**宇宙論**―宇宙全体の構造や進化の研究をする学問。

●**宇宙論の標準模型**―宇宙は火の玉として始まったというビッグバン理論に基づいた宇宙の進化モデル。

●**エーテル**―かつて全空間を満たしていると想定された電磁場などを伝播させる仮想的媒質。このような媒質は相対論の成立によって不要になった。

●**エネルギー保存**―エネルギー（質量と同等）は、造ることも消滅させることもできないという物理法則。

●**M理論**―超ひも理論をひとつの枠組みへと統一する理論。十一の時空次元を前提とする理論であるが、その多くの特質はまだ完全には理解されていない。

●**エントロピー**―物理系での無秩序の尺度。全体の概観を不変のままにして系を変えるときの状態の場合の数に対応する。

●**重さ**―重力場によって物体に及ぼされる力。この力はその物体の質量に比例するので、しばしば質量の代わりの用語としてもちいられるが、同一ではない。

●**科学的決定論**―宇宙は時計じかけであるとするラプラスによって提案された概念。ある時刻での宇宙の状態について完全な知識があれば、過去や未来の宇宙の完全な状態を予測することができる。

●**核分裂**―原子核が壊れてふたつか三つかそれ以上の核に分かれてエネルギーを解き放つプロセス。

●**核融合**―ふたつの原子核が衝突結合し、衝突前より大きくて重いひとつの原子核を形成するプロセス。

●**カシミア効果**―真空内で非常に接近しておかれた二枚の平行な金属板が引きあうという効果。金属板に挟まれた空間内では、仮想粒子の数が外より少ないためにこの力が生じる。

●**仮想粒子**―量子力学において、直接には検出できないがその存在を示す効果は測定できる粒子。「カシミア効果」の項を参照。

●**加速度**―物質の速さや方向の変化の度合い。「速度」の項を参照。

●**干渉じま**―異なる場所からもしくは異なる時間に放たれた複数の波が重なって、現われる波紋。

●**観測者**―系の物理的特質を測定する人ないし器具の部品。

●**基底状態**―系のエネルギーがもっとも低い状態。

●**境界条件**―物理系の初期状態、もしくはより一般的に定義するなら時間や空間の境界での系の状態。

●**巨視的**―毎日の生活で遭遇するスケール。およそ〇・〇一ミリメーターより大きな世界。これ以下のスケールは微視的と呼ばれる。

●**虚数**―二乗すると符号がマイナスになる数。実数と虚数は平面上のある点の位置を決めると考えることができ、その結果、虚数は通常の実数と直交した数と考えることができる。

●**虚時間**―虚数の目盛りで刻まれる時間。

●**空間次元**―空間的である三次元空間のいずれかの方向に対応する次元。

●**クォーク**―強い力が働く電荷をもつ素粒子。クォークには六つのタイプがある（アップ、ダウン、チャーム、ストレンジ、トップ、ボトム）。そして三つの〝色〟がある（赤、緑、青）。

●**グラスマン数**―演算の順序を換えることのできない数。

普通実数ではA×B=CならB×A=Cで、順番を換えても問題はない。グラスマン数では、A×B=CならB×A=-Cと等しくなる。

●**ケルビン**──絶対温度の温度目盛りの単位。

●**原子**──通常の物質の基本単位であり、軌道を描いている電子とそれに囲まれた小さな原子核（陽子と中性子から成る）から造られている。

●**原子核**──互いに強い力で結合している陽子と中性子から成る原子の中心部分。

●**原始ブラックホール**──宇宙初期に造られたブラックホール。

●**光円錐**──ある事象からすべての方向に放出される光線は、時空上でこの事象を頂点とする円錐の表面上を伝わる。この面を光円錐という。

●**光子**──光の量子。電磁場の最小のパケット。

●**光電効果**──金属表面に光があたるとそこから電子が飛び出してくる現象。

●**光年**──一年で光が進む距離。

●**光秒**──一秒で光が進む距離。

●**古典論**──量子力学以前に確立した概念に基づいた理論。量子論以前の物理体系、相対論もふくめて古典論という。古典論では、物体は位置と速度の両方が同時に明確に定義できると仮定している。これはハイゼンベルグの不確定性原理が示したように非常に小さなスケールでは正しくない。

●**時間順序保護仮説**──物理学法則は、巨視的物体がタイムトラベルをすることを禁止しているはずだという仮説。

●**時間の遅れ**──動いている物体、または強い重力場の中にある物体の時間の流れがゆるやかになって見える相対論の効果。

●**時間ループ**──閉じた時間的曲線の別名。

●**時空**──三次元の空間と一次元の時間を合わせて時空と言う。

●**事象**──時空内で空間と時間で位置が指定される出来事。

●**事象の地平面**──ブラックホールの表面。その中から外へ逃げだすことができない領域の境界面。

●**実証主義者アプローチ**──科学理論は観測を説明し、成文化する数学モデルであるという考え。

●**質量**──物体の物質量。自由空間で、物体を加速しようとしたとき質量が大きいほど加速されにくい。

●**磁場**──そこに磁石をおくと力が働く場。

●**自由空間**──完全に場がない真空空間（つまりそこにどん

な粒子をおいてもどんな力も働かない)。
●**重力**—自然の四つの基本的力のなかでもっとも弱い力。
●**重力波**—時空の歪曲のさざなみ。つまり重力場の乱れが伝わっていく波。
●**重力場**—そこに粒子をおくと重力が働く場。
●**シュレディンガー方程式**—量子論における波動関数の時間発展を支配する方程式。
●**初期条件**—物理系の最初の状態を指定するデータ。
●**真空エネルギー**—見かけ上からっぽの空間内にさえ存在しているエネルギー。通常の質量エネルギーとは異なる特性をもち、真空エネルギーの存在により宇宙の膨張は加速される。
●**振動数**—波の一秒あたりの振動数。
●**振幅**—波のピークの最大の高さ、もしくは波の谷の最大深さ。
●**スピン**—素粒子の内部性質で、それが自転しているような性質を表わす。
●**スペクトル**—太陽光をはじめ光はいろいろな振動数の波の混合したものであるが、振動数ごとの強さを示すもの。太陽スペクトルの可視部分は虹として見ることができる。
●**青方偏移**—ドップラー効果によって引き起こされる現象で、観測者に向かって動く物体から放たれた光や放射線の波長が短くなること。
●**赤方偏移**—観測者から遠ざかりつつある物体から放たれる光がドップラー効果により赤色化すること。
●**絶対時間**—宇宙のどこでも、どんな運動をしていようとも一様に進む普遍的な時間。アインシュタインの相対論は、このような概念はありえないことを示した。
●**絶対零度**—物質が熱エネルギーをまったくふくまない、もっとも低い温度。約摂氏マイナス二七三度、もしくは0ケルビン。
●**双対性**—同じ物理的結果に通じるが、見かけ上は異なる理論の間の対応。
●**速度**—物体運動の速さと方向を表わす。
●**素粒子**—それ以上細分することができないと信じられている粒子。
●**素粒子物理の標準模型**—物質はクォーク、レプトンから成り、そのあいだに働く力は光の粒子、光子などのゲージ粒子と呼ばれている粒子で媒介されるというモデル。
●**大統一理論**—電磁気力、強い力そして弱い力をひとつの理論的枠組みに統一する理論。
●**中性子**—陽子と非常に似ているが電荷がない粒子で、大まかに原子核の中の粒子の半分はこの粒子である。三つのクォークから成る（ふたつのダウンクォークとひとつのアップクォーク）。

●**超重力理論**―一般相対論と超対称性を統一する理論。

●**超対称性**―スピンのある粒子の特性と関係ある原理。あるフェルミ粒子があれば、それに対応するボーズ粒子があり、その逆も予言する対称性。

●**強い力**―四つの基本的力のひとつ。クォークをまとめて陽子と中性子を形成し、陽子と中性子を結合して原子核を形作る力。

●**定常状態**―時間的に変化しない状態。

●**DNA**―デオキシリボ核酸。二本のDNAのひもが二重らせん構造を形成していて、酸塩基のペアがその二本をつないでいるためらせん階段のように見える。細胞が生命を造りだすために必要とするすべての情報をDNAはコードしている。

●**電荷**―同じ符号の荷電をもつ他の粒子とは反発し、反対の符号のものとは引き合う粒子の特質。

●**電子**―負の電荷をもつ粒子で原子核の周りを軌道運動している。

●**電磁気力**―電荷をもつ粒子間で生じる力。

●**電磁波**―電磁場の変化が伝わる波。電磁波スペクトルのすべての波は光速で伝播する（可視光線、X線、マイクロ波、赤外線など）。

●**統一理論**―四つの力とすべての物質をひとつの理論として統一的に理解しようとする理論。

●**特異点**―時空の曲率が無限になっている点。

●**特異点定理**―一般相対論に基づくならば宇宙は特異点として始まらなければならないことを示す定理。

●**特殊相対論**―重力場がないとき、観測者がどのような等速度運動をしていようともすべての観測者にとって物理法則は同一であるべきであるという原理に基づいたアインシュタインの理論。

●**閉じたひも**―ループ状になっているひも。

●**ドップラー効果**―音や光の源に対して動いている観測者が経験する波長の変化。

●**波／粒子二重性**―物質は同時に波であり粒子であるという量子力学の概念。

●**日食**―月が太陽と地球とのあいだにちょうど来ると月の影の部分に地球が入る。太陽が欠けて見えたり隠されて暗くなる（地球上では概して数分続く）。一九一九年に西アフリカで観測された日食によって一般相対論は疑いのないものとなった。

●**ニュートリノ**—電荷のない粒子で弱い力でのみ相互作用する。

●**ニュートンの運動法則**—絶対時間と絶対空間の概念に基づいた物体の運動を説明する法則。この法則はアインシュタインが特殊相対論を発見するまで主流であった。

●**ニュートンの万有引力の法則**—ふたつの物体間の重力はそれら物体の質量の積に比例し、物体間距離の二乗に反比例することを示す法則。一般相対論に取って代わられた。

●**人間原理**—私たちが今見ている宇宙の姿が、そのようであるのはなぜなのか？ もし少しでも異なるならば、私たちはここに存在しなくなってしまう、つまり宇宙を認識する人間が存在しない宇宙は認識されず、認識されるのは今のような人間の誕生する宇宙のみであるという考え。

●**熱力学**—十九世紀に熱、仕事、エネルギー、エントロピーそしてそれらの物理系での時間変化を説明するために発展した法則。

●**熱力学第二法則**—エントロピーは常に増加するという法則。

●**場**—時間と空間のあらゆる点に広がって存在し、一点でのみ存在する粒子と大きく異なる。

●**排他原理**—ひとつの状態をある粒子が占めたとき、同じ状態に他の粒子が入り込むことはできないという法則。たとえば同一のスピン（1/2）をもつ粒子は同じ位置、同じ速度をもつことができない。

●**裸の特異点**—事象の地平面で囲まれていない時空の特異点。したがって遠くの観測者から観測できる特異点。

●**波長**—ふたつの隣り合った波の谷のあいだの距離もしくは隣り合った波のピークのあいだの距離。

●**波動関数**—量子力学では物質も波であるが、この波を表わす関数。振幅が確率を表わす波。

●**反粒子**—それぞれのタイプの物質粒子に対応してその性質が反対であるような粒子、つまり反粒子が存在する。ある粒子がその反粒子と衝突すると、それらは消滅してエネルギーだけが残る。

●**p-ブレーン**—p次元をもつブレーン。「ブレーン」の項を参照。

●**ビッグクランチ**—宇宙が膨張から収縮に転じ、すべての空間と物質が崩壊して特異点を形成する宇宙終末の名前。

●**ビッグバン**—百数十億年前の宇宙開闢時の特異点をビッグバンと呼ぶ。しかしビッグバンという言葉は、火の玉宇宙の始まりという広い意味でも使われており、多くの本では必ずしも特異点を意味しているとは限らない。

●**ひも**―ひも理論において必須の要素である主要な一次元物体。

●**ひも理論**―粒子をひもの振動として説明し、基本的な力を統一し、かつ量子力学と一般相対論も統一しようとする理論。超対称性という対称性をもたせたひも理論、超ひも理論も、しばしば単純にひも理論と呼ばれる。

●**フェルミ粒子**―半整数のスピンをもつ粒子。

●**不確定性原理**―ハイゼンベルグによって定式化された原理で、粒子の位置と速度を両方同時に決めることはできないことを示している。片方をより正確に知ると、他方はより不正確にしか知ることができなくなる。

●**ブラックホール**―重力がきわめて強いため、そこからは光さえ逃れることができない時空領域。

●**プランク時間**―およそ10の-43乗秒。光がプランク長進むのにかかる時間。

●**プランク長**―およそ10の-35乗センチメーター。ひも理論での典型的なひもの大きさ。

●**プランク定数**―不確定性原理の基礎。位置と速度の不確定性の積はプランク定数より大きくなければならない。1という記号で表わされる。

●**プランクの量子原理**―離散的量子においてのみ電磁波（つまり光）は放たれ吸収されることができるという考え。

●**ブレーン**―ひも理論で現われる、広がった構造をもつもの。1-ブレーンはひもであり、2-ブレーンは膜であり、3-ブレーンは三次元の構造をもつ。以下同様。一般的に、p-ブレーンはp次元をもつ。

●**ブレーン世界**―高次元空間の中にある四次元の表面、もしくはブレーン。

●**放射**―電磁波などの波やそれに対応する光子など物体から放射されるもの、もしくはそれによって運ばれるエネルギー。

●**放射能**―あるタイプの原子核が他の原子核へと自然崩壊し、放射線を放出する能力。

●**ボーズ粒子**―整数のスピンをもつ粒子、もしくはひもの振動のパターン。

●**ホログラフィ理論**―ある時空領域の系の量子状態は、その領域の境界面の上にコード化されているという理論。

●**マイクロ波背景放射**―熱かった初期宇宙からの電磁放射。現在の時刻では赤方偏移したため、光でなくマイクロ波（波長は数センチメーター）の電波になって宇宙を満たしている。

●**マクスウェルの場の式**―電気、磁気、そして光に関係するガウスの法則、ファラデーの法則、アンペアの法則といった法則を数学的に統一した式。

●**ムーアの法則**―コンピュータ能力は十八カ月ごとに倍増するという法則。これは明らかにいつまでも続くことはできない。

●**無境界条件**―宇宙は有限だが虚時間では境界はないという考え。

●**無限**―長さや数字が限りないまたは果てしないこと。

●**ヤン-ミルズ理論**―マックスウェルの電磁場理論を拡張した理論で、弱い力や強い力を記述するのにもちいられている。

●**陽子**―中性子と非常に似ているが正の電荷をもつ粒子で、原子核の中の粒子のおよそ半数は陽子。三つのクォークから成る（ふたつのアップクォークとひとつのダウンクォーク）。

●**陽電子**―正の電荷をもつ電子の反粒子。

●**余次元**―巻き上げられた次元が本来存在している空間の次元であるが、その方向はきわめて小さく丸められたために気づくことのできない空間の次元。

●**弱い力**―四つの基本的力のうち二番目に弱い力で、力の及ぶ距離もきわめて短い。この力はすべての物質粒子に働く。ニュートリノにはこの力しか働かない。

●**ランドル・サンドラム・モデル**―サドルのような負の曲率をもった無限の五次元空間中のブレーン上に私たちが住んでいるという理論。

●**力場**―その場に電荷などをもった粒子をおいたとき力が働く場。

●**粒子加速器**―電荷をもつ粒子を加速してそのエネルギーを増加させる装置。

●**量子**―波が吸収されたり放たれたりする時の分割できない単位。

●**量子重力理論**―量子力学と一般相対論を統一しようとする理論。ひも理論は量子重力論の一例。

●**量子力学**―プランクの量子則とハイゼンベルグの不確定性原理から発展した理論。

●**ローレンツ収縮**―動いている物体はその運動方向にそって短くなるように見える。特殊相対論の効果。

●**ワームホール**―宇宙の遠く離れた領域をつなぐ時空の細いチューブ。ワームホールはパラレルユニバースやベビーユニバースを結ぶことができると考えられている。これを使うことによって時間旅行の可能性が出てくる。

参考図書——さらに勉強したい読者のために

『エレガントな宇宙』のようなすばらしいものから、平凡なものまで（本の題名はあげませんが）あまりにも多くの一般向けの本があります。したがって、信頼できる内容を読者の皆様に伝えるため、以下の参考図書はこの分野に対して重要な貢献をした方々の著書に限定しました。私の不勉強によって重要な書籍が落ちていたら、おわび申し上げます。

『相対論の意味』アルベルト・アインシュタイン／矢野健太郎訳／岩波書店

『物理法則はいかにして発見されたか』リチャード・フィリップス・ファインマン／江沢洋訳／岩波書店

『エレガントな宇宙—超ひも理論がすべてを解明する』ブライアン・グリーン／林 一・林 大訳／草思社

『なぜビッグバンは起こったのか—インフレーション理論が解明した宇宙の起源』アラン・H・グース／林 一・林 大訳／早川書房

『宇宙の素顔—すべてを支配する法則を求めて』マーティン・リース／青木薫訳／講談社

『宇宙を支配する6つの数』マーティン・リース／林 一訳／草思社

『ブラックホールと時空の歪み—アインシュタインのとんでもない遺産』キップ・S・ソーン／林 一訳＋塚原周信訳／白揚社

『宇宙創成はじめの三分間』スティーヴン・ワインバーグ／小尾信弥訳／ダイヤモンド社

以下にクレジット表記していない本文中のイラストは、Malcolm Godwin of Moonrunner Design Ltd.,UKが作成したものです。

11,29ページ	Courtesy of the Archives,California Institute of Technology,Albert Einstein™ Licensed by The Hebrew University of Jerusalem, Represented by the Roger Richman Agency Inc., www.albert-einstein.net
13ページ	AKG Photo,London;Albert Einstein™ Licensed by The Hebrew University of Jerusalem, Represented by the Roger Richman Agency Inc., www.albert-einstein.net
23ページ	Courtesy Los Alamos National Laboraory
35ページ	Courtesy Science Photo Library
39ページ	Albert Einstein™ Licensed by The Hebrew University ofJerusalem, Represented by the Roger Richman Agency Inc., www.albert-einstein.net
40ページ	Photo by Harry Burnett/courtesy of the Archives,California Institute of Technology. Albert Einstein™ Licensed by The Hebrew University of Jerusalem,Represented by the Roger Richman Agency Inc., www.albert-einstein.net
79ページ	Courtesy Neel Shearer
95ページ	Courtesy Space Telescope Science Institute (STScI) /NASA
96ページ	Prometheus bound with an eagle picking out his liver,black-figure vase painting, Etruscan. Vatican Museums and Galleries,Vatican City,Italy/ Bridgeman Art Library
97ページ	Spiral galaxy NGC4414 photo courtesy Hubble Heritage Team, STScI/NASA. Spiral bar galaxy NGC4314 photo courtesy University of Texas et al., STScI/NASA. Elliptical galaxy NGC147 photo courtesy STScI/NASA. MilkyWay photo courtesy C.J.Maddox, G Efstathiou, W.Sutherland, J.Loveday,Department of Astrophysics,Oxford University
104ページ	Courtesy Jason Ware,galaxyphoto.com
106ページ	Courtesy of The Observatories of the Carnegie Institution of Washington
113ページ	Photo by Floyd Clark/courtesy of the Archives,California Institute of Technology
113ページ	Courtesy Neel Shearer
152ページ	Courtesy NASA/Chandra X-Ray Center/Smithsonian Astrophysical Observatory/ H.Marshall et al
153ページ	Courtesy STScI/NASA
157ページ	Courtesy STScI/NASA
178,208ページ	Copyright California Institute of Technology
198ページ	Courtesy Neel Shearer
218ページ	From *The Blind Watchmaker* by Richard Dawkins,New York : W.W.Norton&Company, 1986
229ページ	"INDEPENDENCE DAY" ©1996 Twentieth Century Fox Film Corportion. All rights reserved. E.T.still:Copyright ©2001 by Universal Studios Publishing Rights, a Division of Universal Studios Licensing,Inc. All rights reserved.
229ページ	Hubble Deep Field courtesy R.Williams, STScI/NASA
259ページ	Courtesy Neel Shearer

訳者あとがき

今この本を手にとっておられる読者の中には、ホーキングの最初の本『ホーキング、宇宙を語る』（A Brief History of Time 1988。日本語版は早川書房より一九八九年刊）を読まれたかたも多いのではないだろうか。この本は世界的な大ヒットとなり、当時爆発的に進み始めた宇宙論の研究成果や研究の現場を、広く世界に広めるうえで大きな寄与をした。国内においても当時の総理大臣、中曽根康弘氏も読んだと言われているように、百万部を越えるベストセラーとなり、国内でも宇宙論ブームとなった。しかし、この本は高度な内容の本であった。私は、この本が出版された直後、英語版を物理学科三年生の演習の教材として用いたが、物理学を専門とする学生でも理解するのに苦しんでいたのを覚えている。また科学の解説書には不可欠である模式図なども少ない。一般の方々は読むのに大変苦労されたのではなかろうか？

今回の本『ホーキング、未来を語る』（The Universe in a Nutshell 2001）はホーキングが序文でも強調しているように、コンピュータ・グラフィックスなどを駆使した多くの図版が含まれている。図版とその説明を読むだけで、最新の宇宙論研究の大筋がわかるようにと意気込んで執筆した本である。読者の皆さんもご覧になっていただければわかるように、図版はカラーで楽しいものばかりである。また、まさにホーキングの茶目っ気な性格によるのであるが、マリリン・モンローを自分のひざの上に乗せてご満悦になっている自分の合成写真まで載せている。

一般にベストセラーの後の二作目は、前の本の亜流本になってしまうことが多いが、ホーキングはそのような二番煎じ的本は絶対書かない、書くなら新しいスタイルの本を書くのだという強い決意でこの本を執筆しているのである。表現や図版でやさしい表現をするよう工夫はするものの、しかし内容に関してはレベルを下げるようなことは決してしていない。相対論の紹介から始まって、相対論的時間論、宇宙創生を解く量子宇宙論、ブラックホールの蒸発と未来の予言性、タイムマシンそして、ブレーンワールド宇宙論へと系統的に最新宇宙論、相対論の世界を紹介している。最後の章は今、彼自身が力を入れて取り組んでいる研究課題でもある。

この本の原著が出版されたころ（二〇〇一年）、ホーキングに東京大学安田講堂で講演会をお願いした。ちょうど私が主催する宇宙論の国際会議に出席される機会を利用して宇宙論研究の面白さを広く、一般市民・学生の皆さんに知っていただくために講演会を開催したのである。夕方からの講演会であるのに、すでに一時過ぎから行列ができはじめ、三時過ぎには安田講堂から正門までの銀杏並木通りはこの行列で埋め尽くされてしまった。彼の講演題目は「ブレン・ニューワールド（Brane New World)」である。つまりこの本の第七章に対応するもっともホットな最新の成果を市民や学生に語ったのである。本書第六章にも紹介されているように、彼はSFテレビドラマ、《スタートレック》に出演し、ニュートンやアインシュタインとポーカを楽しんだが、その映画も上映するなど、彼の茶目っ気とユーモアに満ち溢れた楽しい講演会であった。この講演題目は第七章のタイトルそのものである。この章の最後の結語にあるように、「Brane New World」はシェイクスピアの舞台劇《あらし》の中で、幼児のころから島に幽閉されていた姫君が解放されたときに語った言葉「なんてすばらしい新世界（Brave New World）でしょう！」を言い換えたものである。またこの本の原書のタイトルはThe Universe in a Nutshell、つまり「クルミの殻の中の宇宙」である。これは第三章のタイトルである。この章の始めに引用されているように、この言葉はシェイクスピアの《ハムレット》の中で、父王亡き後、悶々とした日々を城内で過ごしていたハムレットが友人に向かって語った強がりのせりふ「私はクルミの殻に閉じ込められた小さな存在かもしれない。しかし私は自分自身を無限に広がった宇宙の王者と思い込むこともできるのだ」から来ているのである。読者の皆さんには宇宙研究の面白さと共に、このような文化もこの本から味わっていただけるのではないだろうか？

　さて本の内容の紹介はここまでとして、これまでのホーキングとの付き合いの中から彼の研究、人となりを紹介したい。ホーキングは、マスコミに「車椅子に乗った天才」と紹介されている。本人もジョークで「私は一九四二年の一月八日、ガリレオのなくなったちょうど三〇〇年後のその日に生まれました。もっとも、私の推定ではその日にはだいたい二十万人の赤ん坊がうまれているはずですが」という。ケンブリッジ大学の大学院に進んだころ、ＡＬＳ（筋萎縮性側索硬化症）にかかり、緩やかであるけれど今も病気は進み、しだいに体の自由が奪われている。

　ホーキングは私より何歳か年上になるが、ほぼ同世代である。私が大学院の学生のころから、「特異点定理」、つまり相対論に従うならば、宇宙は特異点から始まらなければならない、ということを証明した若手の秀才がケンブリッジ大学にいると言うことは、広く知られていた。また一九七四年、私が博士課程を修了したころ、その秀才が「ブラックホールの蒸発理論」、つまりそれまで、ブラックホールはその名前のとおり、光を始め、あらゆるものを飲み込むが、何物をも放出しないので〝ブラック〟な天体であると信じられていたものが、「黒体放射」とよばれる光などの放射を出して消えてしまうとの理論を出したというニュースが伝わってきた。私の属していた研究室、物理教室で、すぐホーキングの論文の原稿の勉強会、セミナーも開かれた。ブラックホールの蒸発は宇宙物理学の研究というよりも曲がった時空の量子論であり、物理学の根幹に関わるもので、世界の物理学者を驚嘆させたのである。

一九八〇年代になって、私もその提唱者の一人であるインフレーション理論が口火となって、物質世界を支配する力の統一理論に基づいた宇宙の創生の研究が爆発的に進歩するようになった。インフレーション理論は、一言で言えば、素粒子のように小さな量子宇宙を急激に膨張させ、その中に物質エネルギーを満たし、また銀河や銀河団など宇宙の構造の種を仕込む理論である。いわば、火の玉宇宙、つまりビッグバン宇宙の起源を説明しようとする理論である。インフレーション理論は、大きな成功を修め、観測からも支持が得られているが、しかし大きな問題が残っている。つまり、インフレーションを起こす〝量子宇宙〟はいかに創造されたのかという問題である。人類の起源、生命の起源、地球の起源……、あらゆる起源の問題は究極的に宇宙の起源の問題に帰る。世界の各地で残されている創世神話に見られるように、世界＝宇宙の起源は人類の歴史が始まったころから問い続けてきた究極の問いかけなのである。宇宙は、科学的に言えば、時間・空間およびその中の物質的存在のすべてである。ホーキングと協力者ハートル（Jim Hartle）は、一九九三年、これに答えるために「無境界仮説」を提唱したのである。ホーキングは得意になって「果てがないのが、宇宙の果ての条件なのだ！」と言う。ここでの果ては空間的果てだけではなく時間的な果てをも意味している。果てがあると言うことは、実はそこに〝神の意志〟が入り込むと言うことである。いわば神の介入なしに宇宙ははじまるのだという仮説である。現在この仮説により量子宇宙が始まり、引き続いておこるインフレーションによってビッグバン宇宙は始まったというのが、学界のパラダイムである。

一九八〇年代になっていろんな国際会議でホーキングとはしばしば顔を合わすようになった。一九八五年に気管切開手術をするまで彼は声を出すことができた。ひとつ質問すると、自分の最近の研究の宣伝まで付けて答えが返ってきた。現在は車椅子に装着されているパソコンで文章を作り、それを音声合成装置に送り会話している。一九九〇年、スウェーデンの山奥でノーベル財団の主催する、宇宙の誕生に関する会議が開かれた。参加者を世界のトップレベルの研究者三十人程度に絞ったノーベル・シンポジウムである。私も招待を受けて出席したが、孤立した山中での会議で三食ふくめてほとんどの生活、研究活動を彼と共にした。彼は実にジョークを言うのが好きである。食卓を囲んでみんなが雑談に花をさかせていると、看護婦さんが彼の口に食べ物を運んでいるときも、キー操作をして何かを打ち込んでいる。彼がそれを合成装置に送ると、食卓に爆笑が起こるのである。

彼は世界中で国際会議があると招待されるが、その時一般市民向けの講演をしばしば行なう。このあとがきの冒頭にも記したように、これまで何度か私が主催した東京での国際会議の時にも市民向けの講演をお願いした。最初、東大安田講堂での一般講演をお願いしたとき、講演が分かり易いものになるとは思ってもいなかった。それは〝偉い学者〟は自分の常識と市民の常識が大きく異なることを忘れて話をしてしまう場合がほとんどだからである。しかし、ホーキングの講演の内容は聴衆の立場に立った実に分かり易いもので、大きな感銘を聴衆に与えるものであった。二、三度アメリカでの彼の市民講演会に出席したことがある。ホーキングのジョークに聴衆は実に素直に良く笑い、あたかも落語の会かと思われたときさえある。もっとも日本と同様、イギリスの講演会では聴衆はこんなに笑わないと、付き添っている看護婦さんから聞いた。文化の違いであろう。

学問に対する情熱と同様に彼は強い意志をもって生きている。他の人がすることは、自分もしたい。大きな国際会議には中ごろにイクスカーションが挟まれる。ノーベル・シンポジウムでは彼と一緒にヘリコプターでスウェーデンのさらに山奥の湖探検に出かけたこともある。またカナダの国際会議では、雪上車に乗って氷河見物をしたことがあるが、音声合成装置をはずさざるを得ない場合でも、看護婦さんの助けのもとに参加している。一九九七年には南極も訪れた。「身体障害者には宇宙空間は重力もなくもっとも優しい環境だ」と宇宙に行くことにだって興味をもっている。一見ホーキングの体は筋肉が落ち弱々しくみえる。しかし実はバイタリティーの固まりなのである。

彼には三人の子供がいる。人に対する思いやりにみちた優しい子供たちである。ホーキングが何年か前、子供たちと来日したとき、一緒に夕食をとったが、子供たちのおしゃべりを微笑みながら聞いている彼は幸せそのものという印象であった。この本に写真も出てくるホーキングの孫は、長女ルーシーの子供である。

ホーキングは今、最後の章に詳しく紹介されているブレーンワールドの研究に燃えている。私たちの住んでいるこの三次元の空間は本来十次元か十一次元である空間に浮かぶ三次元の膜、ブレーンなのだと言うのである。大学院の学生と次から次へと論文も発表しており、研究に対する意欲はけっして衰えてはいない。また身体障害者をはげます社会的活動をも進めている。秋のノーベル賞の季節となるとマスコミから彼の受賞の可能性について取材を受ける。安田講堂での講演会でも「加速器実験」（本書図7-20）でブラックホールが作られ、その蒸発が観測されれば、私はノーベル賞いただきです」とジョークを飛ばした。いつかその日が来ることを楽しみにしている。

この本の翻訳にあたっては多くのかたのお世話になった。翻訳の第一稿は私の長男、佐藤剛によるものである。剛は高校時代にケンブリッジのパブリックスクールに留学したが、ホーキングの次男、ティムと同じ学年の生徒として共にそこで学んだ。すでに記したように、この本にはシェークスピアの《ハムレット》や《あらし》の一節が大事なキーワードとして引用されている。これらの一節をどう翻訳するかを考えることは物理の翻訳よりははるかに楽しいことであった。小田島雄志訳の《ハムレット》を参考にさせていただいたが、多くの人からこう訳するべきだとご意見をいただいた。編集の川上純子さんには、原稿の整理校正をはじめ、大変お世話になった。川上さんの支援なしではこの翻訳はできなかったであろう。深く感謝したい。

この本が年齢、職業を越えて多くの方々に読まれることを期待したい。知の世界の面白さをぜひ多くの皆さんに味わってほしいと願っている。

本書は、二〇〇一年十二月にアーティストハウスより単行本として刊行された書籍を編集、文庫化したものです。

SB文庫

ホーキング、未来《みらい》を語《かた》る

2006年7月7日　初版発行

著者　スティーヴン・ホーキング
訳者　佐藤勝彦《さとうかつひこ》

発行者　新田光敏
発行所　ソフトバンク クリエイティブ株式会社
〒107-0052　東京都港区赤坂4-13-13
電話　03-5549-1201(営業部)

印刷・製本　中央精版印刷株式会社

ブックデザイン　鈴木成一デザイン室
カヴァー写真　Stewart Cohen Pictures

落丁本、乱丁本は、小社営業部にてお取り替えいたします。
定価は、カバーに記載されております。
本書に関するご質問等は、小社第2書籍編集部まで
必ず書面にてお願いいたします。

ISBN4-7973-3634-X